Schnittpunkt 7

Mathematik für Realschulen
Nordrhein-Westfalen

Lösungen

Ernst Klett Schulbuchverlage
Stuttgart · Leipzig

Schnittpunkt 7, Mathematik für Realschulen, Nordrhein-Westfalen

1. Auflage 1 6 5 4 3 2 | 12 11 10 09 08

Alle Drucke dieser Auflage sind unverändert und können im Unterricht nebeneinander verwendet werden. Die letzten Zahlen bezeichnen jeweils die Auflage und das Jahr des Druckes.

www.klett.de

Autoren: Bernd-Jürgen Frey, Heidemarie Frey
Redaktion: Isabelle Hetzler, Daniela Vormwald

Zeichnungen: media office gmbh, Kornwestheim
Bildkonzept Umschlag: SoldanKommunikation, Stuttgart
Umschlagfoto: Klaus Mellenthin, Stuttgart

Reproduktion: Meyle + Müller, Medien-Management, Pforzheim
DTP / Satz: media office gmbh, Kornwestheim
Druck: Druckhaus Götz, Ludwigsburg
Printed in Germany

ISBN 978-3-12-740473-9

9 783127 404739

Inhalt

1 Rechnen mit Brüchen

Auftaktseite: Ein Bruchteil – viele Namen

Seiten 14 bis 15

Hefteinträge
Links oben: Mirja, rechts oben: Hannes,
links unten: Frieder, rechts unten: Cleo
Der Hefteintrag von Sabrina fehlt. Er könnte wie folgt aussehen:

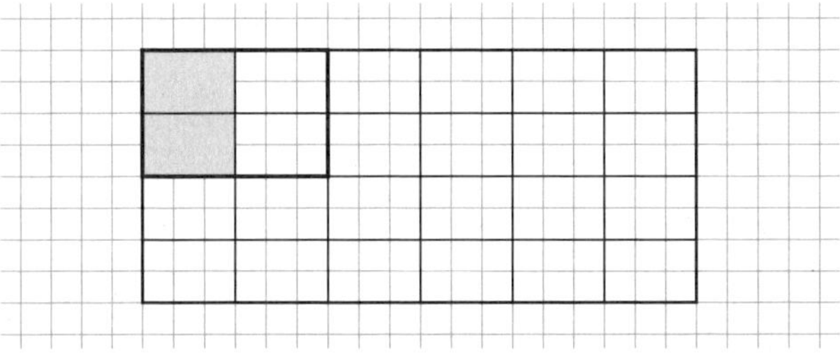

Im 24er-Rechteck – Ein Spiel für 3 bis 4 Spieler
Individuelle Lösungen.

Bruchteile am Nagelbrett
Individuelle Lösungen.
Für das abgebildete Nagelbrett gilt z. B.: ein Viertel, die Hälfte der Hälfte, das Doppelte von einem Achtel, … der Fläche wird von dem Gummiring markiert.

1 Multiplizieren von Brüchen

Seite 16

Einstiegsaufgabe
➔ Zeichenaufgabe; siehe 2. Teil
➔

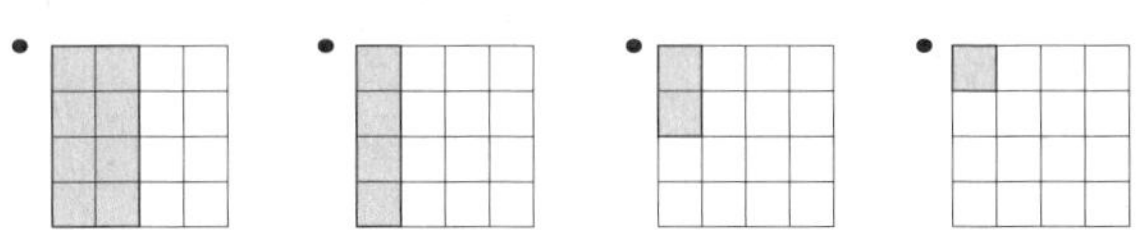

➔ $\frac{1}{2}$; $\frac{1}{4}$; $\frac{1}{8}$; $\frac{1}{16}$

Seite 17

1
a) $\frac{1}{4}$ b) $\frac{1}{8}$ c) $\frac{4}{10} = \frac{2}{5}$
d) $\frac{3}{20}$ e) $\frac{1}{8}$

2 a) $\frac{2}{3} \cdot \frac{1}{4} = \frac{1}{6}$

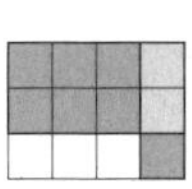

b) $\frac{3}{4} \cdot \frac{2}{3} = \frac{1}{2}$

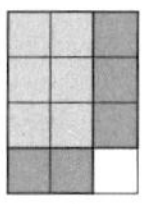

c) $\frac{1}{4} \cdot \frac{1}{10} = \frac{1}{40}$

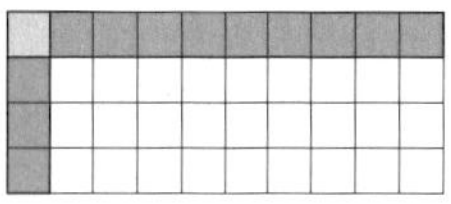

3
a) $\frac{1}{6}$, $\frac{1}{30}$, $\frac{1}{42}$, $\frac{1}{2} \cdot \frac{1}{2} = \frac{1}{4}$
b) $\frac{6}{20} = \frac{3}{10}$, $\frac{12}{35}$, $\frac{9}{56}$, $\frac{2}{3} \cdot \frac{2}{3} = \frac{4}{9}$
c) $\frac{24}{35}$, $\frac{49}{90}$, $\frac{10}{77}$, $\frac{3}{4} \cdot \frac{3}{4} = \frac{9}{16}$

4
a) $\frac{2}{5}$, $\frac{1}{2}$, $\frac{7}{30}$
b) $\frac{15}{28}$, 2, $\frac{5}{42}$
c) $\frac{3}{5}$, $\frac{5}{16}$, $\frac{1}{18}$
d) $\frac{9}{20}$, $\frac{2}{15}$, $\frac{7}{15}$
e) $\frac{3}{10}$, $\frac{3}{10}$, 6
f) $\frac{1}{6}$, $\frac{6}{17}$, $\frac{6}{11}$

5 individuelle Lösungen

Rechengesetze

- a) $\frac{8}{27}$ b) $\frac{9}{25}$
  c) $\frac{3}{7}$ d) $\frac{8}{3} = 2\frac{2}{3}$
  e) $\frac{14}{15}$ f) $\frac{10}{9} = 1\frac{1}{9}$
  g) $\frac{11}{21}$ h) $\frac{15}{4} = 3\frac{3}{4}$

6 a) $\frac{2}{3} \cdot \frac{1}{2}\,\text{m} = \frac{1}{3}\,\text{m} \approx 33\frac{1}{3}\,\text{cm}$
b) $\frac{1}{3} \cdot \frac{3}{4}\,\text{kg} = \frac{1}{4}\,\text{kg} = 250\,\text{g}$
c) $\frac{3}{4} \cdot \frac{1}{3}\,l = \frac{1}{4}\,l = 250\,\text{ml}$
d) $\frac{5}{6} \cdot \frac{2}{5}\,\text{g} = \frac{1}{3}\,\text{g} \approx 333{,}3\,\text{mg}$
e) $\frac{4}{5} \cdot \frac{3}{4}\,\text{km} = \frac{3}{5}\,\text{km} = 600\,\text{m}$
f) $\frac{1}{4} \cdot \frac{4}{5}\,\text{dm} = \frac{1}{5}\,\text{dm} = 2\,\text{cm}$
g) $\frac{2}{3} \cdot \frac{3}{4}\,\text{h} = \frac{1}{2}\,\text{h} = 30\,\text{min}$

7 a)

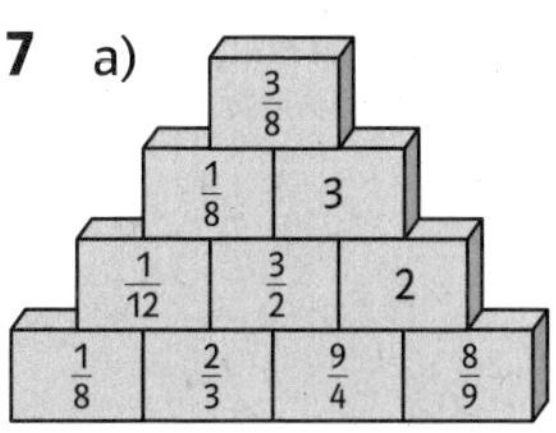

b)

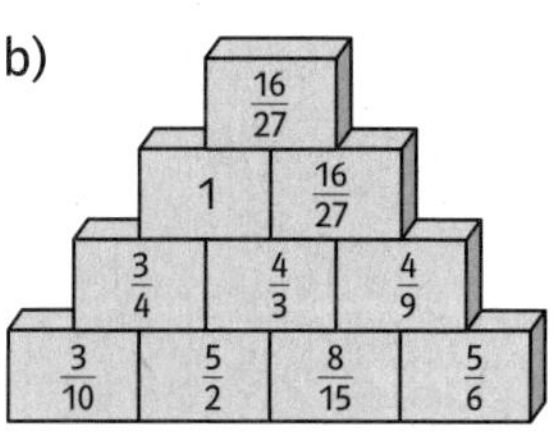

c)

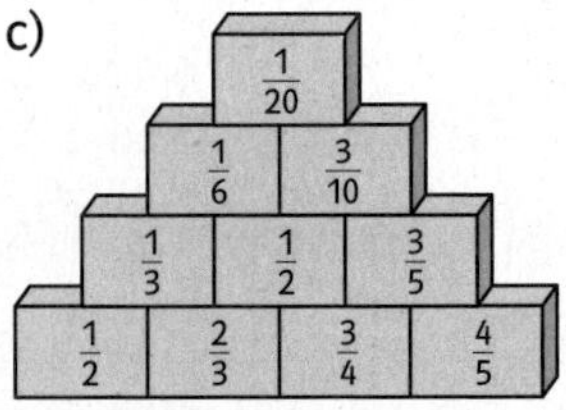

d)

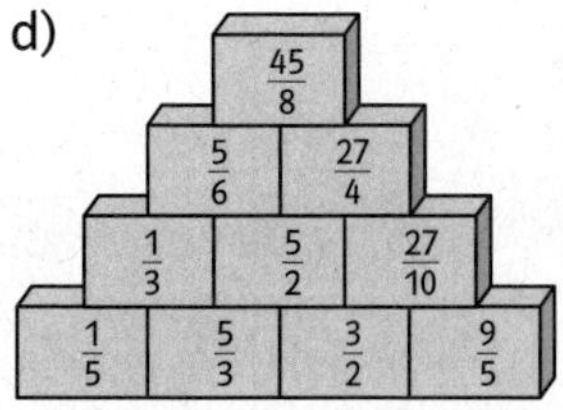

Seite 18

8 a) richtige Lösung: $\frac{6}{25}$
Die Nenner wurden addiert, nicht multipliziert.
b) richtige Lösung: $\frac{8}{49}$
Nenner wurde nicht multipliziert.
c) richtige Lösung: $\frac{6}{4} = \frac{3}{2}$
Nur der Zähler wird mit 3 multipliziert, der Nenner nicht.
d) richtige Lösung: $\frac{10}{18} = \frac{5}{9}$
Zähler und Nenner wurden addiert.

9 a) $\frac{4}{7}\cdot\frac{5}{9} = \frac{20}{63}$
b) $\frac{8}{15} = \frac{4}{5}\cdot\frac{2}{3}$ oder $\frac{4}{6}$; $\frac{8}{12}$; …
c) $\frac{3}{14} = \frac{1}{2}\cdot\frac{3}{7}$ oder $\frac{2}{4}$; $\frac{3}{6}$; …
d) $\frac{2}{5}\cdot\frac{8}{10} = \frac{8}{25}$
e) $\frac{8}{5}\cdot\frac{8}{12} = \frac{16}{15}$
f) $\frac{7}{10}\cdot\frac{3}{4} = \frac{21}{40}$
g) $\frac{5}{2}\cdot\frac{1}{9} = \frac{5}{18}$ oder $\frac{5}{4}\cdot\frac{2}{9}$; …
h) $\frac{7}{15}\cdot\frac{12}{8} = \frac{84}{120}$ oder $\frac{14}{15}\cdot\frac{12}{16}$; …

10 a) $\frac{5}{11}\cdot\frac{11}{5} = 1$; $\frac{7}{2}\cdot\frac{2}{7} = 1$; $\frac{35}{62}\cdot\frac{62}{35} = 1$
b) $\frac{4}{5}\cdot\frac{5}{4} = 1$; $\frac{7}{8}\cdot\frac{8}{7} = 1$; $6\cdot\frac{1}{6} = 1$
Multipliziert man mit dem „Kehrbruch", so ist das Produkt immer 1.

Randspalte

$\cdot$	$\frac{4}{5}$	$\frac{3}{7}$	$\frac{4}{3}$
$\frac{3}{4}$	$\frac{3}{5}$	$\frac{9}{28}$	1
$\frac{7}{8}$	$\frac{7}{10}$	$\frac{3}{8}$	$\frac{7}{6}$
$\frac{7}{4}$	$\frac{7}{5}$	$\frac{3}{4}$	$\frac{7}{3}$
$\frac{5}{2}$	2	$\frac{15}{14}$	$\frac{10}{3}$
$\frac{10}{9}$	$\frac{8}{9}$	$\frac{10}{21}$	$\frac{40}{27}$

11 a) $\frac{10}{7}\cdot\frac{7}{4} = \frac{10}{4} = \frac{5}{2} = 2\frac{1}{2}$
b) $\frac{2}{3}\cdot\frac{5}{8} = \frac{5}{12}$
c) $\frac{7}{4}\cdot\frac{3}{4} = \frac{21}{16} = 1\frac{5}{16}$

12

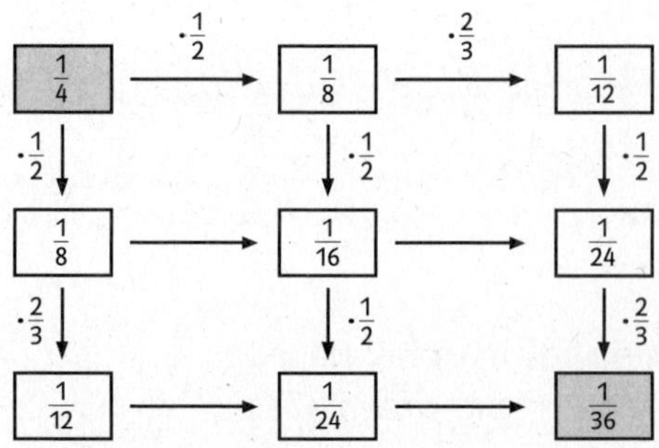

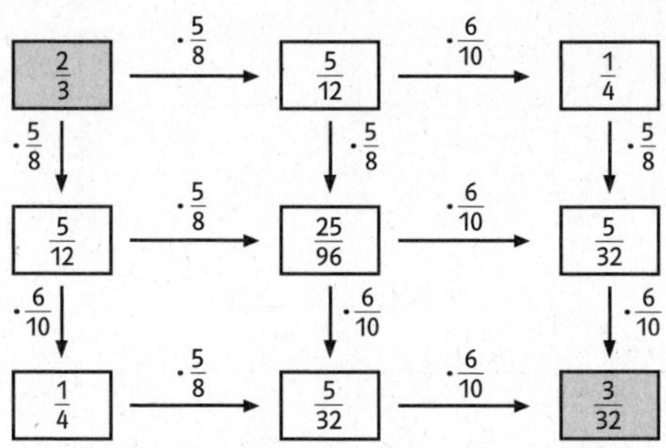

Der zweite Faktor ?!

- $\frac{7}{8}\cdot\frac{1}{2} = \frac{7}{16} < 1$
$\frac{7}{8}\cdot\frac{8}{7} = 1$
$\frac{7}{8}\cdot\frac{3}{2} = \frac{21}{16} > 1$
$\frac{7}{8}\cdot\frac{16}{7} = 2$
- Ist das Produkt der Zähler kleiner als das Produkt der Nenner, so ist das Produkt der Brüche kleiner als ein Ganzes.
Ist das Produkt der Zähler gleich dem Produkt der Nenner, so ist das Produkt der Brüche ein Ganzes.
Ist das Produkt der Zähler größer als das Produkt der Nenner, so ist das Produkt der Brüche größer als ein Ganzes.
Ist das Produkt der Zähler doppelt so groß wie das Produkt der Nenner, so ist das Produkt der Brüche zwei Ganze.
- individuelle Lösung

13 a) Luca erhält die Hälfte von $\frac{3}{4}$, also $\frac{1}{2}\cdot\frac{3}{4} = \frac{3}{8}$ des Gesamtgewinns.
b) $\frac{3}{8}\cdot 10\,000 = 3750$ € erhält Luca.

14 $\frac{4}{7}$ von 42 km: $\frac{4}{7}\cdot 42 = 24$ km
$\frac{2}{3}$ von 24 km: $\frac{2}{3}\cdot 24 = 16$ km

15 $\frac{5}{12}$ von $\frac{3}{5} = \frac{5}{12}\cdot\frac{3}{5} = \frac{1}{4}$ der Wüsten von Afrika ist von der Sahara eingenommen.

16

	a)	b)
Atlantik	$\frac{7}{10} \cdot \frac{3}{10} = \frac{21}{100}$	107 100 000 km²
Indischer Ozean	$\frac{7}{10} \cdot \frac{1}{5} = \frac{7}{50}$	71 400 000 km²
Pazifik	$\frac{7}{10} - \left(\frac{21}{100} + \frac{7}{50}\right) = \frac{7}{20}$	178 500 000 km²

2 Dividieren von Brüchen

Seite 19

Einstiegsaufgabe

➔ $\frac{15}{16} : \frac{3}{16} = \frac{15}{16} \cdot \frac{16}{3} = \frac{15}{3} = 5$

Sie passen also 5-mal hinein.

➔ $\frac{15}{16} : \frac{3}{8} = \frac{15}{16} \cdot \frac{8}{3} = \frac{5}{2} = 2\frac{1}{2}$

Sie passen $2\frac{1}{2}$-mal hinein.

Seite 20

1 a) $\frac{3}{4} : \frac{1}{2} = 1\frac{1}{2}$ b) $\frac{1}{2} : \frac{1}{4} = 2$

c) $\frac{3}{2} : \frac{1}{4} = 6$ d) $\frac{3}{2} : \frac{2}{5} = 3\frac{3}{4}$

2 a) $\frac{2}{3} : \frac{1}{6} = 4$

b) $\frac{5}{6} : \frac{1}{8} = 6\frac{2}{3}$

c) $\frac{7}{8} : \frac{1}{2} = 1\frac{3}{4}$

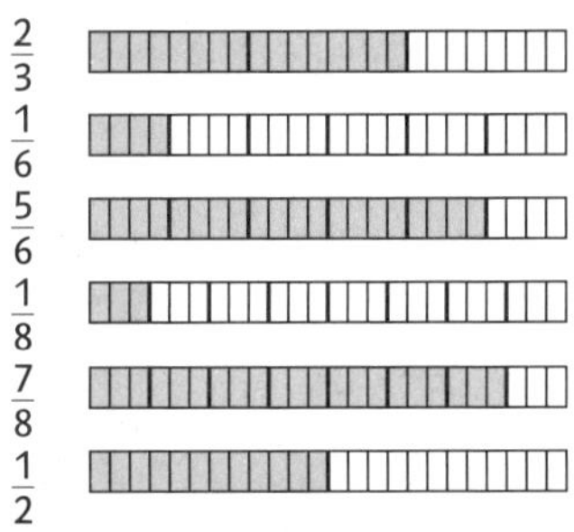

3

a) $1\frac{1}{3}$, $\frac{3}{14}$, $\frac{15}{28}$, $1\frac{1}{15}$

b) $\frac{8}{15}$, $\frac{9}{16}$, $1\frac{1}{8}$, $4\frac{1}{6}$

c) $\frac{15}{16}$, 2, $2\frac{1}{10}$, $1\frac{11}{45}$

4

a) $\frac{2}{3}$, $\frac{1}{2}$, $\frac{5}{7}$, $\frac{2}{3}$

b) $\frac{1}{2}$, $\frac{1}{2}$, 3, $\frac{4}{5}$

c) $\frac{7}{8}$, $\frac{23}{27}$, $\frac{8}{9}$, $\frac{27}{28}$

5

a) $1\frac{1}{2}$, $2\frac{1}{8}$, $2\frac{1}{3}$, $1\frac{1}{2}$

b) $1\frac{2}{7}$, $2\frac{4}{5}$, $1\frac{1}{4}$, $2\frac{2}{3}$

c) $1\frac{7}{9}$, $2\frac{1}{10}$, $2\frac{2}{3}$, $6\frac{3}{5}$

6 Lösungswort: BRUCH

7

1	1	16	$\frac{1}{16}$
2	$\frac{1}{2}$	8	$\frac{1}{8}$
4	$\frac{1}{4}$	4	$\frac{1}{4}$
8	$\frac{1}{8}$	2	$\frac{1}{2}$
16	$\frac{1}{16}$	1	1
32	$\frac{1}{32}$	$\frac{1}{2}$	2

8 a) $1 : \frac{3}{2} = \frac{2}{3}$; $1 : \frac{4}{5} = \frac{5}{4}$; $1 : \frac{7}{8} = \frac{8}{7}$; $1 : \frac{8}{9} = \frac{9}{8}$

Das Ergebnis ist immer der Kehrbruch.

b) $3 : \frac{1}{2} = 6$; $8 : \frac{1}{7} = 56$; $4 : \frac{1}{3} = 12$; $9 : \frac{1}{6} = 54$

Das Ergebnis ist immer eine natürliche Zahl.

c) $\frac{11}{5} : \frac{11}{2} = \frac{2}{5}$; $\frac{7}{4} : \frac{7}{6} = \frac{6}{4} = \frac{3}{2}$; $\frac{12}{7} : \frac{12}{3} = \frac{3}{7}$; $\frac{13}{2} : \frac{13}{9} = \frac{9}{2}$

Bei c) können gleiche Zahlen gekürzt werden bzw. heben sich beim Multiplizieren mit dem Kehrbruch auf.

9

a) $6 : \frac{1}{6} = 36$
$6 : \frac{1}{5} = 30$
$6 : \frac{1}{4} = 24$
$6 : \frac{1}{3} = 18$
$6 : \frac{1}{2} = 12$
$6 : 1 = 6$
$6 : 2 = 3$
$6 : 3 = 2$
$6 : 4 = 1\frac{1}{2}$
$6 : 5 = \frac{6}{5}$
$6 : 6 = 1$
Lösung = 1

b) $\frac{3}{4} : \frac{1}{2} = 1\frac{1}{2}$
$\frac{3}{4} : \frac{1}{4} = 3$
$\frac{3}{4} : \frac{1}{6} = 4\frac{1}{2}$
$\frac{3}{4} : \frac{1}{8} = 6$
$\frac{3}{4} : \frac{1}{10} = 7\frac{1}{2}$
$\frac{3}{4} : \frac{1}{12} = 9$
Lösung > 8

c) $\frac{1}{4} : 4 = \frac{1}{16}$
$\frac{1}{4} : 3 = \frac{1}{12}$
$\frac{1}{4} : 2 = \frac{1}{8}$
$\frac{1}{4} : 1 = \frac{1}{4}$
$\frac{1}{4} : \frac{1}{2} = \frac{1}{2}$
$\frac{1}{4} : \frac{1}{3} = \frac{3}{4}$
$\frac{1}{4} : \frac{1}{4} = 1$
$\frac{1}{4} : \frac{1}{5} = 1\frac{1}{4} = \frac{5}{4}$
Lösung > 1

10 a) $\frac{1}{16} : \frac{1}{8} = \frac{1}{2}$ b) $4\frac{3}{8} : 2\frac{1}{2} = 1\frac{3}{4}$

c) $2\frac{3}{8} : 6\frac{1}{3} = \frac{3}{8}$

Größer oder kleiner? ?!

▪ $\frac{1}{4} : \frac{5}{3} = \frac{3}{20} < 1$

$\frac{1}{4} : \frac{1}{4} = 1$

$\frac{2}{3} : \frac{3}{5} = \frac{10}{9} > 1$

$\frac{2}{3} : \frac{1}{3} = 2$

▪ Erinnert man sich zunächst daran, dass durch einen Bruch dividiert wird, indem man mit dem Kehrbruch multipliziert, erhält man im Wesent-

lichen die Regeln aus dem Kasten „Der zweite Faktor" von Seite 18, also:
Ist das Produkt der Zähler kleiner als das Produkt der Nenner, so ist das Produkt der Brüche kleiner als ein Ganzes.
Oder: Ist der Divisor größer als der Dividend, so ist der Quotient kleiner als ein Ganzes.
Ist das Produkt der Zähler gleich dem Produkt der Nenner, so ist das Produkt der Brüche ein Ganzes.
Oder: Sind Dividend und Divisor gleich groß, so ist der Quotient ein Ganzes.
Ist das Produkt der Zähler größer als das Produkt der Nenner, so ist das Produkt der Brüche größer als ein Ganzes.
Oder: Ist der Dividend größer als der Divisor, so ist der Quotient größer als ein Ganzes.
Ist das Produkt der Zähler doppelt so groß wie das Produkt der Nenner, so ist das Produkt der Brüche zwei Ganze.
Oder: Ist der Dividend doppelt so groß wie der Divisor, so ist der Quotient zwei Ganze.

- individuelle Lösung, mögliche Beispiele:

$\frac{1}{3} : \frac{4}{3} = \frac{1}{9} < 1$; $\frac{2}{5} : \frac{6}{5} = \frac{1}{3} < 1$
$\frac{2}{3} : \frac{2}{3} = 1$
$\frac{6}{7} : \frac{4}{5} = \frac{15}{14} > 1$; $\frac{3}{4} : \frac{5}{7} = \frac{21}{20} > 1$
$\frac{3}{4} : \frac{3}{8} = 2$; $\frac{3}{5} : \frac{3}{10} = 2$

Seite 21

11 a) $\frac{2}{3} : \frac{1}{2} = \frac{4}{3}$
$\frac{3}{5} : \frac{2}{3} = \frac{9}{10}$
b) $\frac{1}{3} : \frac{2}{7} = \frac{7}{6}$
$\frac{5}{4} : \frac{10}{7} = \frac{7}{8}$
c) $2 : \frac{1}{6} = 12$
$\frac{5}{2} : 5 = \frac{1}{2}$
d) $\frac{22}{25} : \frac{2}{5} = \frac{11}{5}$
$\frac{15}{16} : \frac{5}{4} = \frac{3}{4}$
e) $\frac{6}{5} : 4 = \frac{3}{10}$
$\frac{12}{5} : \frac{8}{5} = \frac{3}{2}$
f) $\frac{3}{4} : \frac{3}{10} = \frac{5}{2}$
$\frac{5}{6} : \frac{5}{22} = \frac{11}{3}$

12 a) $\frac{2}{3} : \frac{1}{6} : \frac{4}{9} : \frac{3}{11} = 33$
Der Lokführer ist 33 Jahre alt.
b) $2 : \frac{5}{3} : \frac{23}{50} : \frac{3}{46} = 40$
Der Lokführer ist 40 Jahre alt.
c) $\frac{7}{3} : \frac{5}{3} : \frac{4}{65} : \frac{7}{8} = 26$
Der Lokführer ist 26 Jahre alt.
d) $3 : \frac{3}{43} : \frac{17}{9} : \frac{3}{7} = 42$
Der Lokführer ist 42 Jahre alt.

13 a) Im Buch wurde nicht mit dem Kehrbruch multipliziert. Richtige Lösung: $\frac{3}{4} : \frac{2}{5} = \frac{3}{4} \cdot \frac{5}{2} = \frac{15}{8}$
b) Im Buch wurde die 6 durch 3 dividiert, die 7 beibehalten. Richtige Lösung: $\frac{6}{7} : \frac{3}{7} = \frac{6}{7} \cdot \frac{7}{3} = 2$
c) Nicht mit dem Kehrbruch multipliziert. Richtige Lösung: $\frac{4}{5} : 2 = \frac{4}{5} \cdot \frac{1}{2} = \frac{4}{10} = \frac{2}{5}$
d) Zähler und Nenner wurden mit 3 multipliziert, statt den Kehrbruch zu bilden. Richtige Lösung: $\frac{4}{3} : 3 = \frac{4}{3} \cdot \frac{1}{3} = \frac{4}{9}$

14

$\frac{5}{4}$	:	$\frac{1}{2}$	=	$\frac{5}{2}$
:		:		:
$\frac{1}{3}$	:	$\frac{1}{5}$	=	$\frac{5}{3}$
=		=		=
$\frac{15}{4}$	:	$\frac{5}{2}$	=	$\frac{3}{2}$

15

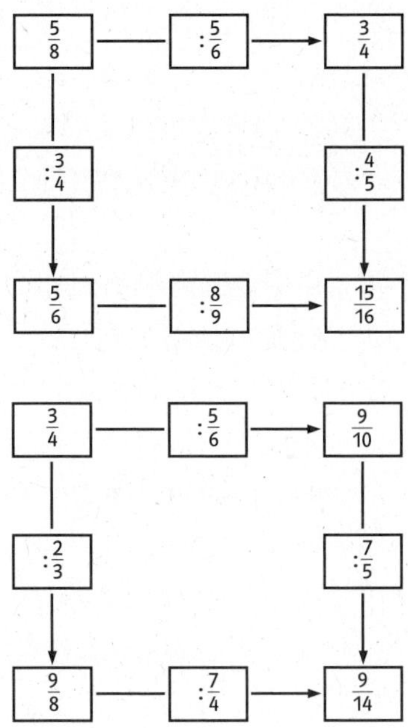

16 a) $\frac{\frac{4}{5}}{\frac{3}{2}} = \frac{4}{5} : \frac{3}{2} = \frac{8}{15}$
b) $\frac{\frac{3}{4}}{\frac{2}{5}} = \frac{3}{4} : \frac{2}{5} = \frac{15}{8}$
c) $\frac{\frac{13}{5}}{\frac{13}{4}} = \frac{13}{5} : \frac{13}{4} = \frac{4}{5}$
d) $\frac{\frac{40}{9}}{\frac{8}{9}} = \frac{40}{9} : \frac{8}{9} = 5$
e) $\frac{\frac{8}{5}}{\frac{2}{3}} = \frac{8}{5} : \frac{2}{3} = \frac{12}{5}$
f) $\frac{\frac{9}{14}}{\frac{6}{7}} = \frac{9}{14} : \frac{6}{7} = \frac{3}{4}$

17 individuelle Lösungen

18 $20 : \frac{7}{10} = 28\frac{4}{7}$ 28 Flaschen können komplett gefüllt werden, $\frac{4}{7}$ l bleiben übrig.

19 $2 \cdot \frac{3}{4}\,l = \frac{3}{2}\,l$
$\frac{3}{2}\,l : \frac{1}{8}\,l = 12$
Es können 12 Gläser gefüllt werden.

20 $2 \cdot \frac{3}{4} : \frac{1}{3} = \frac{18}{4} = \frac{9}{2}$; das Bowlegefäß fasst $4\frac{1}{2}$ l.
$4\frac{1}{2} : \frac{3}{4} = 6$; es passen noch 6 Flaschen à $\frac{3}{4}$ l oder $4\frac{1}{2}$ Flaschen à 1 l hinein.

Randspalte

:	$\frac{3}{4}$	$\frac{4}{3}$	$\frac{2}{5}$
$\frac{2}{3}$	$\frac{8}{9}$	$\frac{1}{2}$	$\frac{5}{3}$
$\frac{3}{2}$	2	$\frac{9}{8}$	$\frac{15}{4}$
$\frac{4}{7}$	$\frac{16}{21}$	$\frac{3}{7}$	$\frac{10}{7}$
$\frac{3}{8}$	$\frac{1}{2}$	$\frac{9}{32}$	$\frac{15}{16}$
$\frac{11}{10}$	$\frac{22}{15}$	$\frac{33}{40}$	$\frac{11}{4}$

3 Punkt vor Strich. Klammern

Seite 22

Einführungsaufgabe
Ina und Hanna erhalten mit ihren Rechnungen dasselbe Ergebnis (40 €). Julia erhält ein falsches Ergebnis, da sie nicht alle Ausgaben in € umrechnet.

Seite 23

1 a) $\frac{3}{2} = 1\frac{1}{2}$ b) 2 c) $\frac{1}{3}$
d) $\frac{5}{2} = 2\frac{1}{2}$ e) $\frac{1}{4}$ f) 1
g) $\frac{1}{2}$ h) 3

2 a) 1 b) $\frac{1}{6}$ c) $2\frac{3}{8}$
d) $\frac{2}{15}$ e) $1\frac{2}{9}$ f) $3\frac{3}{4}$

3 a) $\frac{1}{2} \cdot \frac{1}{5} + \frac{1}{2} \cdot \frac{3}{5} = \frac{1}{10} + \frac{3}{10} = \frac{2}{5}$
b) $\frac{1}{2}\left(\frac{2}{5} + \frac{1}{5}\right) = \frac{1}{2} \cdot \frac{3}{5} = \frac{3}{10}$

4 a) b) c)

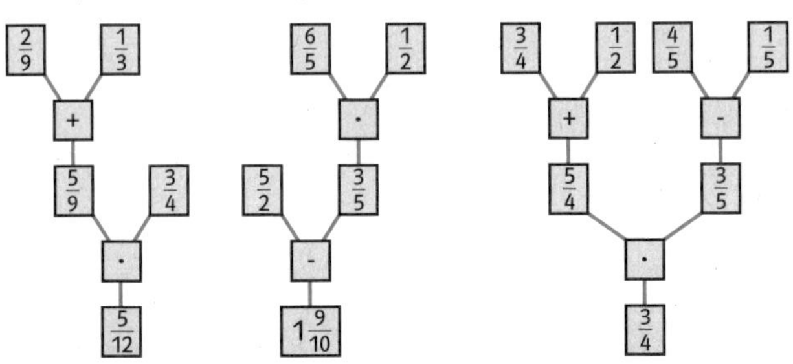

d) e) f)

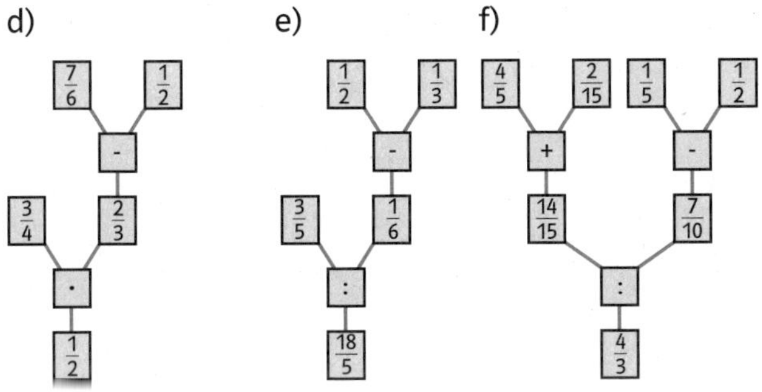

5 a) $\frac{1}{6}$ b) $1\frac{1}{6}$ c) $2\frac{1}{4}$
d) 0 e) $\frac{5}{22}$ f) $\frac{3}{10}$

6 a) $\left(\left(\frac{8}{9} \cdot \frac{3}{4}\right) + \frac{1}{6}\right) : \frac{5}{8} = 1\frac{1}{3}$
b) $\left(\frac{4}{5} + \frac{2}{7}\right) \cdot \left(\frac{3}{5} + \frac{1}{10}\right) \cdot \frac{5}{6} = \frac{19}{30}$
c) $\left(\frac{4}{5} + \frac{5}{6}\right) \cdot \left(\frac{6}{7} - \frac{3}{14}\right) = 1\frac{1}{20}$
d) $\left(\frac{3}{10} \cdot \frac{5}{2}\right) + \left(\frac{7}{5} : \frac{7}{2}\right) - 1 = \frac{3}{20}$

7 a) $3 - \frac{5}{9} \cdot \frac{3}{5} = \frac{8}{3} = 2\frac{2}{3}$
b) $\frac{9}{10} + \frac{5}{12} : \frac{5}{24} = 2\frac{9}{10} = \frac{29}{10}$
c) $\left(\frac{2}{3} \cdot 2\right) + \frac{3}{4} = 2\frac{1}{12}$
d) $\frac{2}{7} : \frac{5}{14} - \frac{3}{10} = \frac{1}{2}$
e) $\left(\frac{1}{3} + \frac{1}{8}\right) : \left(\frac{5}{3} - \frac{3}{4}\right) = \frac{1}{2}$
f) $\left(\frac{25}{26} : \frac{5}{13}\right) + \left(\frac{21}{8} \cdot \frac{4}{3}\right) = 6$
g) $\left(\frac{5}{12} + \frac{3}{5}\right) \cdot \left(2 - \frac{4}{5}\right) = \frac{61}{50} = 1\frac{11}{50}$

8
a) $\frac{1}{2} + \frac{1}{3} \cdot \frac{1}{4} = \frac{7}{12}$ $\frac{1}{2} + \frac{1}{3} : \frac{1}{4} = \frac{11}{6}$
$\frac{1}{2} \cdot \frac{1}{3} + \frac{1}{4} = \frac{5}{12}$ $\frac{1}{2} : \frac{1}{3} + \frac{1}{4} = \frac{7}{4}$
b) $\frac{1}{4} + \frac{1}{5} \cdot \frac{1}{6} = \frac{17}{60}$ $\frac{1}{4} + \frac{1}{5} : \frac{1}{6} = \frac{29}{20}$
$\frac{1}{4} \cdot \frac{1}{5} + \frac{1}{6} = \frac{13}{60}$ $\frac{1}{4} : \frac{1}{5} + \frac{1}{6} = \frac{17}{12}$
c) $\left(\frac{1}{2} + \frac{1}{3}\right) \cdot \frac{1}{4} = \frac{5}{24}$ $\left(\frac{1}{2} + \frac{1}{3}\right) : \frac{1}{4} = \frac{10}{3}$
$\frac{1}{2} \cdot \left(\frac{1}{3} + \frac{1}{4}\right) = \frac{7}{24}$ $\frac{1}{2} : \left(\frac{1}{3} + \frac{1}{4}\right) = \frac{6}{7}$

Ausmultiplizieren und Ausklammern

- a) $\frac{1}{2}$ b) $\frac{8}{3}$
  c) $\frac{11}{12}$ d) $\frac{37}{15}$
  e) $\frac{2}{5}$ f) $\frac{5}{4}$
  g) $\frac{138}{55}$ h) $\frac{18}{5}$

Seite 24

9 Individuelle Lösungen. Mögliche Beispiele:
a) $\left(\frac{3}{5} + \frac{2}{3}\right) : \frac{1}{6} = 7\frac{3}{5}$
$\frac{2}{3} : \frac{3}{5} : \frac{1}{6} = 6\frac{2}{3}$
b) $\left(\frac{3}{5} + \frac{2}{3}\right) \cdot \frac{1}{6} = \frac{19}{90}$
$\frac{3}{5} \cdot \frac{1}{6} \cdot \frac{2}{3} = \frac{1}{15}$
c) $\left(\frac{1}{6} : \frac{3}{5}\right) + \frac{2}{3} = \frac{17}{18}$

10 a) Bei der Multiplikation von Brüchen wurden die Nenner nicht miteinander multipliziert. Das Gleichnamigmachen ist nicht nötig!
$\frac{5}{3} + \frac{6}{5} \cdot \frac{1}{2} = \frac{5}{3} + \frac{3}{5} = \frac{34}{15} = 2\frac{4}{15}$

b) Es gilt: Punkt- vor Strichrechnung, d. h. die Klammer muss zuerst berechnet werden, dann wird sie multipliziert und schließlich wird der erste Bruch addiert.

$\frac{3}{4} + \frac{4}{5} \cdot \left(\frac{3}{7} + \frac{3}{8}\right) = \frac{3}{4} + \frac{4}{5} \cdot \frac{45}{56} = \frac{3}{4} + \frac{9}{14} = \frac{78}{56} = \frac{39}{28} = 1\frac{11}{28}$

c) Das Verteilungsgesetz wurde nicht beachtet.

$\frac{3}{8} : \frac{3}{5} \cdot \left(\frac{1}{5} + \frac{1}{8}\right) = \frac{5}{8} \cdot \frac{13}{40} = \frac{13}{64}$

Rechtecke in der Kunst ?!

- Individuelle Lösungen, mögliche Beispiele:
weiße Fläche aus Kunstwerk 1: $\frac{4}{11} \cdot \frac{1}{3} = \frac{4}{33}$
blaue Fläche aus Kunstwerk 1: $\frac{2}{11} \cdot \frac{1}{3} = \frac{2}{33}$
- z. B. Kunstwerk 2, linke blaue und rote Fläche
z. B. Kunstwerk 1, eine blaue Fläche und eine große und kleine weiße Fläche zusammen
z. B. Kunstwerk 1, eine große rote oder weiße Fläche und eine kleine weiße oder blaue Fläche und eine kleine gelbe Fläche
z. B. Kunstwerk 2, die schmale rote oder blaue Fläche und die zweite rote und die große gelbe Fläche zusammen
z. B. Kunstwerk 2, die große weiße Fläche, die kleine gelbe Fläche und eine mittlere weiße sowie die beiden schmalen roten und blauen Flächen.
- individuelle Lösung
- individuelle Lösung
- Peter Cornelis Mondrian (*1872 in Amersfort [NL], †1944 in New York), gründete 1917 mit v. Doesburg die Stijl-Gruppe, er bevorzugte die geometrische Formsprache. Sein Stil wirkte bis in die Architektur und beeinflusste das Bauhaus.

Üben • Anwenden • Nachdenken

Seite 26

1

a) $\frac{21}{11}$; $\frac{8}{15}$; $\frac{4}{7}$

b) $\frac{4}{5}$; $\frac{9}{14}$; $\frac{5}{12}$

c) $\frac{3}{2}$; 3; $\frac{1}{6}$

d) $\frac{2}{15}$; $\frac{3}{4}$; $\frac{40}{99}$

2

a) 3; $\frac{25}{32}$; $\frac{15}{14} = 1\frac{1}{14}$

b) $\frac{3}{2} = 1\frac{1}{2}$; 6; $\frac{27}{50}$

c) $\frac{39}{40}$; 10; $\frac{32}{33}$

d) 24; 48; $\frac{56}{11} = 5\frac{1}{11}$

3 a) kleinstes Ergebnis:

$\frac{3}{4} - \frac{2}{3} = \frac{1}{12}$

$\frac{2}{3} + \frac{1}{6} = \frac{5}{6}$

$\frac{2}{3} \cdot \frac{1}{6} = \frac{2}{18} = \frac{1}{9}$

$\frac{1}{6} : \frac{3}{4} = \frac{2}{9}$

größtes Ergebnis:

$\frac{3}{4} - \frac{1}{6} = \frac{7}{12}$

$\frac{3}{4} + \frac{2}{3} = \frac{17}{12} = 1\frac{5}{12}$

$\frac{3}{4} \cdot \frac{2}{3} = \frac{1}{2}$

$\frac{3}{4} : \frac{1}{6} = \frac{9}{2} = 4\frac{1}{2}$

b) kleinstes Ergebnis:

$\frac{3}{4} - \frac{2}{3} = \frac{1}{12}$

größtes Ergebnis:

$\frac{3}{4} : \frac{1}{6} = 4\frac{1}{2}$

4 a) $\frac{1}{2} \xrightarrow{\cdot\frac{1}{3}} \frac{1}{6} \xrightarrow{\cdot\frac{1}{4}} \frac{1}{24} \xrightarrow{\cdot\frac{1}{5}} \frac{1}{120} \xrightarrow{\cdot\frac{1}{6}} \frac{1}{720}$

b) $\frac{243}{32} \xrightarrow{\cdot\frac{2}{3}} \frac{81}{16} \xrightarrow{\cdot\frac{2}{3}} \frac{27}{8} \xrightarrow{\cdot\frac{2}{3}} \frac{9}{4} \xrightarrow{\cdot\frac{2}{3}} \frac{3}{2} \xrightarrow{\cdot\frac{2}{3}} 1$

c) $\frac{162}{256} \xrightarrow{:\frac{3}{4}} \frac{27}{32} \xrightarrow{:\frac{3}{4}} \frac{9}{8} \xrightarrow{:\frac{3}{4}} \frac{3}{2} \xrightarrow{:\frac{3}{4}} 2$

d) $\frac{1}{3} \xrightarrow{+\frac{1}{2}} \frac{5}{6} \xrightarrow{+\frac{1}{2}} \frac{4}{3} \xrightarrow{+\frac{1}{2}} \frac{11}{6} \xrightarrow{+\frac{1}{2}} \frac{7}{3} \xrightarrow{+\frac{1}{2}} \frac{17}{6} \xrightarrow{+\frac{1}{2}} \frac{10}{3} = 3\frac{1}{3}$

5 a) $\frac{6}{5} \cdot \frac{2}{3} = \frac{4}{5}$
b) $4 : \frac{22}{4} = \frac{8}{11}$
c) $\frac{5}{4} \cdot \frac{1}{2} = \frac{5}{8}$
d) $\frac{11}{7} : \frac{6}{5} = \frac{55}{42}$
e) $\frac{15}{23} : \frac{15}{6} = \frac{6}{23}$
f) $\frac{7}{8} \cdot \frac{10}{11} = \frac{35}{44}$
g) $\frac{3}{7} : \frac{5}{2} = \frac{6}{35}$
h) $\frac{3}{4} \cdot \frac{8}{3} = 2$

6 a) $\frac{1}{2} \cdot \frac{2}{3} = \frac{1}{3}$
b) $\frac{2}{3} \cdot \frac{17}{8} = \frac{17}{12} = 1\frac{5}{12}$
c) $\frac{7}{9} : \frac{1}{3} = \frac{7}{3} = 2\frac{1}{3}$
d) $\frac{4}{5} : \frac{10}{7} = \frac{14}{25}$
e) $\frac{13}{8} \cdot \frac{2}{9} = \frac{13}{36}$
f) $\frac{24}{25} : \frac{3}{2} = \frac{16}{25}$
g) $\frac{10}{14} : \frac{3}{14} = \frac{10}{3} = 3\frac{1}{3}$
h) $\frac{7}{8} \cdot \frac{32}{7} = 4$

7 a) $\frac{11}{4} \cdot \frac{8}{9} = \frac{22}{9} = 2\frac{4}{9}$
b) $\frac{3}{5} - \frac{3}{8} = \frac{9}{40}$
c) $\frac{3}{7} : \frac{5}{14} = \frac{6}{5} = 1\frac{1}{5}$
d) $\frac{33}{28} : \frac{11}{7} = \frac{3}{4}$
e) $\frac{7}{10} + \frac{7}{3} = \frac{91}{30}$
f) $\frac{8}{3} - \frac{1}{6} = \frac{15}{6} = 2\frac{1}{2}$
g) $\frac{56}{39} : \frac{14}{13} = \frac{4}{3}$
h) $\frac{5}{4} \cdot \frac{3}{8} = \frac{15}{32}$

8 $\frac{1}{3} \cdot \frac{1}{4} + \frac{1}{2} = \frac{7}{12}$

$\frac{1}{2} - \frac{1}{3} \cdot \frac{1}{4} = \frac{5}{12}$

$\left(\frac{1}{3} + \frac{1}{4}\right) \cdot \frac{1}{2} = \frac{7}{24}$

$\frac{1}{3} + \frac{1}{2} : \frac{1}{4} = 2\frac{1}{3}$

und individuelle Lösungen

9 a) $\frac{20}{11} = 1\frac{9}{11}$
b) $\frac{47}{63}$
c) $\frac{1}{5}$
d) 2
e) $\frac{5}{3} = 1\frac{2}{3}$
f) 2
g) 2
h) $\frac{11}{8} = 1\frac{3}{8}$
i) 1
j) 1
k) $\frac{2}{3}$
l) $\frac{7}{6} = 1\frac{1}{6}$

Seite 27

10 a) $\frac{37}{12} = 3\frac{1}{12}$
b) $\frac{9}{5} = 1\frac{4}{5}$
c) $\frac{1}{4}$
d) $\frac{15}{7} = 1\frac{1}{7}$

11 mögliche Lösungen:

$\frac{1}{2} \cdot \frac{2}{3} : \frac{5}{6} + \frac{2}{5} = \frac{4}{5}$

$\left(\frac{2}{5} + \frac{1}{2}\right) \cdot \frac{5}{6} : \frac{2}{3} = \frac{9}{8} = 1\frac{1}{8}$

12 a) $\left(\frac{2}{3} \cdot \frac{9}{4}\right) + \left(\frac{7}{5} \cdot \frac{3}{7}\right) = \frac{21}{10} = 2\frac{1}{10}$ b) $\left(\frac{1}{3} + \frac{2}{5}\right) \cdot \left(\frac{1}{2} + \frac{1}{4}\right) = \frac{11}{20}$

c) $\left(\frac{1}{2} \cdot \frac{4}{5}\right) + \frac{2}{3} = \frac{16}{15} = 1\frac{1}{15}$ d) $\left(\frac{2}{3} + \frac{1}{7}\right) \cdot \frac{7}{5} = \frac{17}{15} = 1\frac{2}{15}$

13 a)

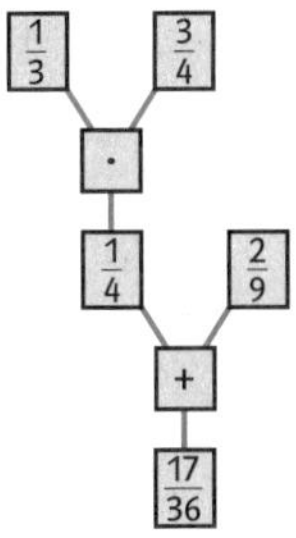

b)

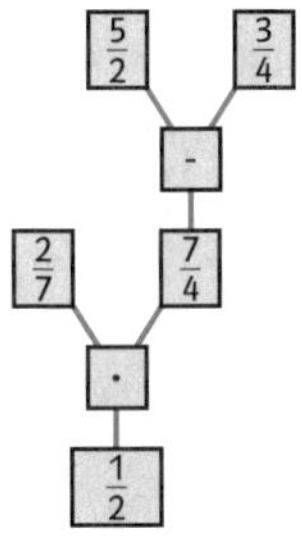

c)

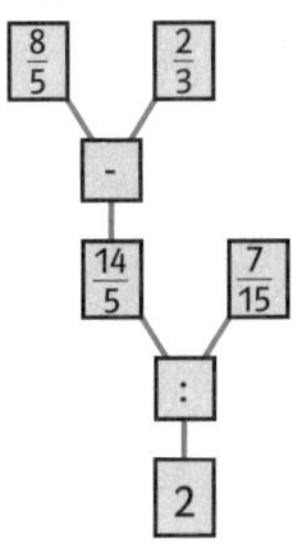

d)

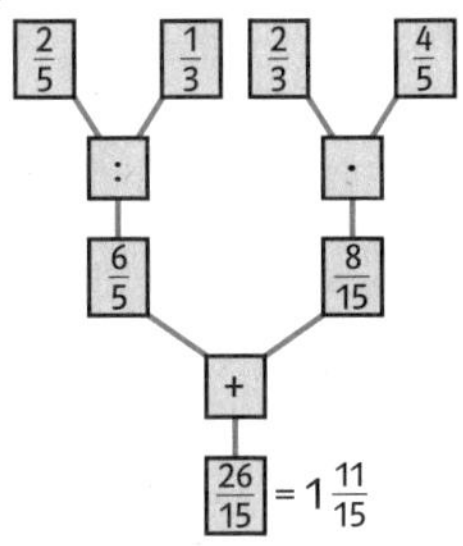

14 a) $\left(\frac{7}{4} + \frac{5}{9}\right) - \left(\frac{3}{4} + \frac{5}{6}\right) = \frac{13}{18}$

b) $\left(\frac{17}{3} - \frac{7}{4}\right) - \left(\frac{3}{4} + \frac{5}{6}\right) = \frac{7}{3} = 2\frac{1}{3}$

c) $\frac{2}{3} \cdot \frac{11}{4} - \left(\frac{3}{4} + \frac{5}{6}\right) = \frac{1}{4}$

d) $\frac{3}{5} : \frac{24}{75} - \left(\frac{3}{4} + \frac{5}{6}\right) = \frac{7}{24}$

15 linke Mauer:

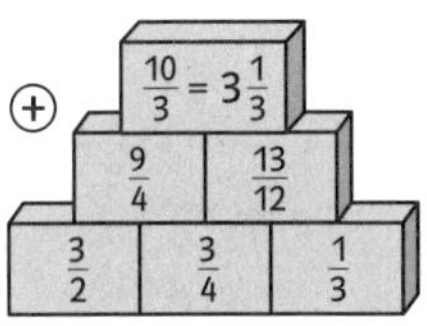

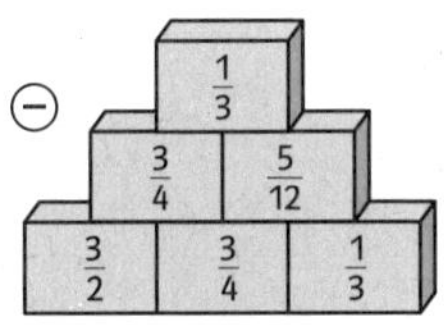

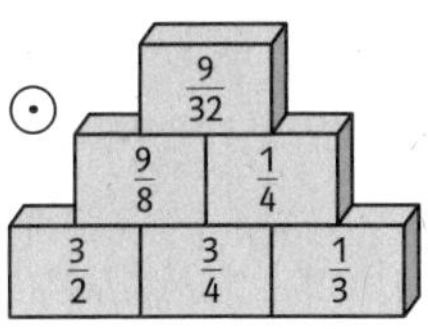

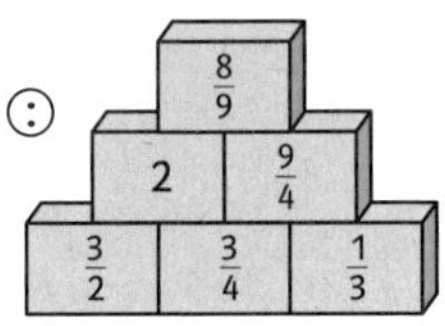

rechte Mauer:

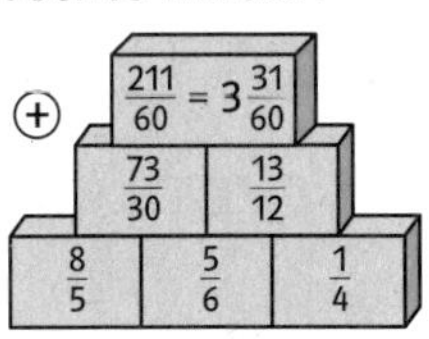

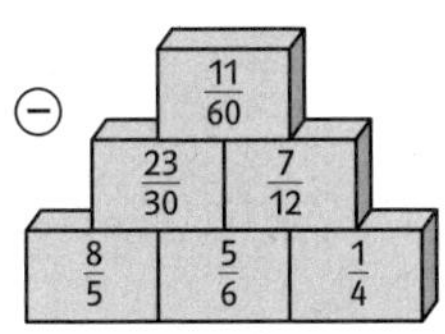

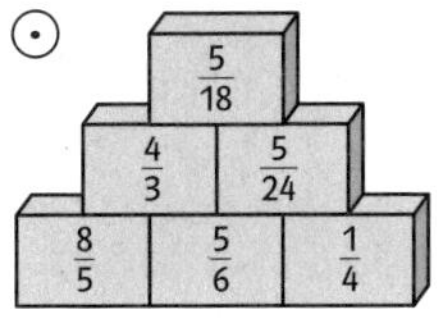

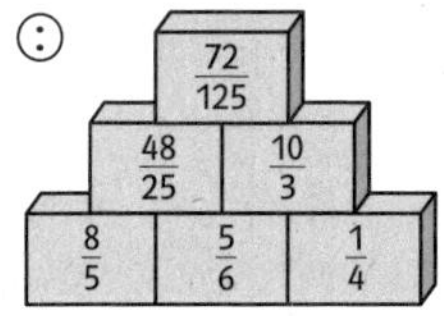

16 a) $U = 4 \cdot \frac{4}{5}\,\text{dm} = \frac{16}{5}\,\text{dm} = 3\frac{1}{5}\,\text{dm}$

b) $U = 3 \cdot 1\frac{7}{10}\,\text{m} = \frac{51}{10}\,\text{m} = 5\frac{1}{10}\,\text{m}$

c) $U = 4 \cdot \frac{3}{5}\,\text{m} = \frac{12}{5}\,\text{m} = 2\frac{2}{5}\,\text{m}$

d) $U = 1\frac{2}{5}\,\text{dm} + 1\frac{5}{6}\,\text{dm} + 2\frac{3}{10}\,\text{dm} = \frac{83}{15}\,\text{dm} = 5\frac{8}{15}\,\text{dm}$

17 linker Körper:
Summe aller Kantenlängen = $12 \cdot 1\frac{1}{4}\,\text{dm} = 15\,\text{dm}$
rechter Körper:
Summe aller Kantenlängen =
$4 \cdot 1\frac{1}{2}\,\text{m} + 4 \cdot \frac{7}{10}\,\text{m} + 4 \cdot \frac{1}{4}\,\text{m} = \frac{49}{5}\,\text{m} = 9\frac{4}{5}\,\text{m}$

Quadratbrüche ?!

- $\frac{3}{4} \cdot \frac{8}{9} - \frac{1}{2} = \frac{1}{6}$

$\frac{3}{4} \cdot \frac{8}{9} \cdot \frac{15}{16} - \frac{1}{2} = \frac{1}{8}$

$\frac{3}{4} \cdot \frac{8}{9} \cdot \frac{15}{16} \cdot \frac{24}{25} - \frac{1}{2} = \frac{1}{10}$

$\frac{3}{4} \cdot \frac{8}{9} \cdot \frac{15}{16} \cdot \frac{24}{25} \cdot \frac{35}{36} - \frac{1}{2} = \frac{1}{12}$

- $\frac{3}{4} \cdot \frac{8}{9} \cdot \frac{15}{16} \cdot \frac{24}{25} \cdot \frac{35}{36} \cdot \frac{48}{49} - \frac{1}{2} = \frac{1}{14}$

$\frac{3}{4} \cdot \frac{8}{9} \cdot \frac{15}{16} \cdot \frac{24}{25} \cdot \frac{35}{36} \cdot \frac{48}{49} \cdot \frac{63}{64} - \frac{1}{2} = \frac{1}{16}$

$\frac{3}{4} \cdot \frac{8}{9} \cdot \frac{15}{16} \cdot \frac{24}{25} \cdot \frac{35}{36} \cdot \frac{48}{49} \cdot \frac{63}{64} \cdot \frac{80}{81} - \frac{1}{2} = \frac{1}{18}$

Das Ergebnis ist ein Bruch, dessen Nenner von Zeile zu Zeile um 2 kleiner ist.

- Das Ergebnis ist ein Bruch mit Zähler 1. Der Nenner ist das Doppelte der um 1 vergrößerten Anzahl der Faktoren. Beispiel: 4. Zeile, 4 Faktoren, d.h. das Ergebnis ist $\frac{1}{2(4+1)} = \frac{1}{10}$.
- $\frac{3}{4} \cdot \frac{8}{9} \cdot \frac{15}{16} \cdot \frac{24}{25} \cdot \frac{35}{36} \cdot \frac{48}{49} \cdot \frac{63}{64} \cdot \frac{80}{81} \cdot \frac{99}{100} - \frac{1}{2}$

Nach der Regel ist das Ergebnis gleich $\frac{1}{2(9+1)} = \frac{1}{20}$.
Die genaue Berechnung liefert dasselbe.

Seite 28

18 a) Eine Sektflasche enthält mehr als eine Weinflasche.

b) $\frac{1}{20}\,l$

c) Sektflasche: $7\frac{1}{2}$ Gläser, Weinflasche: 7 Gläser

19 a) $2\frac{1}{4} \cdot \frac{750}{1000} = 1\frac{11}{16}\,\text{g}$ Gold enthält der Ring.

b) $28\frac{1}{3} \cdot \frac{585}{1000} = 16\frac{23}{40}\,\text{g}$ reines Gold sind in der Kette enthalten.

20 Nach dem ersten Umgießen ist das rechte Glas vollständig gefüllt.

Schritt des Umgießens	Füllhöhe des linken Glases		Füllhöhe des rechten Glases
0	$\frac{2}{3}$		$\frac{2}{3}$
1	$\frac{2}{3}:2=\frac{1}{3}$	→	$\frac{2}{3}+\frac{1}{3}=1$
2	$\frac{1}{3}+\frac{1}{2}=\frac{5}{6}$	←	$1:2=\frac{1}{2}$
3	$\frac{5}{6}:2=\frac{5}{12}$	→	$\frac{1}{2}+\frac{5}{12}=\frac{11}{12}$

Das linke Glas ist nach dem dritten Schritt weniger als halb voll. Das rechte Glas ist weniger als ganz voll. Schüttet man die Hälfte des rechten Glases ins linke, ist das rechte Glas weniger als halb voll und das linke Glas etwas weniger als ganz voll. Da in den weiteren Schritten stets die Hälfte umgefüllt wird, wird keines der Gläser je überlaufen.

21 Hannes erhält $\frac{1}{3}\cdot\frac{1}{3}+\frac{1}{3}\cdot\frac{1}{3}+\frac{1}{4}\cdot\frac{1}{3}=\frac{11}{36}$, also knapp ein Drittel der gesamten Erdbeeren und hat somit mehr als jeder der drei anderen nach dem Teilen.

22 Marco hat Recht, denn die Klasse war langsamer als sonst! Um genauso schnell zu sein wie sonst, hätten sie die restlichen zwei Fünftel der Laufstrecke in einem Sechstel $\left(\frac{1}{6}=\frac{3}{18}\right)$ der Zeit zurücklegen müssen. Bei dem heutigen Tempo haben sie für ein Fünftel der Laufstrecke $\frac{5}{18}$ der Zeit benötigt. Für die restlichen zwei Fünftel hätten sie also $\frac{10}{18}$ der Zeit gebraucht, also etwa dreimal so lang!
Oder anders ausgedrückt: Wären die Schülerinnen und Schüler in dem gleichen Tempo weiter gelaufen, hätten sie für die gesamte Strecke $1\frac{7}{18}$ der sonst üblichen Zeit gebraucht – also mehr als ein Drittel länger.

23 Taschengeld von Leon: x
$x\cdot 2\frac{1}{4}=9$ und damit $x=4$
Leon bekommt 4 € Taschengeld.
$4\frac{1}{2}\cdot 4+\frac{2}{3}\cdot 9=24$
Sarah bekommt 24 € Taschengeld.

Das Meterquadrat

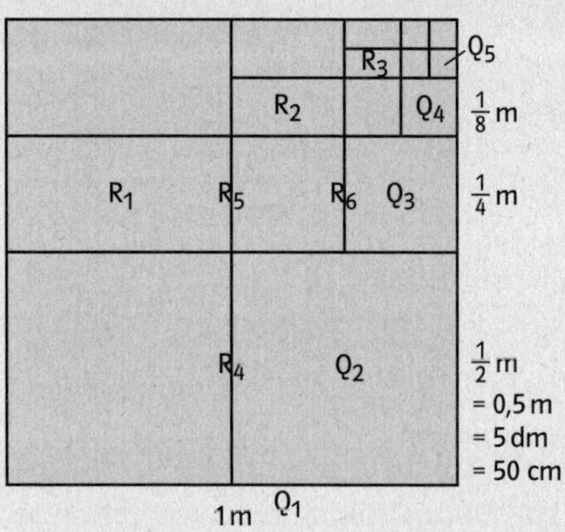

- Quadrate: $Q_1=1$; $Q_2=\frac{1}{2}\cdot\frac{1}{2}m^2=\frac{1}{4}m^2$;
  $Q_3=\frac{1}{4}\cdot\frac{1}{4}m^2=\frac{1}{16}m^2$; $Q_4=\frac{1}{8}\cdot\frac{1}{8}m^2=\frac{1}{64}m^2$;
  $Q_5=\frac{1}{16}\cdot\frac{1}{16}m^2=\frac{1}{256}m^2$
  Rechtecke: $R_1=\frac{1}{2}\cdot\frac{1}{4}m^2=\frac{1}{8}m^2$;
  $R_2=\frac{1}{4}\cdot\frac{1}{8}m^2=\frac{1}{32}m^2$; $R_3=\frac{1}{8}\cdot\frac{1}{16}m^2=\frac{1}{128}m^2$
  Lässt man auch Rechtecke über die vorgegebenen Linien zu, erhält man mehr Rechtecke,
  z.B. $R_4=1\cdot\frac{1}{2}$ oder $R_5=\frac{1}{2}\cdot\frac{1}{4}$ oder $R_6=1\cdot\frac{3}{4}$
- Individuelle Lösung.

2 Proportional und umgekehrt proportional

Auftaktseite: Sommerfest

Seiten 30 bis 31

Wettlaufen
Paula konnte ihr Tempo schon nach einem Viertel der Strecke steigern.
Anna erzählt: „Ich bin vom Start bis zum Ziel in einem Tempo gelaufen. Marie war von Anfang an schneller als ich. Paula war zunächst langsamer, überholte mich dann jedoch bei etwa $\frac{2}{3}$ der Strecke."
Marie erzählt: „Ich führte bis ins Ziel. Nach der Hälfte der Strecke wurde ich jedoch etwas langsamer. Nach $\frac{3}{4}$ der Strecke musste ich noch einmal Tempo herausnehmen. Kurz vor dem Zieleinlauf startete ich dann aber noch einmal durch und konnte meine Laufgeschwindigkeit doch noch steigern."

Eierlauf
Das Kind lief sehr schnell bis fast zum Ziel, dann verlor es das Ei und musste dann bis weit hinter die Mitte zurück laufen. Den Rest der Strecke lief es dann etwas langsamer als zu Beginn.

Sackhüpfen
Das Kind hüpfte bis etwa zur Hälfte der Strecke, blieb dann einen Moment stehen und hüpfte dann schneller als vorher zum Ziel.

Staffellauf
Paula läuft das erste Viertel, wo Anna schon wartet. Paula bleibt stehen. Anna läuft in höherem Tempo weiter und übergibt das Staffelholz auf der Hälfte der Gesamtstrecke der wartenden Marie. Diese läuft weiter und legt ihr Viertel in einer etwas längeren Zeit als Paula zurück. Micha übernimmt das Staffelholz und läuft das letzte Viertel mit einer ähnlichen Geschwindigkeit wie Anna.
Timo läuft vom Ziel zurück bis zur Hälfte der Strecke, bleibt dort kurz stehen und läuft dann etwas schneller als zu Beginn bis zum Ziel.

1 Zuordnungen und Schaubilder

Seite 32

Einstiegsaufgabe
➔ Anfangsbestand: 300 Getränke
Endbestand: 25 Getränke
➔ Zwischen 9:30 und 10:00 Uhr; von 212 (oder 213 – ist nicht genau abzulesen) Getränken, die um 9:30 Uhr noch da waren, sind um 10:00 Uhr nur noch 125 vorhanden: es wurden also 87 (oder 88) Getränke verkauft.
➔ Da um 11:00 Uhr alle Getränke verkauft waren, wurden erneut 200 Getränke bestellt bzw. geliefert.
➔

Uhrzeit	8:00	8:30	9:00	9:30	10:00	10:30	11:00	11:30	12:00
Anzahl der Getränke	300	275	250	212 (213)	125	100	0	200	150

➔

Uhrzeit	12:30	13:00	13:30	14:00
Anzahl der Getränke	75	50	–	25

Seite 33

1 a) und b)

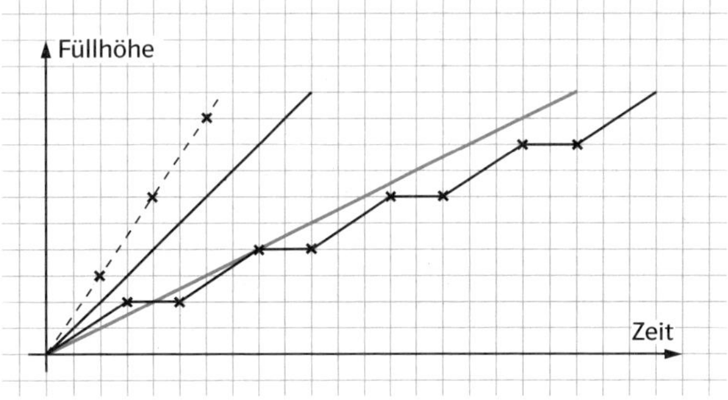

-x-x- mit Feuerwehrschlauch und Gartenschlauch
—— mit einem Feuerwehrschlauch
—— mit einem Gartenschlauch
-x-x- mit einem Wassereimer

c)

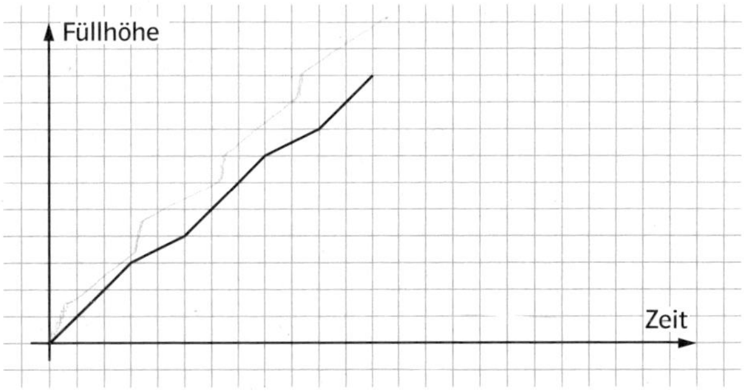

d)

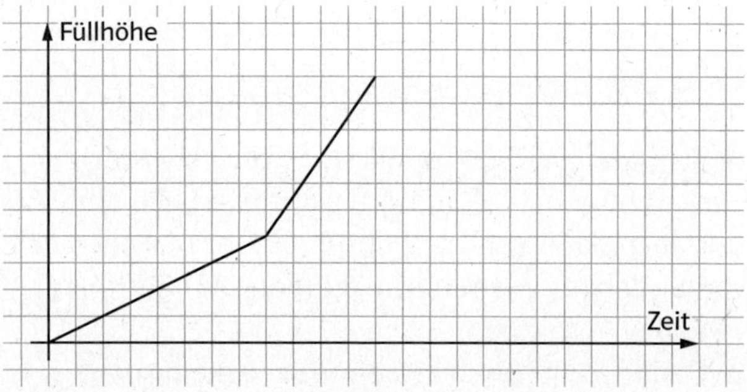

2

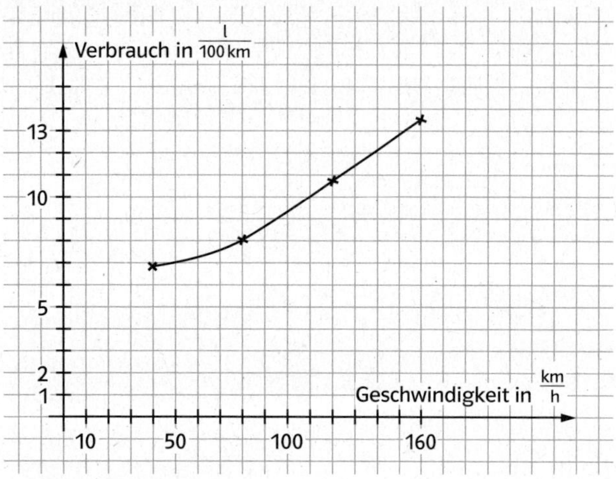

Geschwindigkeit in km/h	60	100	140
Verbrauch in l/100 km	7,1	9,3	12,2

3 a) Ende Mai betrug der Kontostand 150 €.
b) Ende März
c) im September
d) individuelle Lösungen
e) Kontostandstabelle:

Monat	Kontostand in €
März	50
April	100
Mai	150
Juni	300
Juli	350
August	350
September	100
Oktober	150

4 a)

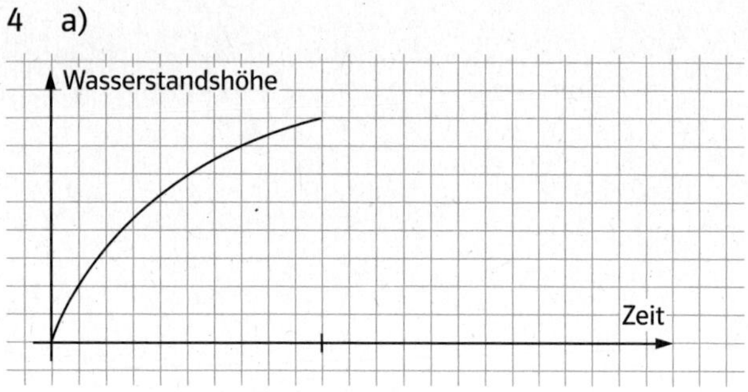

b)

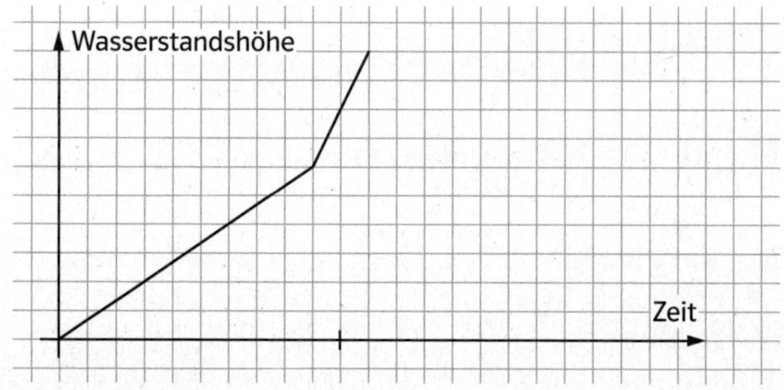

c)

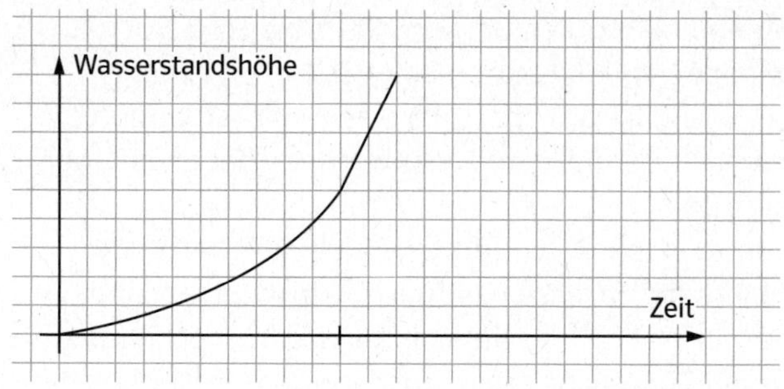

d)

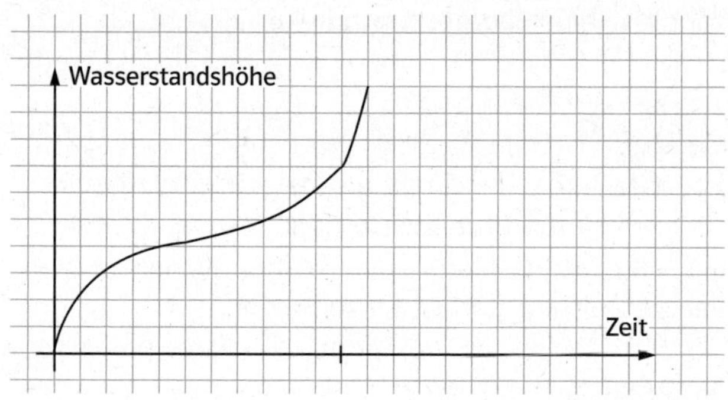

5 a)

Stückzahl	2	4	6	8	10	12
Preis (€)	4,80	9,60	14,40	19,20	24,00	28,80

Preis: Produkt aus Stückzahl und 2,40 €
b)

Gewicht (g)	100	200	300	400	500	600
Preis (€)	3,00	3,50	4,00	4,50	5,00	5,50

Preis: Zum Produkt aus 0,50 € und dem Quotienten aus dem Gewicht und 100 g wird 2,50 € addiert.

6 a)

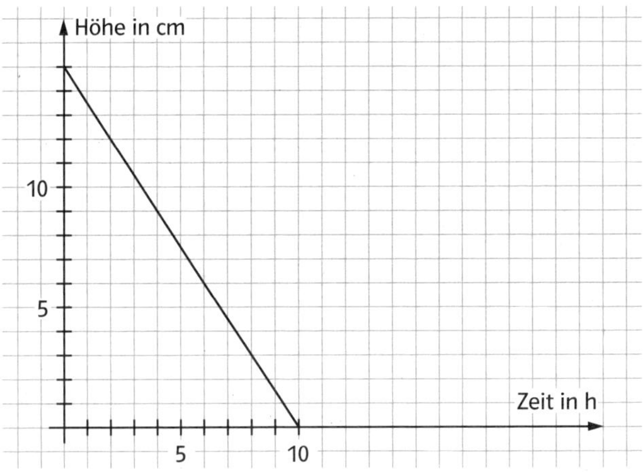

b)

Zeit in Stunden	2	5	6	8
Länge in cm	12	7,5	6	3

c)

Zeit in Stunden	0	2	4	6	8	10
Länge in cm	15	12	9	6	3	0

Randspalte
Von oben nach unten:
Die Fahne wird in Schüben hochgezogen. Dieses Schaubild ist realistisch, wenn die Fahne per Hand hochgezogen wird.
Die Fahne wird mit einer Geschwindigkeit hochgezogen. Dieses Schaubild ist realistisch, wenn die Fahne elektrisch hochgezogen wird.
Die Fahne wird zunächst schnell und dann immer langsamer hochgezogen.
Die Fahne wird zu Beginn langsam und dann immer schneller hochgezogen.

Seite 34

Schaubilder erzählen Geschichten

Kurze Geschichten
- Laura ist älter als Fred. Fred ist älter als Tim. Fred ist leichter als Tim und als Laura.
- Der ICE fährt mit höherer Geschwindigkeit als der Regionalexpress, die Fahrtzeit von Dortmund nach Köln ist deshalb mit dem ICE kürzer.
Die Temperatur ist zum früheren Zeitpunkt A und zum späteren Zeitpunkt B gleich.

Geschichten mit noch mehr Mitspielern
- Fahrrad: rotes Kreuz
PKW: gelbes Kreuz
Bus: blaues Kreuz
Rennwagen: violettes Kreuz
Flugzeug: orangefarbenes Kreuz
Schiff: grünes Kreuz

Verzwicktere Geschichten
- Peter lässt das Wasser einlaufen. Er dreht das Wasser zu und wartet einen Moment. Peter steigt nun in die Wanne, bleibt einige Zeit liegen und steigt wieder aus der Wanne. Er steigt nach einiger Zeit langsam wieder in die Badewanne bleibt eine längere Zeit in der Wanne liegen und steigt dann langsam aus der Wanne. Nach einiger Zeit lässt er das Wasser ab.
- Die Leistungsfähigkeit steigt ab 3 Uhr nachts. Um 10 Uhr hat man die höchste Leistungsfähigkeit erreicht. Sie sinkt dann bis etwa 15 Uhr. Von diesem Zeitpunkt steigt die Leistungsfähigkeit bis 19 Uhr noch einmal an. Ab diesem Zeitpunkt sinkt sie stetig bis nachts um 2 Uhr, wo sie ihren absoluten Tiefpunkt hat.
- Von 7.30 Uhr bis 12.00 Uhr und noch einmal 17.00 Uhr bis 20.00 Uhr.
- Um etwa 10.00 Uhr
- Ab etwa 16.30 Uhr
- individuelle Lösungen

2 Proportionale Zuordnungen

Seite 35

Einstiegsaufgabe

belegte Brötchen	1	2	5	10	20
Preis in €	0,60	1,20	3,00	6,00	12,00

Glas Saft	1	3	6	12	15
Preis in €	0,40	1,20	2,40	4,80	6,00

Anteil einer Pizza	$\frac{1}{5}$	$\frac{1}{2}$	1	1,5	2
Preis in €	0,60	1,50	3,00	4,50	6,00

→ Weil sich der Preis im gleichen Verhältnis wie die Menge ändert. Verdoppelt, verdreifacht, halbiert man die Menge, so verdoppelt, verdreifacht, halbiert sich der Preis.

Seite 36

1 a)

Gewicht in kg	Preis in €
8	16
·4 32	64 ·4
:8 4	8 :8
$\cdot\frac{1}{4}$ 1	2 $\cdot\frac{1}{4}$
·5 5	10 ·5

b)

Zeit in h	Weg in km
6	24
$\cdot 3$ 18	72 $\cdot 3$
$:9$ 2	8 $:9$
$\cdot 5$ 10	40 $\cdot 5$
$\cdot \frac{1}{2}$ 5	20 $\cdot \frac{1}{2}$

2 Proportional sind folgende Zuordnungen:
Gewicht → Anzahl der 1-€-Münzen
Anzahl der Waffeln → Backzeit
(wenn man davon ausgeht, dass man die Waffeln mit **einem** Waffeleisen backen möchte)
Nichtproportional sind folgende Zuordnungen:
Alter eines Kindes → Körpergröße
(Körpergröße ist nicht vom Alter abhängig)
Anzahl der Arbeitsstunden → Lohn
(Zuschüsse sind möglich)
Anzahl der Eier → Kochzeit
(mehr Eier brauchen keine längere Kochzeit)
Fahrtstrecke → Fahrtdauer
(Geschwindigkeitsbegrenzungen)

3 a)

Zeit in h	3	9	1,5	4,5
Weg in km	12	36	6	18

Beispiel: gewanderte Strecke bei einer bestimmten Zeit

b)

Menge in l	4	20	40	64
Preis in €	6	30	60	96

Beispiel: Preis für eine bestimmte Menge an Benzin

c)

Zeit in min	7,5	15	60	135
Weg in km	2	4	16	36

Beispiel: zurückgelegte Strecke mit dem Rad in einer bestimmten Zeit

d)

Einzelpreis in €	1	2	2,5	5
Gesamtpreis in €	4	8	10	20

Beispiel: Gesamtpreis bei einem Kauf von vier Fahrkarten unterschiedlicher Preiskategorien

e)

Zeit in s	6	18	24	27
Anzahl der Umdrehungen	1	3	4	4,5

Beispiel: Anzahl der Umdrehungen eines Jahrmarktgerätes oder eines Rades in einer bestimmten Zeit

4 a) Preis = Anzahl der Hefte mal 45 ct
b) Benzinverbrauch = Anzahl der Kilometer dividiert durch 100 mal 8 Liter
c) Kosten = Anzahl der Kilometer mal 25 ct
d) Fahrtzeit in Minuten = Anzahl der Meter dividiert durch 300
e) Eintrittskosten = Anzahl der Eintrittskarten mal 13 €
f) zu a)

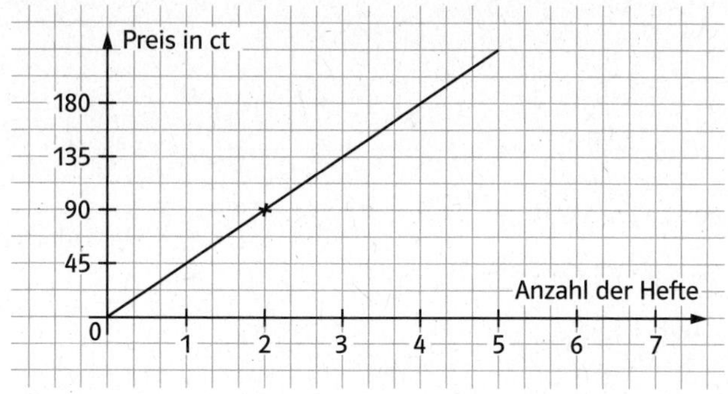

zu b)

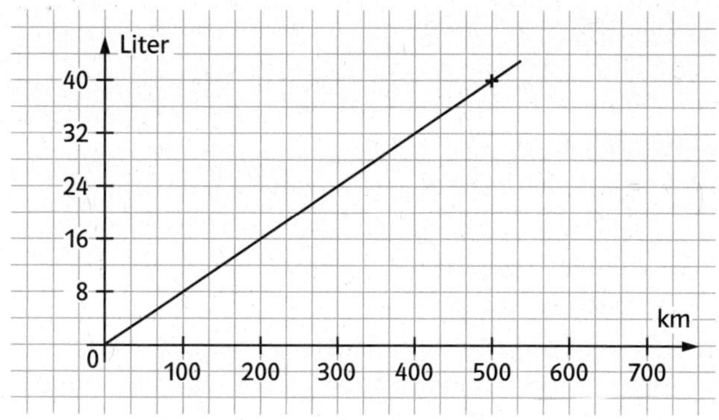

zu c)

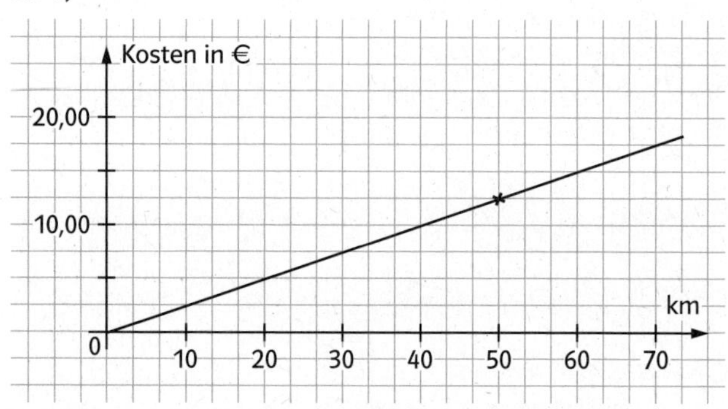

zu d)

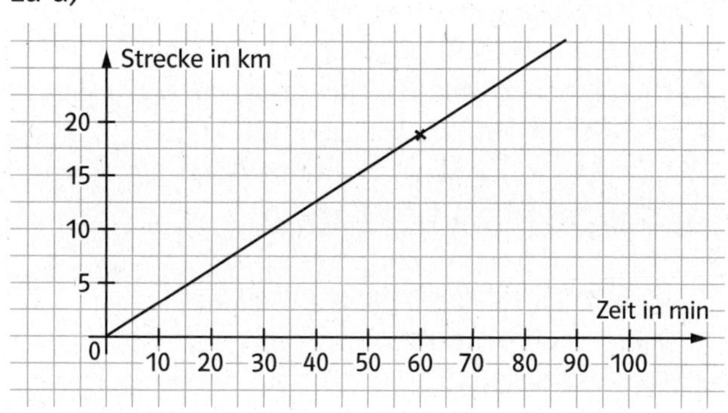

zu e)

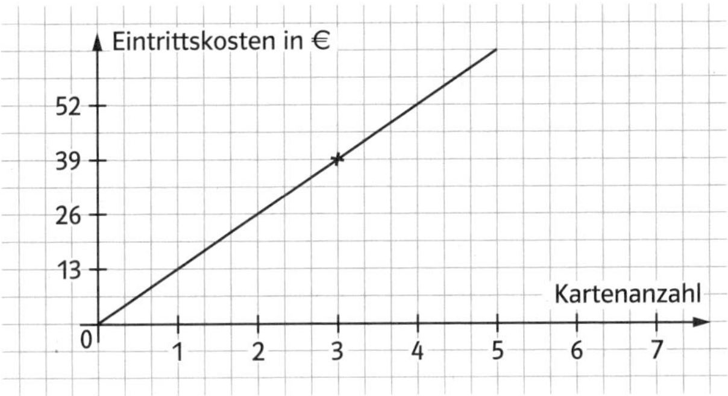

5 a)

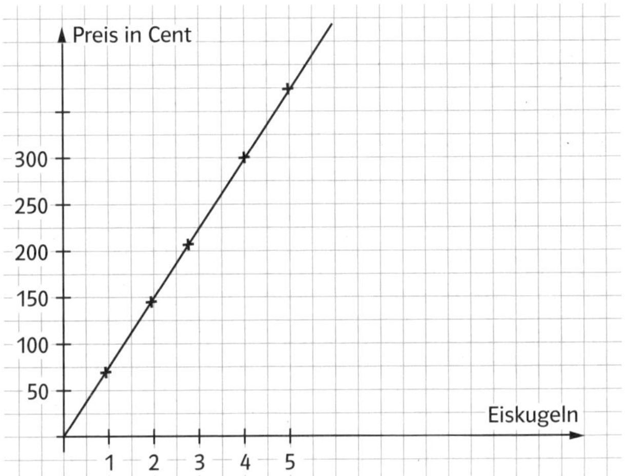

Anzahl der Eiskugeln	0	1	2	3	4	5
Preis in ct	0	70	140	210	280	350

b)

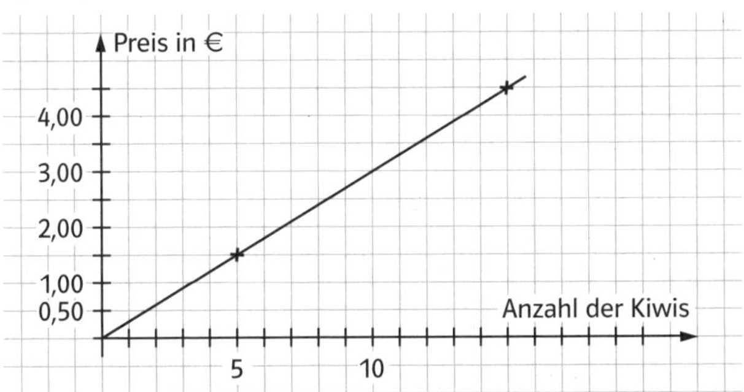

Anzahl der Kiwis	0	3	5	7	15
Preis in €	0	0,90	1,50	2,10	4,50

c)

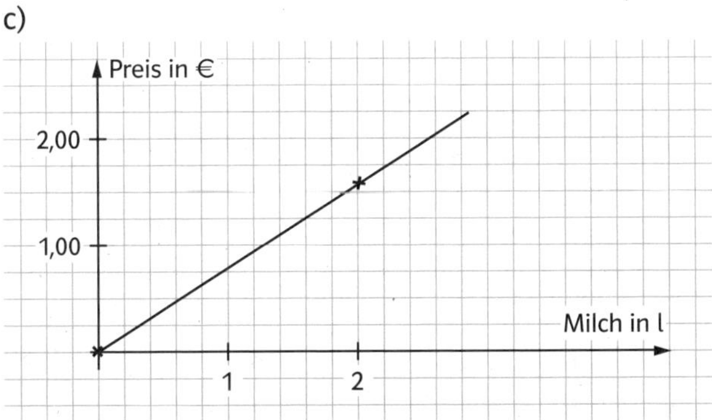

Milch in l	0	0,5	1	1,5	2
Preis in €	0	0,40	0,80	1,20	1,60

d)

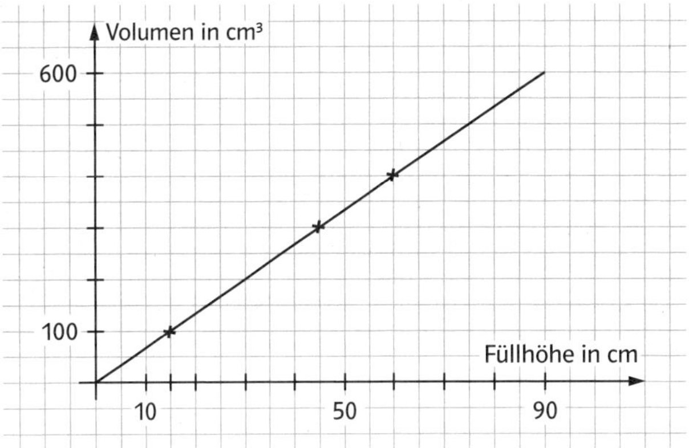

Füllhöhe in cm	0	15	45	90
Volumen in cm³	0	100	300	600

6 Die Kerze brennt in einer Stunde um 2 cm herunter.

a) 6 cm
b) 18 Uhr
c) 19.15 Uhr
d) 20.00 Uhr
e)

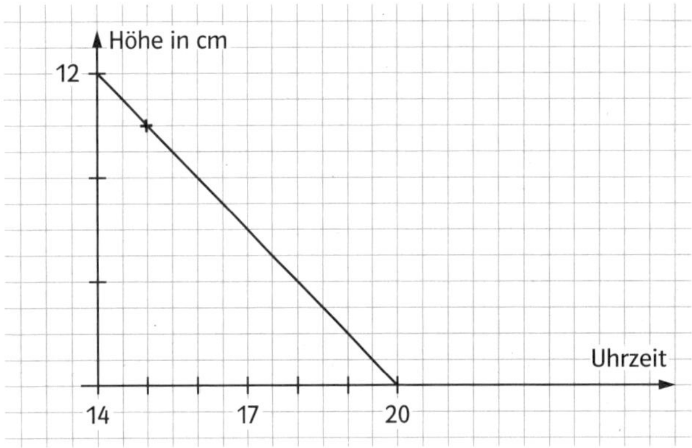

Randspalte

Rechnet man mit einer proportionalen Zuordnung, so ergibt sich ein Stückpreis von rund 14 Cent. Allerdings ist ein solcher Angebotspreis stets niedriger als die Einzelpreise! Ein einzelnes Brötchen wird also sicher mehr kosten.

Seite 37

7 a)

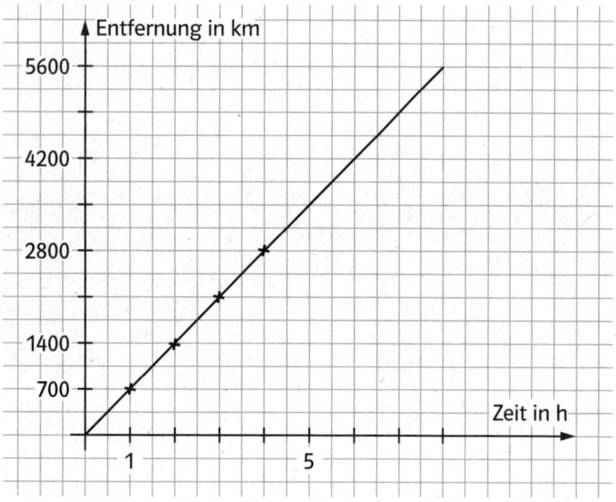

Flugzeit in h	0	1	2	3	4	5	6	7	8
Entfernung in km	0	700	1400	2100	2800	3500	4200	4900	5600

b)

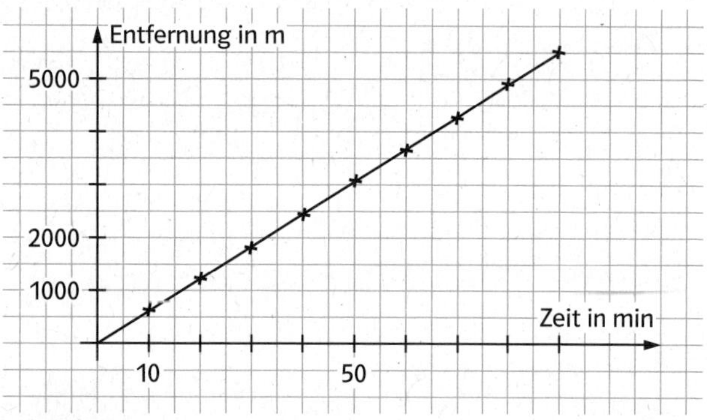

Zeit in min	0	10	20	30	40	50	60	70	80	90
Entfernung in m	0	600	1200	1800	2400	3000	3600	4200	4800	5400

8 a)

Anzahl Packungen	2	3	4	5	6
Preis (€)	1,10	1,65	2,20	2,75	3,30

b)

Anzahl Brötchen	2	3	4	5	6	7
Preis (€)	0,82	1,23	1,64	2,05	2,46	2,87

c)

Anzahl Müsliriegel	2	3	4	5
Preis (€)	1,26	1,89	2,52	3,15

9 a) Ingrid kauft Öl zum Literpreis von 3,50 €.

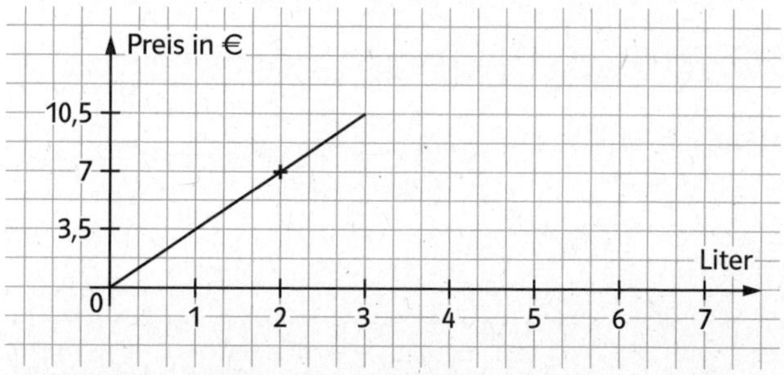

b) Ein Motorroller fährt durchschnittlich mit einer Geschwindigkeit von 40 km in der Stunde. Welche Strecke hat er nach $2\frac{1}{2}$ Stunden zurückgelegt?

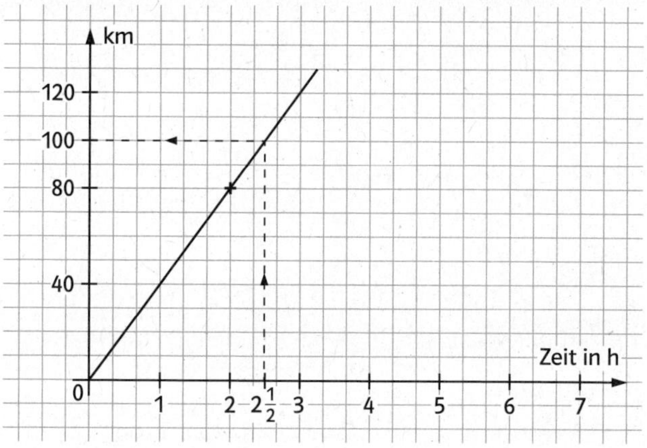

c) Bestimmte Pflastersteine wiegen 1,5 kg pro Stück. Anjas Vater braucht 350 Stück.

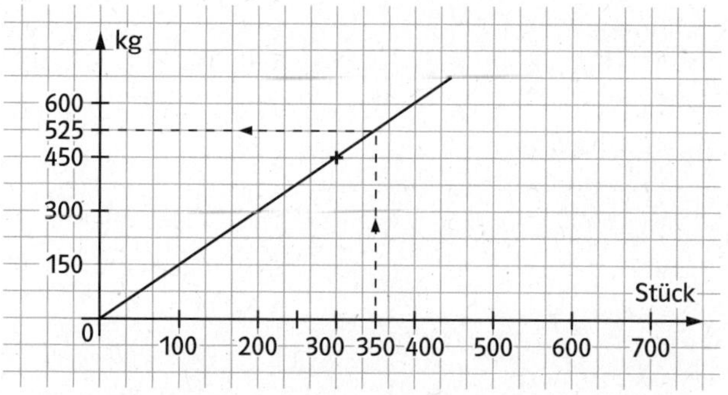

d) Martins Mutter verdient 12 € in der Stunde. Sie hat in dieser Woche 25 Stunden gearbeitet.

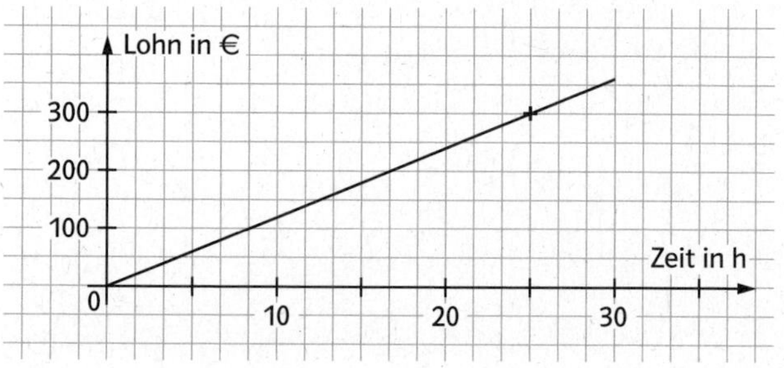

10 Abhängig davon, wie viele Gebäckstücke gebacken werden sollen, müssen die Rezeptangaben vervielfacht werden.
Folgende Tabelle gibt eine Aufstellung über die Mengen:

	Mehl (g)	Hefe (g)	Milch (ml)	Butter (g)	Honig (g)	Eier (Stück)
16 Gebäckstücke	500	40	150	90	70	3
32 Gebäckstücke	1000	80	300	180	140	6
48 Gebäckstücke	1500	120	450	270	210	9
64 Gebäckstücke	2000	160	600	360	280	12
80 Gebäckstücke	2500	200	750	450	350	15
96 Gebäckstücke	3000	240	900	540	420	18

Der besondere Faktor

- FIT: Quotient beträgt bei beiden Quittungen 1,239.
CHEAP: Quotient beträgt bei beiden Quittungen 1,209.
- Der Quotient (gleich Literpreis) ist bei beiden Tankstellen konstant, jedoch ist bei der Tankstelle CHEAP Super bleifrei günstiger.

- Bildung des Quotienten liefert für FIT: 47,33 : 38,2 = 1,239 und für CHEAP: 38,57 : 31,9 = 1,209. Auch hier ergibt sich, dass CHEAP günstiger ist als FIT.
- Linke Tabelle (Literpreis von FIT): 47,33; 60,83; 32,71; 21,81.
Rechte Tabelle (Literpreis von CHEAP): 21,52; 38,57; 23,94; 52,59.
- Bei der linken und rechten Tabelle handelt es sich um eine proportionale Zuordnung (Proportionalitätsfaktor 1,25 €/kg bzw. 2,69 €/m). Die Zuordnung in der Mitte ist nicht proportional, da der Quotient stets einen anderen Wert annimmt.

Seite 38

Rabatte

- Da das jeweils fünfte Heft gratis ist, kann für Einzelhefte keine proportionale Zuordnung vorliegen.
- Betrachtet man Fünferpacks, hat jeder Fünferpack denselben Fixpreis. Es liegt eine proportionale Zuordnung vor. Vervielfacht man die Anzahl der Fünferpakete, so vervielfacht sich im selben Maß der Preis.
- 50 Kopien kosten 40 €.
- 90 Kopien kosten 72 €, 100 Kopien kosten 70 €. Die Proportionalität ist nur bis 99 Kopien gültig, danach folgt eine geänderte Proportionalität, die sich nach 300 Kopien noch einmal ändert.

▪

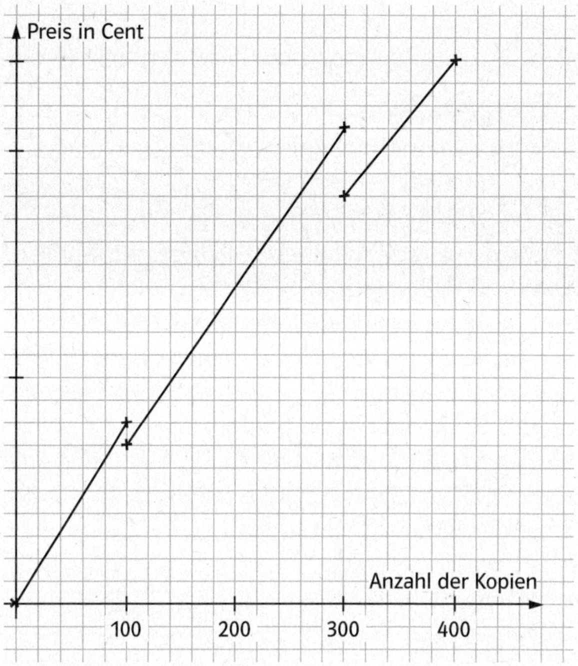

Es gibt keine durchgehende Gerade. Der zweite bzw. dritte Geradenteil setzt etwas unterhalb des ersten bzw. zweiten Teils an und verläuft flacher als der vorhergehende.

- Ab 88 ist es günstiger, 100 Kopien, ab 258 Kopien ist es günstiger, 300 Kopien anfertigen zu lassen.
- Ahmadi kauft eine 12er-Box und 8 Einzelstifte (4,50 € + 8 · 0,50 €), Klaus kauft 20 Einzelstifte (20 · 0,50 €).
-

Stück	1	2	3	4	5	6	7	8
Preis (€)	0,5	1	1,5	2	2,5	3	3,5	4

Stück	9	10	11	12	13	14	15	16
Preis (€)	4,5	5	5,5	4,5	5	5,5	6	6,5

Stück	17	18	19	20	21	22	23	24
Preis (€)	7	7,5	8	8,5	9	9,5	10	9

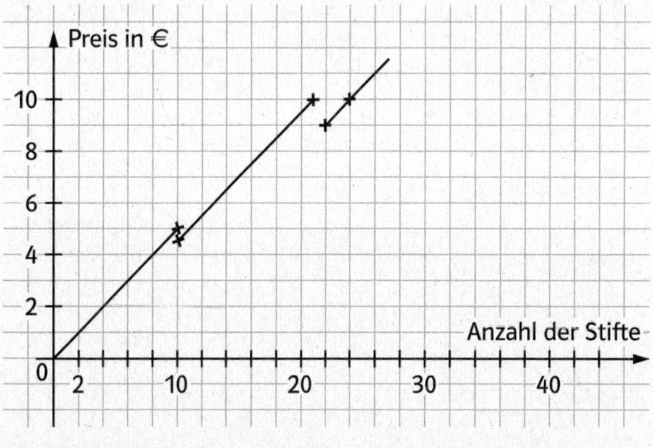

Es gibt auch hier keine durchgehende Gerade. Die nächsten Geradenteile beginnen etwas tiefer und um eine Einheit nach rechts versetzt. Sie verlaufen aber parallel zueinander.

3 Umgekehrt proportionale Zuordnung

Seite 39

Einstiegsaufgabe

➔ Es gibt viele Arten, die Stühle in gleich lange Reihen zu stellen. Sinnvolle Werte sind z. B.: 1 Reihe mit je 360 Stühlen, 2 Reihen mit je 180 Stühlen, 3 Reihen mit je 120 Stühlen, 4 Reihen mit je 90 Stühlen, 6 Reihen mit je 60 Stühlen, 9 Reihen mit je 40 Stühlen oder 10 Reihen mit je 36 Stühlen usw. Tauscht man jeweils die Reihenanzahl mit der Stuhlanzahl, ergeben sich viele weitere Möglichkeiten, z. B. 36 Reihen mit je 10 Stühlen.
Die Zweckmäßigkeit wird durch die Maße der Aula bestimmt. Das Ziel ist es, eine möglichst große Breite vor der Bühne zu erreichen.

➔ individuelle Lösung

➔ individuelle Lösung

Seite 40

1 a)

	Zahl der Personen	Gewinn pro Person in €	
	4	300	
:2	2	600	·2
·3	6	200	:3
:6	1	1200	·6
·8	8	150	:8

b)

	Schrittlänge in cm	Schrittzahl	
	80	120	
:2	40	240	·2
:4	10	960	·4
·10	100	96	:10
:2	50	192	·2

2

Zuordnung	umgekehrt proportional ja/nein	Begründung
Anzahl der Personen – Gewicht einer Portion	ja	Es trifft zu, wenn die Portionen gleich groß sind.
Vorrat – Zeit, die der Vorrat reicht	nein	Die Zuordnung ist evtl. proportional, wenn immer gleich viel gebraucht wird.
Tageszeit – Zeit bis zum Ende des Tages	nein	Das Produkt aus Tageszeit und verbliebener Zeit ergibt nicht 24.
Gewicht eines Brotlaibs – Anzahl der Scheiben	nein	Auch bei gleich starken Scheiben nicht, da der Brotlaib nicht durchgehend gleich stark ist.
Dicke der Bretter – Anzahl der Bretter	ja	Es trifft zu, wenn der Balken, aus dem die Bretter geschnitten werden, ein Quader ist.
Anzahl der Lkw-Fahrten – Zeit zum Aufschütten eines Damms	ja	Es trifft zu, wenn die Lkw immer gleich beladen sind.
Geschwindigkeit am Start – Zeit, in der 800 m gelaufen werden	nein	Mit Sicherheit wird die Geschwindigkeit nicht immer gleich sein.

Jetzt geht's ums Ganze ?!

- Wert des Produkts: 30
- Bei einer umgekehrt proportionalen Zuordnung ist das Produkt aus Eingabe- und Ausgabegröße immer gleich.
- Auch hier ist der Wert immer gleich: 420.
-

Stück	Preis	Produkt
12	48 €	576 €
18	32 €	576 €
24	24 €	576 €

umgekehrt proportional

Eine Lieferung in Höhe von 576 € wird in Kartons verpackt.

Anzahl	Zeit	Produkt
15	9 h	135 h
5	25 h	125 h

nicht umgekehrt proportional

Anzahl	Gewicht	Produkt
88	10 kg	880 kg
20	44 kg	880 kg
80	11 kg	880 kg

umgekehrt proportional

Bei einem Futtervorrat erhalten 88 Tiere jeweils 10 kg Futter.

Stück	Fläche	Produkt
18	45 m^2	810 m^2
27	30 m^2	810 m^2
9	90 m^2	810 m^2

umgekehrt proportional

Eine Firma möchte eine Fläche zur Musterpflasterung in Teilflächen aufteilen. Bei 18 Teilflächen wird jede einzelne Fläche 45 m^2 groß.

Seite 41

3

Verbrauch je 100 km in l	3	4	5	6	10
Reichweite in km	2000	1500	1200	1000	600

Verbrauch je 100 km in l	12	15	20	30
Reichweite in km	500	400	300	200

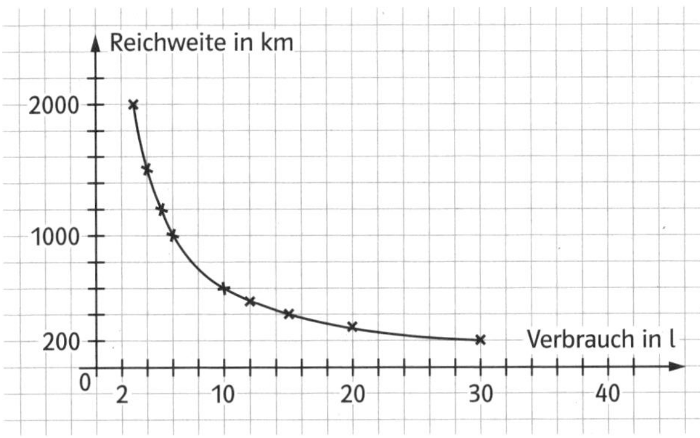

4 a) Die Geschwindigkeit sollte nicht zu hoch gewählt werden, weil es sonst nicht mehr leistbar ist.
b) Die Grundstücke sollten nicht zu groß (aus finanziellen Gründen) und nicht zu klein sein (aus bautechnischen Gründen).
c) Der Inhalt einer Flasche sollte im realistischen Bereich liegen (z. B. von 0,2 l bis 2 l).
d) Bei einer zu großen Anzahl würden sie sich gegenseitig behindern.

5 45 Personen: 14 €
40 Personen: 15,75 €
35 Personen: 18 €
30 Personen: 21 €

6 a)

Dauer (h)	Geschwindigkeit Gegenwind (km/h)	Geschwindigkeit Flugzeug (km/h)
9	0	950
9,24 ≈ 9 h 15 min	25	925
9,5 = 9 h 30 min	50	900
9,77 ≈ 9 h 46 min	75	875
10,06 ≈ 10 h 4 min	100	850
10,36 ≈ 10 h 22 min	125	825

b)

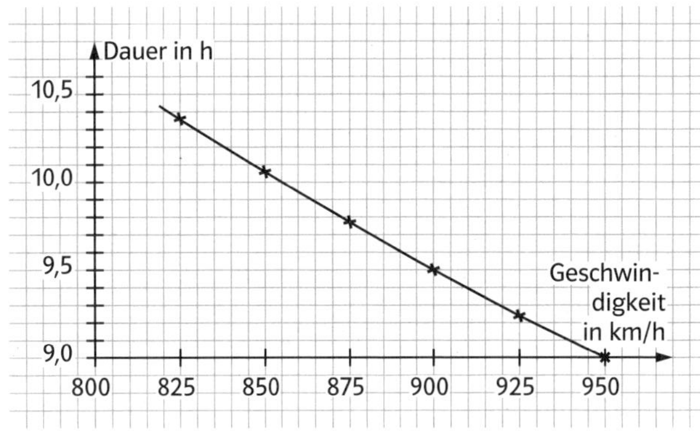

c)

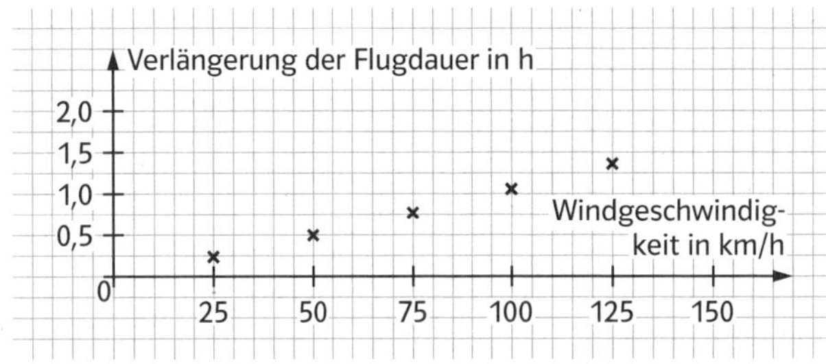

Die Zuordnung ist proportional: Je größer die Windgeschwindigkeit, desto länger ist die Flugdauer.

Punkte einmal anders

- 16 pt: 57 Buchstaben
20 pt: 45 Buchstaben
24 pt: 38 Buchstaben
28 pt: 32 Buchstaben
- Die Zuordnung „Schnriftgröße" zu „Buchstabenzahl" ist annähernd umgekehrt proportional.
- individuelle Lösungen

4 Dreisatz

Seite 42

Einstiegsaufgabe

➔ Anna hätte für 2,5 km von ihrer Schwester 1,50 € bekommen. Das sind 60 ct je Kilometer. Vermutlich würde sie deshalb für ihre 3,5 km dann 2,10 € bekommen.
➔ 2223 € werden auf drei Institutionen verteilt: Jede bekommt 741€. Kommt das Rote Kreuz noch hinzu, erhält jede der vier Institutionen 555,75 €.

Seite 43

1 a) 4 €
b) 10 €

2 Acht Schachteln Kekse: 7,20 €
zehn Tafeln Schokolade: 6,00 €

3 a) 0,60 €:2·3 = 0,90 €
b) 2,40 €·2,5 = 6,00 €
c) 1,30 €:4 = 0,325 €
5,20 €:0,325 € = 16
d) 1,80 €:2·5 = 4,50 €

4 a) Sie arbeitet 5 h (Stundenlohn 7 €) und erhält dafür 35 €.
b) In dieser Woche erhält sie nur 77 €.
c) Er muss den Stundenlohn auf 8 € erhöhen.

5 a) Er braucht dafür 63 min.
b) Für 42 km benötigt er bei gleicher Geschwindigkeit normalerweise 126 min, nach Dülmen aber 165 min.
Mögliche Gründe: – Die Strecke ist hügelig. – Bei 42 km Entfernung kann man die Geschwindigkeit nicht halten.

6 a) 1-l-Flasche: 0,79 €/l; 1,5-l-Flasche: 0,73 €/l.
Die 1,5-l-Flasche ist günstiger.
b) 250-g-Tüte: 0,30 €/50 g; 150-g-Tüte: 0,33 €/50 g.
Die 250-g-Tüte ist günstiger.

7 2,5 l Farbe werden für 15 m^2 benötigt.
80 m^2:15 m^2 = 5,33. Man benötigt also noch etwa 13,5 l Farbe.

8 4 Eigelb:8·28 = 14 Eigelb
100 g:8·28 = 350 g feiner Zucker
1:8·28 = 3,5 unbehandelte Zitronen
500 g:8·28 = 1750 g Mascarpone
150 ml:8·28 = 525 ml starker frischer Espresso
225 g:8·28 = 787,5 g Löffelbiskuits
2 Esslöffel:8·28 = 7 Esslöffel dunkles Kakaopulver

Seite 44

9 a)

Anzahl der Gewinner	Gewinn in €
6	1245
9	830

b)

Anzahl der Personen	Kostenbeitrag in €
18	133,25
26	92,25

c)

Geschwindigkeit in km/h	Zeit in h
24	$1\frac{1}{2}$
27	$1\frac{1}{3}$

d)

Ladung in m^3	Anzahl der Lkw-Fahrten
7,0	21
9,0	17

Es sind also 17 Fahrten nötig.

10 6·1,45 €:9 ≈ 0,97 € muss jeder der neun Beteiligten bezahlen.

11 a) 720 m^2·16:640 m^2 = 18
b) 720 m^2·16:320 m^2 = 36
Ja, es gäbe doppelt so viele.

12 141·75 €:188 = 56,25 €

13 a) 20 km·10 min:25 km = 8 min
b) 8·70 €:7 = 80 €

14 a) 5 große Platten → 6 kleine Platten
5·6 = 30
b) 25·25 = 625 große Platten
30·30 = 900 kleine Platten
c) 625 – 250 = 375 große Platten fehlen oder 450 kleine Platten

15 16·1,50 €:20 = 1,20 €

16 a) 5·4 h:4 = 5 h; 4 Röhren brauchen also 5 Stunden.
b) 4 Röhren müssen dann noch so viel Wasser liefern wie 5 Röhren in 3 Stunden, also
3 h·5:4 = 3,75 h.
c) Nach 2 Stunden müssen 4 Röhren noch so viel arbeiten wie 5 Röhren in 2 Stunden, also
2 h·5:4 = 2,5 h. Das Becken ist also nach 4 h 30 min gefüllt.

Seite 45

17 Der Teppich besitzt 10 000 Knoten pro m^2. Da der gleichwertige Teppich eine Fläche von 4,4 m^2 hat, sind dies also 44 000 Knoten.
Für den großen Teppich benötigt ein Arbeiter 26 Tage und 2 Stunden, für den kleineren Teppich 9 Tage, 1 Stunde und 20 Minuten.

18 Bei einem Preis von 4,20 €/Stück erhält er nur 20 Stücke, also vier weniger.

19 Fa. Manke: 38 645 €; Fa. Strab: 43 200 € (unter der Bedingung, dass 1 m^3 Erde eine Tonne wiegt)

20 a) 4,2 · 6400 = 26 880; 26 880 : 5,6 = 4800-mal dreht sich das Hinterrad.
b) 5,6 · 6400 = 35 840; 35 840 : 4,2 = $8533\frac{1}{3}$-mal dreht sich das Vorderrad.

Umgekehrt proportionale Zuordnung

- Anzahlen: 10; 8; 7; 6 (die Anzahl der Teilstücke muss auf ganze Zahlen abgerundet werden)
- Individuelle Lösung
- Je größer die Stücklänge, desto kleiner ist der Quotient aus der Leistenlänge und der Stücklänge.
- Die erhaltenen Stückzahlen lauten: 29; 19; 14; 11; 9; 8; 7; 6. In manchen Fällen bleibt die Stückzahl gleich, meistens erhält man jedoch ein Teilstück weniger.
- Individuelle Lösung (Das Produkt aus Stücklänge und Anzahl der Teilstücke ist stets gleich der Leistenlänge.)
- Individuelle Lösung (Je stärker der Materialverbrauch pro Schnitt, desto geringer wird die Anzahl der Teilstücke.)

Üben • Anwenden • Nachdenken

Seite 47

1 a) proportionale Zuordnung
b) umgekehrt proportionale Zuordnung
c) proportionale Zuordnung

2 a)

Kosten in €	1	3	5	13	14
Nägel in g	400	1200	2000	5200	5600

b)

Zeit in h	36	18	12	6
Anzahl der Arbeiter	1	2	3	6

3 a) weder noch
b) umgekehrt proportional

Eingabegröße	1	2	3	4	5	6	7
Ausgabegröße	24	12	8	6	4,8	4	3,43

4 a) umgekehrt proportional
b) proportional
c) weder noch

5 a)

Eingabegröße	1	2	3	4	5
Ausgabegröße	4	8	12	16	20

Eingabegröße	1	2	3	4	5
Ausgabegröße	4	2	$\frac{4}{3}$	1	$\frac{4}{5}$

b)

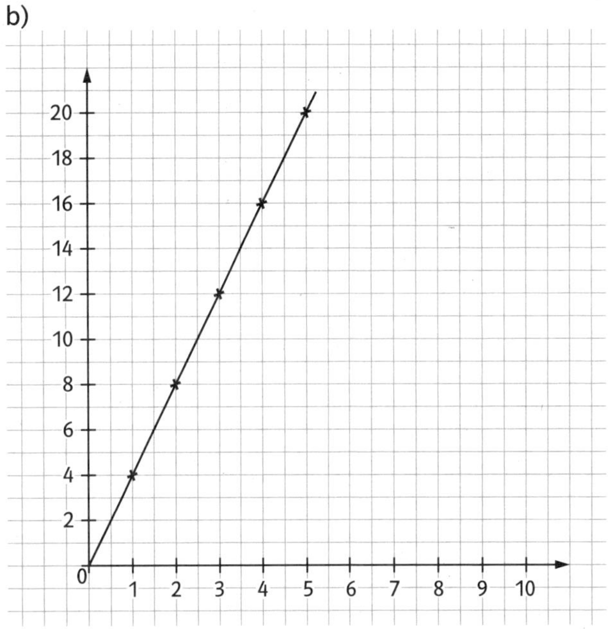

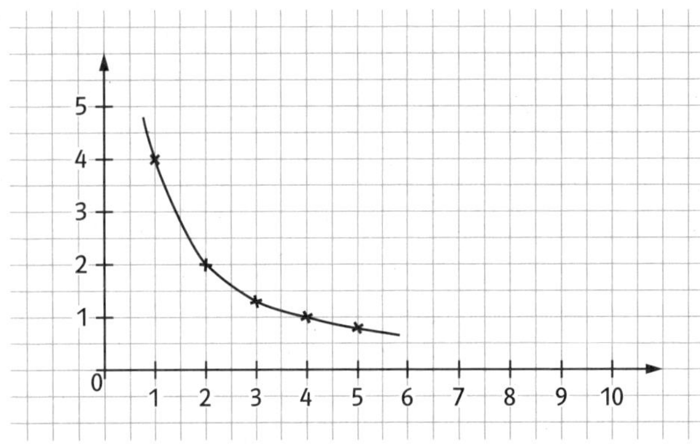

6 a) und b)

Dosen	4	40	12
Tage	3	30	9

7 Da es sich um eine sitzende Statue handelt, ist sie vermutlich etwa 3-mal so groß wie die davor stehende Person, also etwa 3 · 1,80 m = 5,40 m.

8

Reinigungskräfte	3	6	12	24	60	120	240
Zeit (h)	8	4	2	1	0,4 = 24 min	0,2 = 12 min	0,1 = 6 min

Ab 60 Reinigungskräften wird diese Zuordnung zunehmend unsinniger, da sie sich immer mehr im Weg stehen und somit wieder länger brauchen.

9 Es werden 7,5 Müllwagen benötigt; da es aber keine halben Müllwagen gibt, müssen es 8 sein!

10 a)

Eingabegröße	1	2	3	4	5	6	7	8	9	10
Ausgabegröße	34	68	102	136	170	204	238	272	306	340

Eingabegröße	1	2	3	4	5	6	7	8	9	10
Ausgabegröße	1,5	3	4,5	6	7,5	9	10,5	12	13,5	15

11 a)

Eingabegröße	1	2	3	4	6
Ausgabegröße	48	24	16	12	8

b)

Eingabegröße	1	2	3	4	6	7
Ausgabegröße	84	42	28	21	14	12

Seite 48

Je mehr... desto mehr?

▪

Woche	Fahrtage	Strecke in km	Benzin in Liter
31.03.–05.04.	3	139	11,54
07.04.–12.04.	4	178	14,56
14.04.–19.04.	2	277	20,85
21.04.–26.04.	3	330	27,25
28.04.–02.05.	5	541	42,55

▪

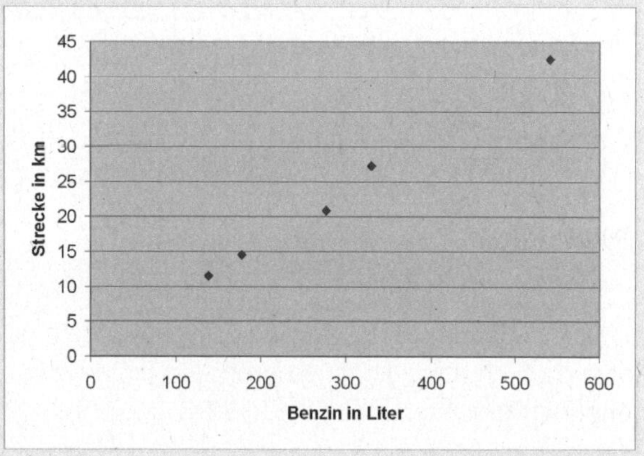

▪ Der Verbrauch in Liter/100 km ist annähernd gleich, daher liegt eine annähernd proportionale Zuordnung vor. Am Diagramm erkennt man dies daran, dass die Punkte in etwa auf einer Geraden liegen.

▪ Wenn der Verbrauch Liter/100 km immer gleich hoch wäre, wäre es eine „echte" proportionale Zuordnung, aber aus verschiedenen Gründen (Verkehrslage, Autobahn- und Stadtfahrt, ...) ist der Verbrauch nicht immer gleich hoch.

12 a) 48 → M, 36 → S
b) L → 42–44
c) XXL → Damen 50+
XXL → Herren 56+

13 a) $1500\,\frac{m}{s} \cdot 0{,}03\,s = 45\,m$
b)

Tiefe (m)	150	300	450	600	750	900	1050	1200	1350	1500
Schall (s)	$\frac{1}{10}$	$\frac{2}{10}$	$\frac{3}{10}$	$\frac{4}{10}$	$\frac{5}{10}$	$\frac{6}{10}$	$\frac{7}{10}$	$\frac{8}{10}$	$\frac{9}{10}$	1

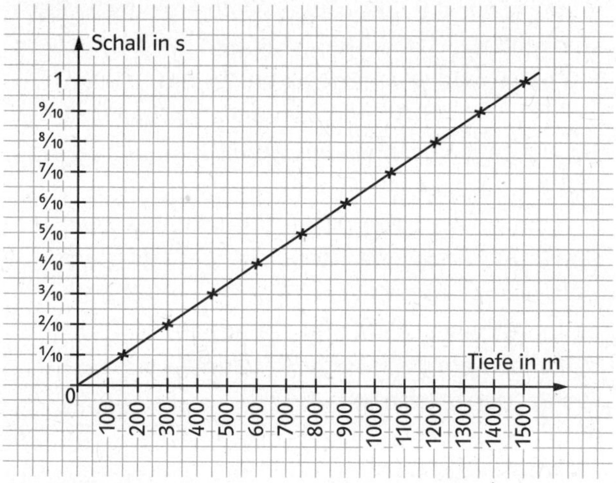

c) 340 m/s

Entfernung (m)	34	68	102	136	170	204	238	272	306	340
Schall (s)	$\frac{1}{10}$	$\frac{2}{10}$	$\frac{3}{10}$	$\frac{4}{10}$	$\frac{5}{10}$	$\frac{6}{10}$	$\frac{7}{10}$	$\frac{8}{10}$	$\frac{9}{10}$	1

Hört man den Donner 3 Sekunden, nachdem man den Blitz gesehen hat, dann ist das Gewitter etwa 1 km entfernt.

14 a) Herr Koenen: 1,50 € + 15 · 50 ct = 9,00 €
Frau Zimmermann: 1,50 € + 30 · 50 ct = 16,50 €
b) Frau Teobald: (18,00 € – 1,50 €) : 50 ct = 33
Herr Schramm: (9,00 € – 1,50 €) : 50 ct = 15
Frau Teobald fährt 33 km, Herr Schramm genau 15.

15 a) 0 min – 20 min, 40 min – 60 min
b) Ein Läufer läuft 20 min mit 12 km/h. Dann macht er 20 min Pause. Anschließend läuft er weitere 20 min mit 9 km/h.

Seite 49

Geschwindigkeit

■

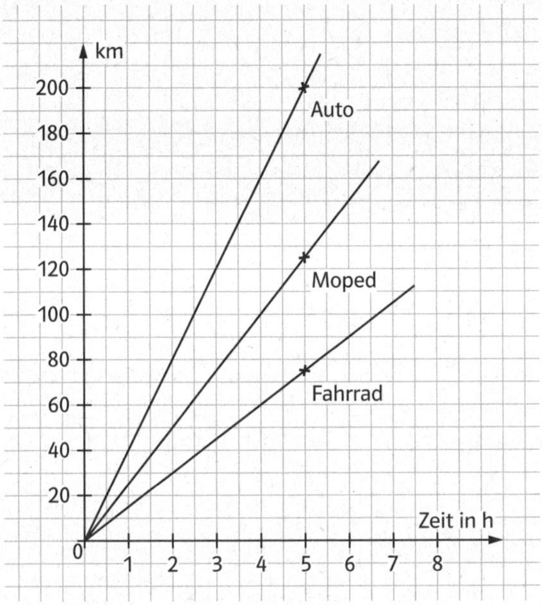

Nach 2 h legt ein Fahrrad 30 km, ein Moped 50 km und ein Auto 80 km zurück.

■

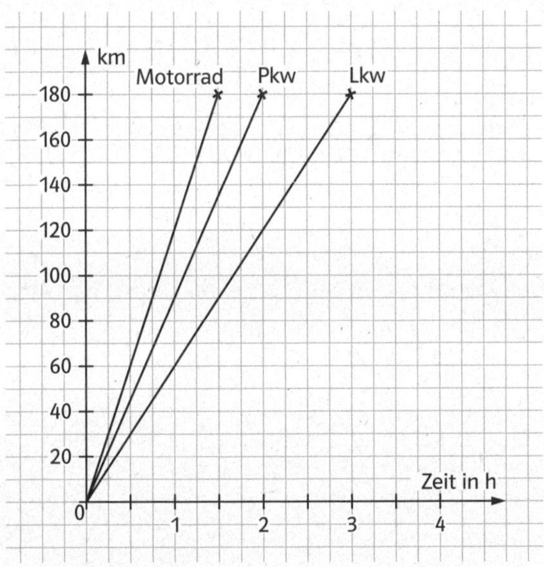

Motorrad (1 h/120 km), Pkw (1 h/90 km), Lkw (2 h/120 km).

16 a) Familie Schmid: 6 h, Familie Meyer: 5,4 h = 5 h 24 min, Familie Bobic: 4,5 h = 4 h 30 min.

b)

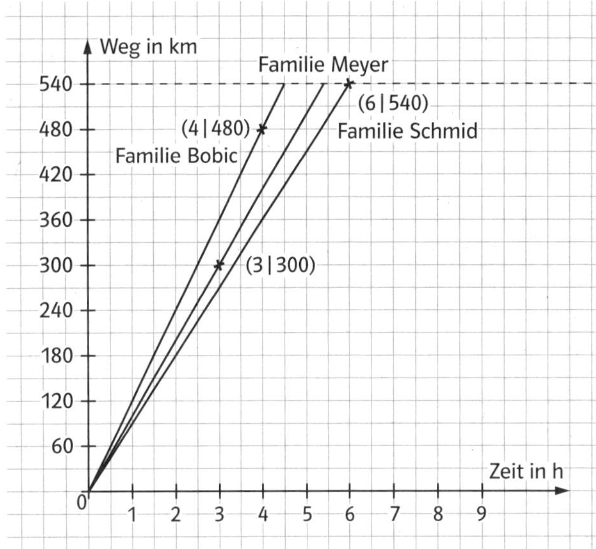

Familie Bobic hat nach 3 h 60 km Vorsprung vor Familie Schmid und 90 km vor Familie Meyer.

17 a) proportionale Zuordnung
b) Der Wert ist aufgerundet, da man nur ganze Rollen kaufen kann.
c)

Umfang in m	Anzahl der Rollen
7	5
8	6
9	6
11	8
13	9
14	10
16	11
17	12
19	13

18 Wand: $3{,}6\,m \cdot 2{,}4\,m = 8{,}64\,m^2$
15 cm · 15 cm-Kachel: $8{,}64\,m^2 : 0{,}0225\,m^2 = 384$
15 cm · 20 cm-Kachel: $8{,}64\,m^2 : 0{,}03\,m^2 = 288$
20 cm · 20 cm-Kachel: $8{,}64\,m^2 : 0{,}04\,m^2 = 216$

19 individuelle Lösungen

Seite 50

20 a) $6 \cdot 4 = 24$; 24 Umdrehungen
b) $7{,}5 \cdot 4 = 30$; 30 Umdrehungen
c) $1\,cm \cdot \frac{3}{4} = 0{,}75\,cm$

21 a) 15 Flaschen haben das Volumen 10,5 Liter. Der Summe aus den Flaschenanzahlen wird die Summe der Volumenwerte zugeordnet.

b) Zum Volumen $44\,m^3$ gehört die Höhe 132 cm. Der Differenz aus den Volumenwerten wird die Differenz der Höhen zugeordnet.
c) Dem 4-fachen Gewicht wird der 4-fache Preis zugeordnet.
Eigene Aufgaben: individuelle Lösungen.

22 a) $1\,dm^3$ Balsaholz: 0,1 kg
$1\,dm^3$ Fichte: 0,4 kg
$1\,dm^3$ Buche: 0,7 kg
$1\,dm^3$ Eiche: 1 kg
$1\,dm^3$ Pockholz: 1,2 kg
b) Da die Zuordnung Volumen → Gewicht proportional ist, wiegt ein Würfel mit Volumen $2{,}5\,dm^3$ das 2,5-Fache eines $1\text{-}dm^3$-Würfels, d. h.
$2{,}5\,dm^3$ Balsaholz: 0,25 kg
$2{,}5\,dm^3$ Fichte: 1,0 kg
$2{,}5\,dm^3$ Buche: 1,65 kg
$2{,}5\,dm^3$ Eiche: 2,5 kg
$2{,}5\,dm^3$ Pockholz: 2,75 kg
c) Individuelle Lösung
d) Ein 1 kg schwerer Würfel aus Balsaholz hat das Volumen $10\,dm^3$, Fichte hat das Volumen $2{,}5\,dm^3$, Buche hat das Volumen $1{,}4\,dm^3$, Eiche hat das Volumen $1\,dm^3$, Pockholz hat das Volumen $0{,}8\,dm^3$.

23 a)

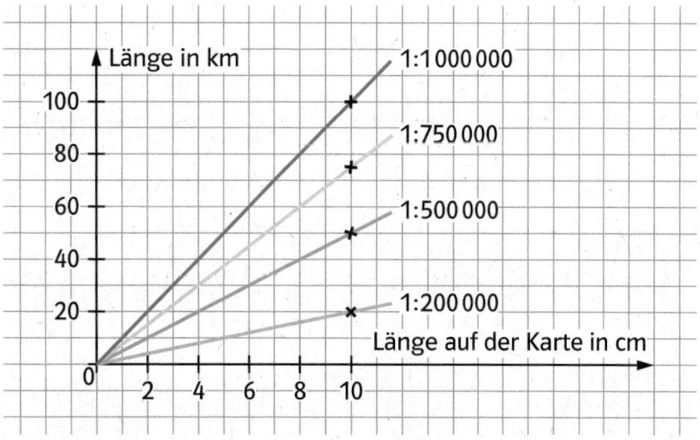

b)	1:200 000	12 km
	1:750 000	45 km
	1:500 000	30 km
	1:1 000 000	60 km
c)	1:200 000	10 cm
	1:750 000	2,66 cm
	1:500 000	4 cm
	1:1 000 000	2 cm

24 a)

Strecke	Umdrehungen hinten	Umdrehungen Pedal
	1	$\frac{18}{48} = \frac{3}{8} = 0{,}375$
100 m	50	$\frac{3}{8} \cdot 50 = \frac{75}{4} = 18{,}75$
4000 m	$50 \cdot 40 = 2000$	$\frac{75}{4} \cdot 40 = 750$

b) Luis benötigt nur $750 \cdot \frac{15}{18} = 625$ Pedalumdrehungen.

25 a) $60 \cdot 5 = 300$; $300 : 10 = 30$. Tommy muss 30-mal gehen.
b) $300 : 15 = 20$. Tommy und seine Schwester müssen 20-mal gehen.
c) $300 : 15 = 20$. Tommys Vater trägt dann einen 20-l-Eimer.

3 Rationale Zahlen

Auftaktseite: Zahlen nachgehen

Seiten 52 bis 53

- Hatice steht auf dem Feld –6.
- Sie muss 16 Schritte in positive Richtung gehen.
- individuelle Lösung

- Sina und Pierre treffen sich bei –7.
- Nach 10 Schritten steht Sina bei –3 und Pierre steht bei –13.
- individuelle Lösung

- Thorben macht von –7 bis +8 genau 5 Schritte, von der –4 bis zur 5 macht er drei Schritte.

- Wenn Vanessa in positive Richtung gegangen ist, ist sie bei –23 gestartet, sonst bei +5.

1 Rationale Zahlen

Seite 54

Einstiegsaufgabe

➔ Auf der Fahrt ins Sauerland sinkt die Temperatur.

➔

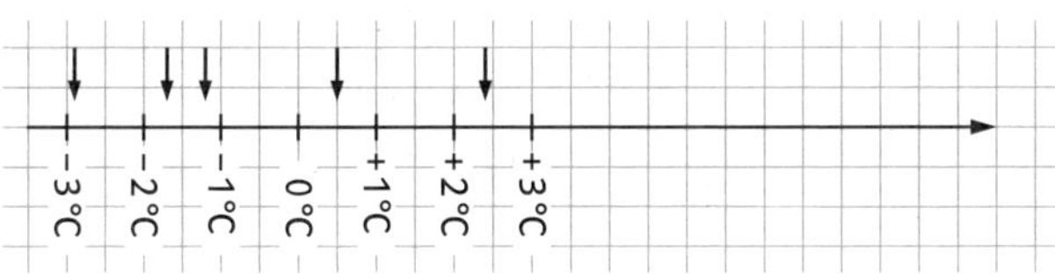

1 a) –3,5; –2,1; –0,4; +0,9; +3,8

b) –2,59; –2,55; –2,48; –2,42

c) $-\frac{13}{16}$; $-\frac{5}{8}$; $-\frac{7}{16}$; $-\frac{3}{16}$

2 a) –750 < –570 < –507 < –57 < 75 < 705

b) –30,2 < –23,0 < –3,2 < –2,3 < 2,3 < 20,3

c) –9,78 < –8,79 < –7,89 < 7,89 < 8,79 < 9,78

d) –0,4801 < –0,4108 < –0,1084 < –0,0184

e) $-0{,}5 < -0{,}3 < -\frac{1}{4} < 0{,}25 < \frac{1}{3} < \frac{1}{2}$

f) $-\frac{27}{10} < -2{,}6 < -2\frac{1}{2} < -2{,}4 < -2\frac{1}{4}$

Seite 55

3 a) statt –0,9 ist es –0,1

b) statt –4,76 ist es –4,74

statt –4,65 ist es –4,675

statt –4,69 ist es –4,61

c) statt $-1\frac{1}{2}$ ist es $-1\frac{2}{5}$

statt $-\frac{1}{4}$ ist es $-\frac{1}{5}$

d) statt $-\frac{2}{3}$ ist es $-\frac{5}{9}$

statt $-\frac{1}{6}$ ist es $-\frac{2}{9}$

4 a)

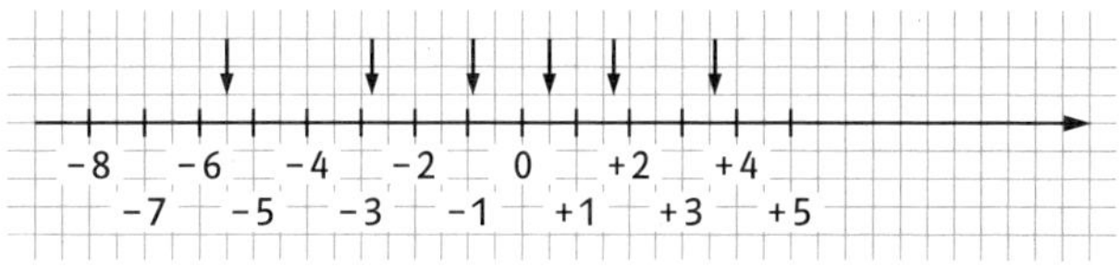

b)

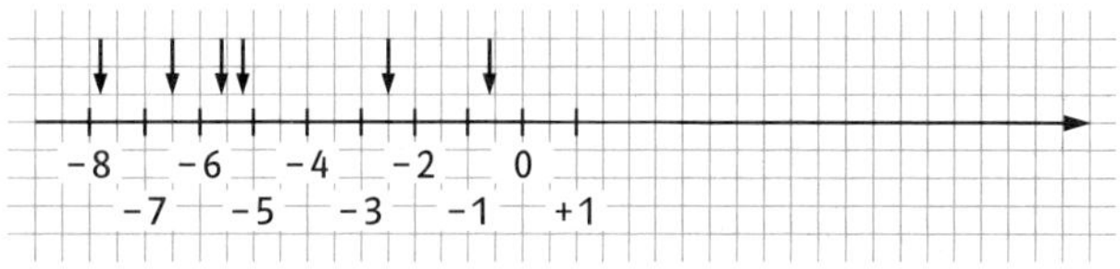

c)

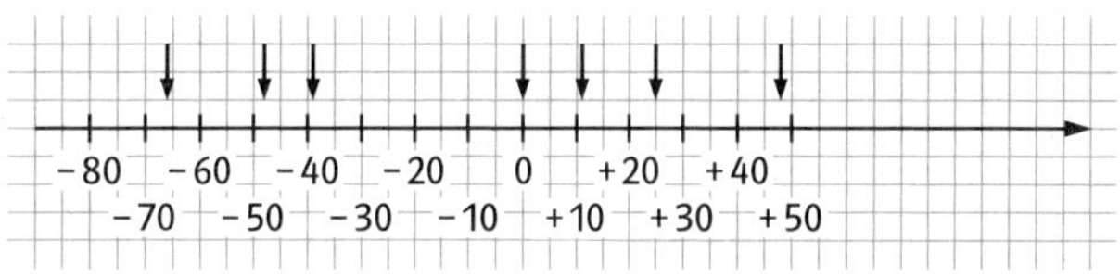

d)

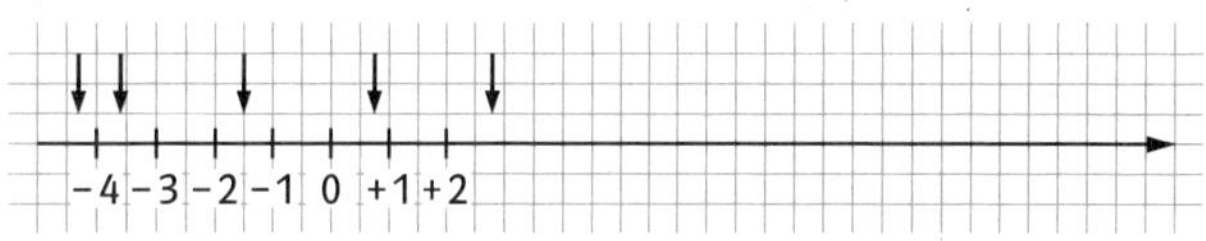

e)

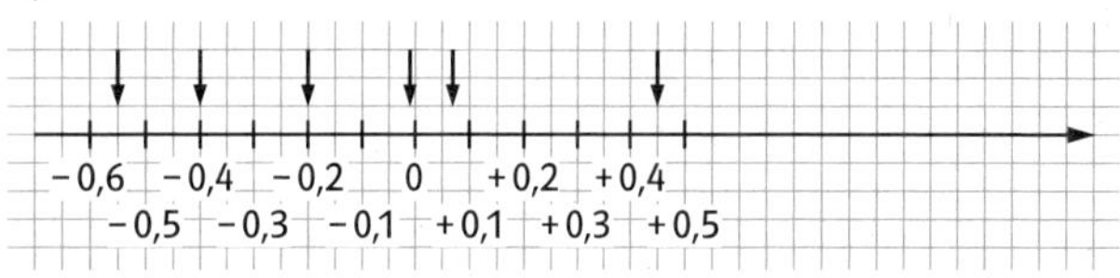

5 a) näher bei –3

b) näher bei –9

c) weiter entfernt von –3

d) weiter entfernt von –1

6

Messpunkt	M1	M2	M3	M4	M5	M6
Höhe in mm	0,8	–0,3	–1,2	–2,3	1,1	–1,2

7 a) –2,5 b) –3,9; –0,9

c) –0,87; –0,57; –0,42; –0,12

Immer wieder neue Zahlen!

- Richtig (Brüche sind Teilmenge der rationalen Zahlen.)
- Richtig (Nicht positiv sind alle negativen Zahlen und die Null.)
- Falsch (Null ist eine ganze Zahl, die ganzen Zahlen sind Teilmenge der rationalen Zahlen.)
- Richtig (Es liegen unendlich viele rationale Zahlen dazwischen.)
- Falsch (Man kommt dann in den Bereich der negativen Zahlen.)

2 Das Koordinatensystem

Seite 56

Einstiegsaufgabe

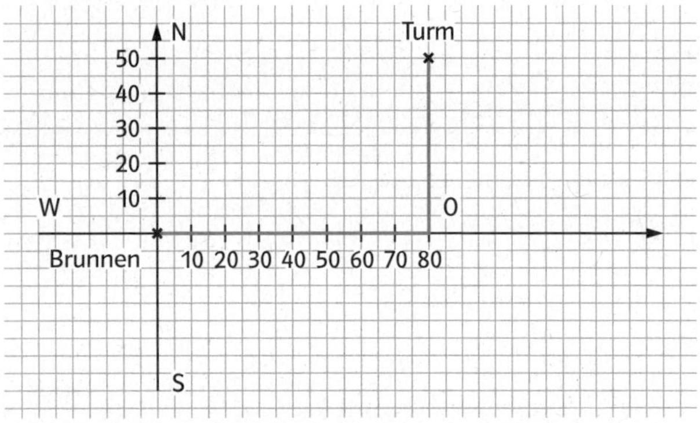

➔ Der Schatz liegt vom Brunnen aus 40 Schritte nach Westen und 20 Schritte nach Süden.
➔ 70 Schritte nach Süden, 120 Schritte nach Westen
➔ individuelle Lösungen

Seite 57

1 A(1 | 1), B(3 | 1,5), C(2 | 2,5), D(−1,5 | 2,5), E(−2,5 | 1,5), F(−3,5 | 1), G(−2 | −1,5), H(−3 | −2), I(−1 | −2,5), J(0 | −2,5), K(1,5 | −1,5), L(3 | −2)

2 a) II b) III
c) IV d) III
e) y-Achse f) x-Achse
g) IV h) III
Es reicht, die Vorzeichen der Koordinaten zu betrachten.

3

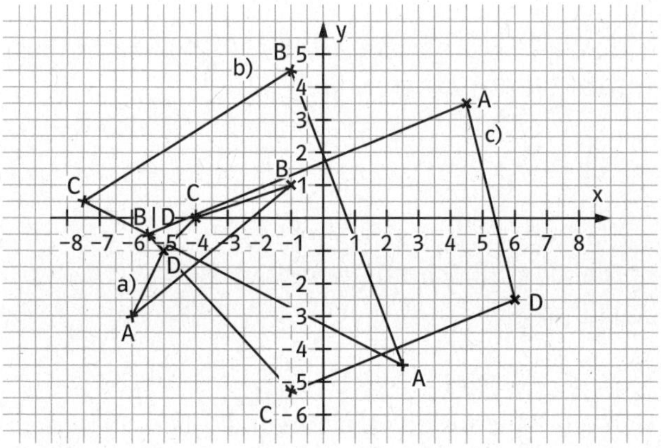

4

Quadrant	Vorzeichen x-Wert	Vorzeichen y-Wert
I	+	+
II	−	+
III	−	−
IV	+	−

5 a) D(2 | −2) b) D(2,5 | 0) c) D(2 | −1)

Randspalte
oberes Drachengesicht (3 | 0); (0 | 3); (−3 | 0); (0 | −5); (4 | −4); (3 | −5); (4 | −6)
unteres Drachengesicht (1 | −4); (3 | −3); (3 | 0); (4 | −1); (4 | 2); (3 | 1); (3 | 3); (0 | 5); (−3 | 3); (−3 | 1); (−4 | 2); (−4 | −1); (−3 | 0); (−3 | −3); (−1 | −4)
Liegt das Drachengesicht mit seiner Symmetrieachse auf der y-Achse, so erhält man die Koordinaten der Eckpunkte der linken Gesichtshälfte, wenn man ein Minuszeichen vor die x-Werte der Koordinaten der Eckpunkte der rechten Gesichtshälfte setzt.

6

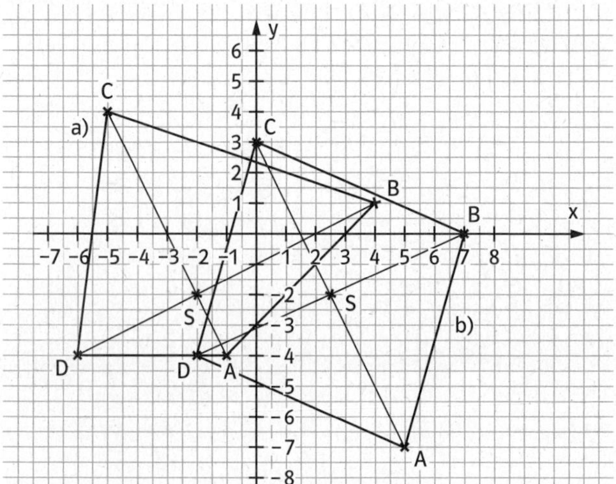

a) Schnittpunkt der Diagonalen: S(−2 | −2)
b) Schnittpunkt der Diagonalen: S(2,5 | −2)

7

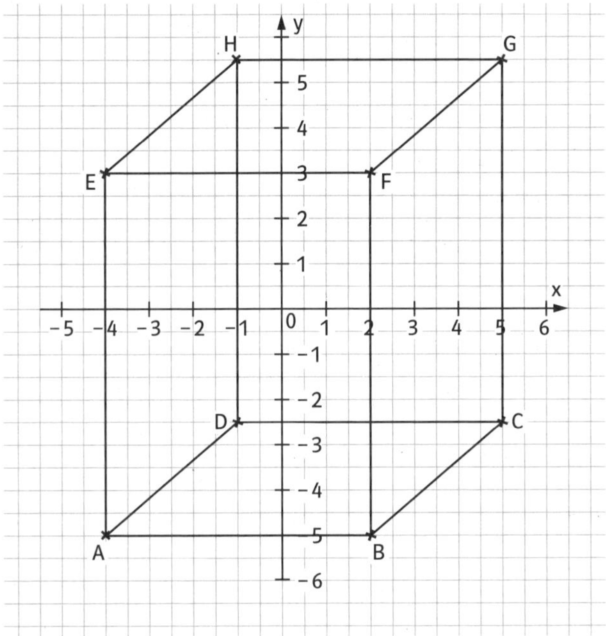

Es entsteht ein Quader.

8 10. Eckpunkt: (−3 | 3)
20. Eckpunkt: (6 | −5)
100. Eckpunkt: (26 | −25)

9 a) Haus vom Nikolaus
b) Haus in Schrägansicht

3 Addieren

Seite 58

Einstiegsaufgabe
→ Ende Juni waren es 7 Mitglieder weniger.
→ Es werden im Juli also 7 Mitglieder eintreten.
→ Die Änderung beträgt +7, es sind also 7 Personen eingetreten.

Seite 59

1 a) positives Ergebnis: +14
b) negatives Ergebnis: −19
c) negatives Ergebnis: −22
d) negatives Ergebnis: −30
e) positives Ergebnis: +17
f) negatives Ergebnis: −70
g) negatives Ergebnis: −35
h) negatives Ergebnis: −210

2 a) 17 b) −15 c) 14
d) −14 e) −108 f) 13
g) 45 h) −470

3 a) 5 b) −2,7 c) −9,1
d) 7,4 e) −4,8 f) −58,9
g) −1,2 h) − 12,22

4 a) $-\frac{1}{2}$ b) $-\frac{1}{5}$ c) $-\frac{1}{8}$
d) $-\frac{31}{20}$ e) $-\frac{1}{4}$ f) $-\frac{1}{24}$

5 a) 16 + 13 = 29 b) −12 + (−24) = −36
c) −12 + 13 = 1

6 a) (−16) + (−7) = −23 b) (+28) + (−41) = −13
c) 8,1 + (−10,7) = −2,6 d) −1,6 + 0,9 = −0,7

7 a) Um eine möglichst große Summe zu erhalten, müssen beide Summanden groß (positiv) sein:
(+975) + (+863) = 1838
b) Um eine möglichst kleine Summe zu erhalten, müssen beide Summanden klein (negativ) sein:
(−975) + (−863) = −1838
c) Damit der Wert der Summe möglichst nahe bei null liegt, müssen die Summanden unterschiedliche Vorzeichen haben und ohne Vorzeichen möglichst nah beeinander liegen:
3 = (+601) + (−598) oder −3 = (−601) + (+598)

8

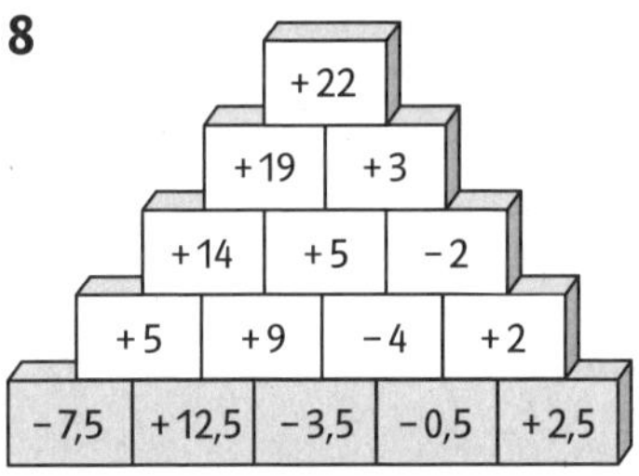

9 weitere Beispiele:
2,1 + 3,5 − 4,6 = 1
1,2 + 4,3 − 6,5 = −1
5,4 − 2,3 − 1,1 = 2

Wege und Summen ?!

- Du siehst hier zwei Beispiel-Lösungen. Gemeinsam haben die Lösungen die Null in der Kreuzmitte. Außerdem unterscheiden sich die Einträge der waagrechten und senkrechten Zahlenreihen nur durch die Vorzeichen.

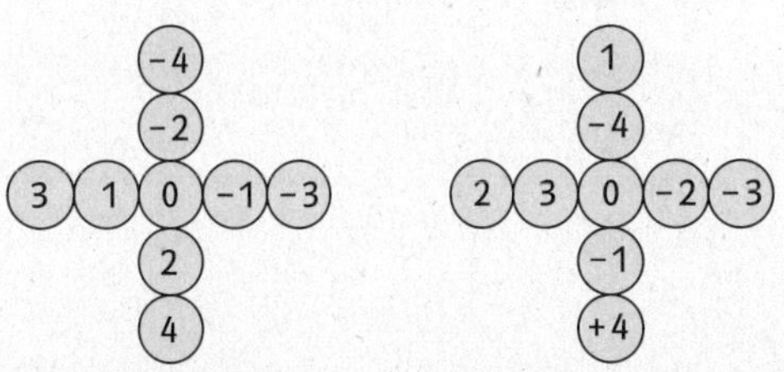

- Die Summe ist immer gleich −19. Sie ist vom gewählten Weg unabhängig, da die Addition kommutativ ist, d.h., es kommt nicht auf die Reihenfolge der Summanden an.

4 Subtrahieren

Seite 60

Einstiegsaufgabe

➔ Nach der zweiten Runde haben beide denselben Punktestand: Nimmt Hanna 3 blaue Marken auf, so hat sie gleich viele blaue wie rote, kann also alle abgeben. Markus gibt alle seine roten Marken ab.

➔ Wenn er zwei rote und zwei blaue Marken aufnimmt, um dann zwei blaue abzugeben, bleiben ihm noch zwei rote Verlustmarken.

1 individuelle Lösung, Beispiele:
(+16) – (+32) = (+16) + (–32) = –16
(–8) – (–20) = (–8) + (+20) = +12
(–24) – (+9) = (–24) + (–9) = –33
(+7) – (–5) = (+7) + (+5) = +12

2 a) (+7) – (+10) = (+7) + (–10)
b) (–10) – (+4) = (–10) + (–4)
c) (+22) – (–19) = (+22) + (+19)
d) (–18) – (–11) = (–18) + (+11)
e) (+45) – (–27) = (+45) + (+27)

Seite 61

3 a) negatives Ergebnis: –27
b) positives Ergebnis: +11
c) negatives Ergebnis: –21
d) positives Ergebnis: +85
e) negatives Ergebnis: –147
f) positives Ergebnis: +67
g) positives Ergebnis: +420
h) negatives Ergebnis: –300

4 –25 – (+12) = –37
21 – (+36) = –15
–19 – (–18) = –1
5 – (–17) = 22

5 a) 18 – 23 = –5 b) –28 – 16 = –44
c) –44 + 19 = –25 d) 67 + 78 = 145
e) 899 – 998 = –99 f) –989 – 898 = –1887
g) –9889 – 8989 = –18 878 h) –8998 + 9898 = 900

6 a) –5 b) –31,3 c) 12,9 d) 4,0
e) –2,6 f) 5,3 g) 92 h) 1,4
Lösungswort: LÖSUNGEN

7 a) $\frac{1}{4}$ b) –1,4 c) –0,23 d) $-\frac{1}{24}$

8 a) Der Wert der Differenz ist möglichst groß, wenn der Minuend möglichst groß und der Subtrahend möglichst klein ist: +975 – (–843) = 1818.
b) Der Wert der Differenz ist möglichst klein, wenn der Minuend möglichst klein und der Subtrahend möglichst groß ist: (–975) – (+843) = –1818.
c) Damit die Differenz nahe bei null liegt, müssen Minuend und Subtrahend etwa gleich groß sein:
3 = –498 – (–501) oder –3 = (+498) – (+501)

9 a)

–360
–195 | –165
–85 | –110 | –55
–25 | –60 | –50 | –5
0 | –25 | –35 | –15 | +10

b)

–50
–12,6 | –37,4
+5,9 | –18,5 | –18,9
+8,3 | –2,4 | –16,1 | –2,8
–0,9 | +9,2 | –11,6 | –4,5 | +1,7

Kontoführung

- Die Summe der Einzahlungen war 120 €; der Gesamtbetrag der Abhebungen betrug 113,87 €.
- Sinas Kontostand am 11.10. betrug 55,11 €. Am Geldautomaten hätte sie wohl höchstens 55 € erhalten können.
- Der Kontostand beträgt dann mindestens 61,24 € – 20 € + 40 € = 81,24 €. Sie kann die neue Jeans kaufen.

5 Addition und Subtraktion. Klammern

Seite 62

Einstiegsaufgabe

➔ Tim und Linda haben beide –21 Punkte.

➔ Um Stefanies Punktestand geschickt zu bestimmen, kann man zunächst die positiven Punkte addieren: 36 + 44 = 80 und davon die negativen Punkte abziehen: 80 – 40 = 40. Sie hat also +40 Punkte.

Seite 63

1 a) (16 + 54) + (−29) = 70 − 29 = 41
b) (−15 + (−35)) + 63 = −50 + 63 = 13
c) (237 + (−187)) + 49 = 50 + 49 = 99
d) (5,5 + 4,5) + (−6,7) = 10 − 6,7 = 3,3
e) (−8,1 + (−1,9)) + 6,8 = −10 + 6,8 = −3,2
2 a) −21 + 18 − 33 − 19
b) +77 − 36 + 68 + 41
c) −1,8 + 7,2 − 4,5 − 0,6

3 a) 73 − 49 + 37 = 24 + 37 = 61
b) 97 + 56 + 84 − 41 = 196
c) −3,4 − 6,5 + 10,2 = −9,9 + 10,2 = 0,3
d) −63,7 + 49,8 + 28,0 − 32,5
= −13,9 + 28,0 − 32,5 = 14,1 − 32,5 = −18,4

4 a) 44 + 26 + (−37) + (−63) = 70 − 100 = −30
b) −77 + (−43) + (−39) + 68 + 82 = −159 + 150 = −9
c) 157 + 243 + (−127) + (−151) + (−122) = 400 − 400
= 0
d) 43,9 + 36,1 + (−24,4) + (−45,6) = 80 − 70 = 10
e) −52,3 + (−32,7) + (−15,0) + 63,6 + 26,4
= −100 + 90 = −10

5
a) (23 + 71 + 59) − (92 + 47 + 54) = 153 − 193 = −40
b) (62 + 35 + 43) − (87 + 26 + 53) = 140 − 166 = −26
c) (89 + 98) − (61 + 16 + 85 + 58) = 187 − 220 = −33
d) 444 − (98 + 87 + 76 + 65 + 54 + 43 + 32)
= 444 − 455 = −11
e) (38,4 + 62,6 + 159,8) − (82,7 + 79,5 + 99,9)
= 260,8 − 262,1 = −1,3

6 a) 25 + 64 + 36 − 53 − 39 − 47 = 125 − 139 = −14
b) −81 − 65 − 44 + 67 + 48 + 72 = −190 + 187 = −3
c) −55 − 71 − 22 − 37 + 97 + 86 = −185 + 180 = −5
d) −57 − 76 − 63 − 4 + 68 + 31 + 93 = −200 + 192
= −8
e) −15,3 − 89,7 − 39 + 43 + 72,4 + 21,8
= −144 + 137,2 = −6,8
f) 24,25 + 90,9 + 21,95 − 36,6 − 105
= 137,1 − 141,6 = −4,5

7 a) −25 + 90 − 15 − 45 − 65 = −60
b) −25 + 105 − 45 − 65 = −30
c) −25 + 150 − 65 = 60
d) −25 + 215 = 190
Je mehr negative Summanden in der Minusklammer stehen, desto kleiner wird der Wert der Klammer. Und je kleiner deren Wert, desto größer das Endergebnis.

Seite 64

8 a) Addiere zur Zahl 28 die Differenz der Zahlen 45 und 62.
b) Subtrahiere von der Zahl minus 69 die Summe der Zahlen 25 und 48.
c) Subtrahiere von der Differenz der Zahlen 35 und 54 die Summe der Zahlen 27 und 46.
d) Subtrahiere von der Zahl minus 50 die Differenz der Zahlen 87, 68 und 26.

9 a) (45 − 99) + (−33) = −54 + (−33) = −87
b) (−49 + 32) − (41 + 17) = −17 − 58 = −75
c) (39 − 83) + (−26 + (−73)) = −44 + (−99) = −143

10 Beispiele: 20 − (+24) − ((−15) + (−18)) = 29
20 − ((+24) − (−15) + (−18)) = −1

11 a) 65 − 78 + 35 − 42 + 18
= 65 + 35 + 18 − 78 − 42 = 118 − 120 = −2
b) −24 − 61 + 52 + 88 − 73
= 52 + 88 − 24 − 61 − 73 = 140 − 158 = −18
c) 57 + 14 − 37 + 75 − 34 − 49
= 57 − 37 + 14 − 34 + 75 − 49 = 20 − 20 + 26 = 26
d) −62 + 17 − 94 + 83 − 28 + 64 = 17 + 83 − 94 + 64
− 62 − 28 = 100 − 30 − 90 = −20
e) −53 + 47 − 35 + 133 − 61 − 76
= 47 + 133 − 53 − 35 − 61 − 76 = 180 − 225 = −45

12 a) 47 − (85 + 29 − 53) = 47 − 85 − 29 + 53 = −14
b) −66 − (−35 − 74 − 49) = −66 + 35 + 74 + 49 = 92
c) (−38 + 17 + 81 − 43) − 62 + 79
= −38 + 17 + 81 − 43 − 62 + 79 = 34
d) −(55 − 71 + 96 − 38 + 53) + 53
= −55 + 71 − 96 + 38 − 53 + 53 = −42
e) −67 − (−89 + 42 + 17 − 77)
= −67 + 89 − 42 − 17 + 77 = 40

Vor und zurück ?!

- 1 − 2 = −1
1 − 2 + 3 = 2
1 − 2 + 3 − 4 = −2
1 − 2 + 3 − 4 + 5 = 3
1 − 2 + 3 − 4 + 5 − 6 = −3
1 − 2 + 3 − 4 + 5 − 6 + 7 = 4
1 − 2 + 3 − 4 + 5 − 6 + 7 − 8 = −4
...
In den „geraden Zeilen“ wird das Ergebnis jeweils um 1 größer. In den „ungeraden Zeilen“ wird das Ergebnis jeweils um 1 kleiner.
- Das Ergebnis für die 10. Zeile ist 6, das Ergebnis für die 11. Zeile ist −6. In der 37. Zeile ergibt sich −19, in der 100. Zeile steht die 51.

- Ist Tims Ergebnis negativ, muss Carolin das Ergebnis verdoppeln und erhält dann die zuletzt subtrahierte Zahl. Ist Tims Ergebnis positiv, muss Carolin das Ergebnis verdoppeln und dann minus 1 rechnen, um die zuletzt addierte Zahl zu erhalten.
- $2 - 4 = -2$

$2 - 4 + 6 = 4$
$2 - 4 + 6 - 8 = -4$
$2 - 4 + 6 - 8 + 10 = 6$
$2 - 4 + 6 - 8 + 10 - 12 = -6$
$2 - 4 + 6 - 8 + 10 - 12 + 14 = 8$
$2 - 4 + 6 - 8 + 10 - 12 + 14 - 16 = -8$
...

Du erhältst das Ergebnis einer „geraden Zeile", indem du die Zahl plus 2 rechnest. Beispiel: In der sechsten Zeile beträgt die Summe $6 + 2 = 8$. Für die nachfolgende „ungerade Zeile" dreht man das Vorzeichen des Ergebnisses um.

$1 - 3 = -2$
$1 - 3 + 5 = 3$
$1 - 3 + 5 - 7 = -4$
$1 - 3 + 5 - 7 + 9 = 5$
$1 - 3 + 5 - 7 + 9 - 11 = -6$
$1 - 3 + 5 - 7 + 9 - 11 + 13 = 7$
$1 - 3 + 5 - 7 + 9 - 11 + 13 - 15 = -8$
...

Du erhältst das Ergebnis einer „geraden Zeile", indem du die Zahl plus 1 rechnest. Beispiel: In der sechsten Zeile beträgt die Summe $6 + 1 = 7$. Für die vorhergehende „ungerade Zeile" rechnet man minus 1 und dreht dann das Vorzeichen des Ergebnisses um.

- $1 + 2 = 3$

$1 + 2 - 3 = 0$
$1 + 2 - 3 + 4 = 4$
$1 + 2 - 3 + 4 - 5 = -1$
$1 + 2 - 3 + 4 - 5 + 6 = 5$
$1 + 2 - 3 + 4 - 5 + 6 - 7 = -2$
$1 + 2 - 3 + 4 - 5 + 6 - 7 + 8 = 6$
...

Wird die Reihe bis 100 fortgesetzt, kannst du 49-mal zwei Zahlen zu −1 verbinden. Die Summe für die hundertste Zeile ergibt sich durch die Rechnung $1 + (-49) + 100 = 52$

6 Multiplizieren

Seite 65

Einstiegsaufgabe

➔ −8
−16
−32

➔ −32
−16
0
16
32

➔ In der linken Reihe erhält man bei den letzten drei Aufgaben als Ergebnis eine negative Zahl. Man multipliziert ja auch mit einer negativen Zahl. In der rechten Reihe ist das Ergebnis der ersten beiden Rechnungen noch negativ, die Ergebnisse werden aber dann wieder positiv. Und zwar dann, wenn man zwei negative Zahlen miteinander multipliziert.

1 a) −35 b) −36 c) +20
d) −56 e) −72 f) +60

2 a) +25 b) −24 c) −30
d) 2,8 e) −20 f) +72

Seite 66

3 a) −300 b) −360 c) +288 d) −672
e) −2009 f) +901 g) −1197 h) +4510

4 a) −1056 b) −3388 c) +1815 d) −5561
e) −1656 f) +7375

5 a) −14 991 b) +9917 c) −7314
d) +6596 e) −535 f) −176,64
g) +3,36 h) −1,0125

6 a) $-\frac{1}{3}$ b) $-\frac{3}{10}$ c) $-\frac{1}{12}$
d) $\frac{1}{2}$ e) $-\frac{1}{2}$ f) $\frac{9}{20}$

7 a) 48 b) −288 c) +200
d) +960 e) −600 f) +180

8 a) $2\cdot(-5)\cdot7\cdot(-12) = (-10)\cdot(-84) = 840$
b) $4\cdot(-25)\cdot(-5)\cdot8\cdot(-9) = (-100)\cdot360 = -36\,000$
c) $(-8)\cdot(-125)\cdot50\cdot(-6) = 1000\cdot(-300) = -300\,000$
d) $(-4)\cdot(-25)\cdot(-4)\cdot(-5)\cdot(-8) = 100\cdot(-160) = -16\,000$

9 a) Damit der Wert des Produktes möglichst groß wird, müssen beide Faktoren positiv und möglichst groß sein: $(+87)\cdot(+9) = 783$
b) Damit der Wert des Produktes positiv und möglichst klein wird, müssen beide Faktoren dasselbe Vorzeichen haben und möglichst klein sein: $(+24)\cdot(+1) = 24$
c) $(+24)\cdot(-1) = -24$ oder $(-24)\cdot(+1) = -24$

10 Null. Wenn ein Faktor gleich null ist, dann ist das ganze Produkt gleich null.

11 a) (−2)·(−2) = +4
(−2)·(−2)·(−2) = −8
(−2)·(−2)·(−2)·(−2) = +16
...
(−2)·(−2)·(−2)·(−2)·(−2)·(−2)·(−2)·(−2)·(−2)·(−2)
= +1024
b) Das Produkt muss negativ sein, da der Faktor in einer ungeraden Anzahl auftritt.

12 a) (−35)·24 = −840
b) (−18)·(−45) − 888 = −78
c) ((−60)·42)·(−5) = 12 600
d) ((−13)·6)·(11 − (−6)) = −1326
e) (−20 − (−5))·(20 + 5) = −375

13 individuelle Lösung

7 Dividieren

Seite 67

Einstiegsaufgabe
→ Die durchschnittliche Temperaturänderung in einer Stunde war −2 °C.

1 a) −8 b) −8 c) +7
d) −4 e) −9 f) 6

2 a) −8 b) −12 c) +5
d) −9 e) +9 f) −8

Seite 68

3 a) negatives Ergebnis: −11
b) negatives Ergebnis: −8
c) positives Ergebnis: +6
d) negatives Ergebnis: −18
e) negatives Ergebnis: −6
f) negatives Ergebnis: −13
g) positives Ergebnis: +27
h) negatives Ergebnis: −22

4 a) (−128):(+16) = (−8) b) 72:(+4) = (+18)
c) (+105):(−7) = −15 d) (−300):25 = −12

5 a) 72:(−8) = −9
(−72):8 = −9
(−72):(−8) = 9
72:8 = 9
b) (−84):12 = −7
(−84):(−12) = 7
84:12 = 7
84:(−12) = −7

6 a) 48:(−12) = −4 b) (−72):9 = −8
c) −57:(−19) = 3 d) (−182):(−14) = 13
e) 207:(−23) = −9 f) (−756):(−21) = 36

Magische Quadrate

▪

−8	144	−12
36	24	16
−48	4	−72

−18	−13,5	−3
−1,5	−9	−54
−27	−6	−4,5

▪

−33	−85	7	26
−2	−91	55	51
65	3	−34	−77
119	22	−39	−5

Die unterschiedlich gefärbten Gruppen haben jeweils den Produktwert 510 510.
▪ Auch im rot umrandeten Zentrum erhält man als Produktwert 510 510.
▪ Es gibt jeweils acht Plus- und Minuszeichen.

7 a)

:	−2	+5	−8	−12
+24	−12	+4,8	−3	−2
−64	+32	−12,8	+8	$+5\frac{1}{3}$
+72	−36	+14,4	−9	−6
−108	+54	−21,6	+13,5	+9

b)

•	9	−12	−18	−42
−6	−54	72	108	+252
15	135	−180	−270	−630
44	396	−528	−792	−1848
−78	−702	936	1404	+3276

8 a) −1,3 b) −1,7 c) 55 d) −1,2
e) 4,8 f) −15 g) −4,25 h) 22,88

9 a) $\left(+\frac{2}{3}\right)\cdot\left(-\frac{9}{4}\right) = -\frac{3}{2}$ b) $\left(-\frac{4}{7}\right)\cdot\left(\frac{7}{6}\right) = -\frac{2}{3}$
c) $\left(-\frac{3}{4}\right)\cdot\left(-\frac{8}{7}\right) = \frac{6}{7}$ d) $\left(-\frac{35}{36}\right)\cdot\frac{48}{25} = -\frac{28}{15}$

10 a) Damit der Wert des Quotienten möglichst groß wird, muss der Dividend möglichst groß und der Divisor möglichst klein sein, beide müssen dasselbe Vorzeichen haben: (+97):(+2) = 48,5
b) Damit der Wert des Quotienten möglichst klein wird, muss der Dividend möglichst groß und der Divisor möglichst klein sein, beide müssen außerdem verschiedene Vorzeichen haben: (+97):(−2) = −48,5

c) Damit der Wert des Quotienten so nah wie möglich an der Null liegt, müssen Dividend und Divisor nahe beieinander liegen: $(-23):(-9) = 2\frac{5}{9}$

11

−11 | (−84):(−7)	12 | (−198):22
−9 | 136:(−8)	−17 | (−96):(−16)
6 | (−126):9	−14 | 165:(−15)

Seite 69

12

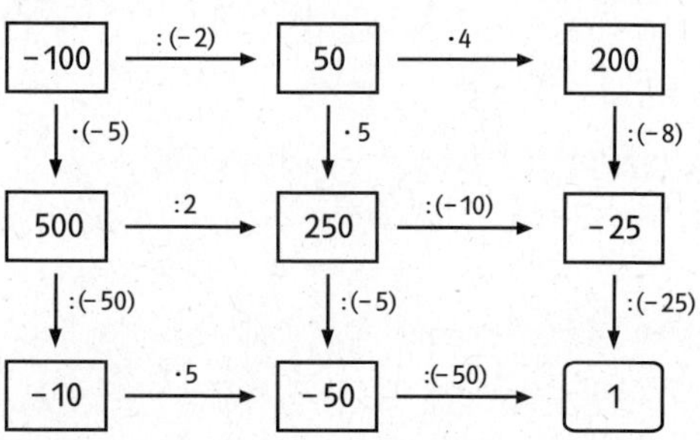

13

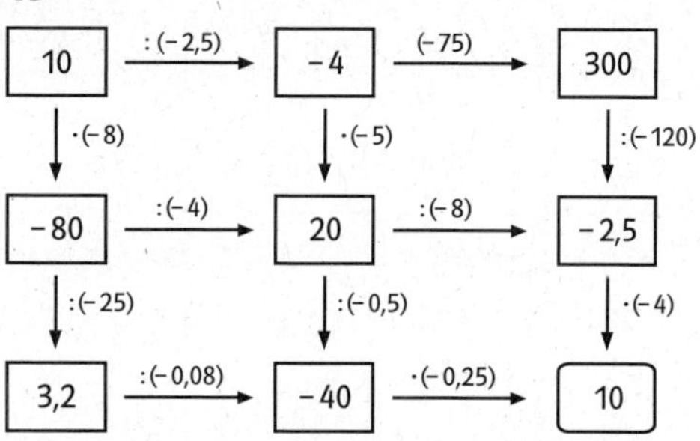

14

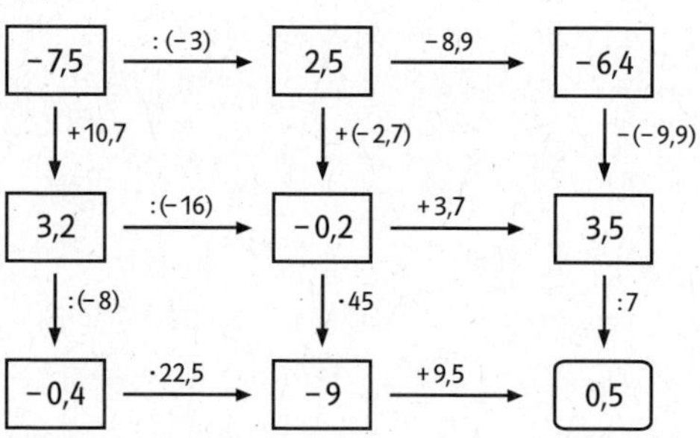

15

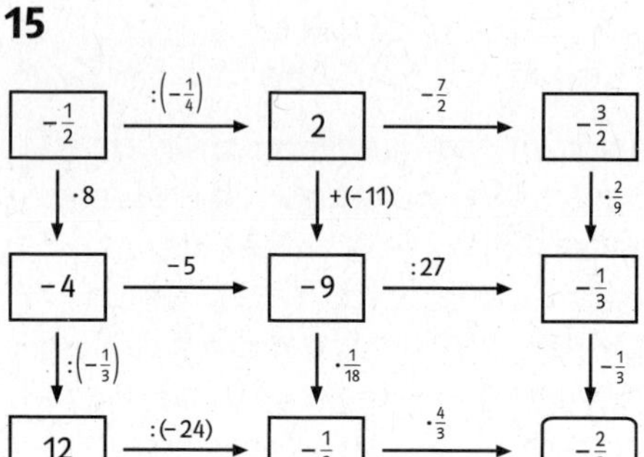

16 Falsch. Gegenbeispiel: Produkt $(-2)\cdot(-3)\cdot(-4)\cdot5\cdot6\cdot7$. Hier ist die Hälfte der Faktoren positiv, das Produkt ist allerdings negativ. Es kommt auf die Anzahl der negativen Faktoren an. Ist er gerade, ist das Produkt positiv. Ist er ungerade, ist das Produkt negativ.

17 $(-11{,}2):3{,}2 = -3{,}5$ $\quad 9{,}12:(-22{,}8) = -0{,}4$
$(-5{,}1):(-8{,}5) = 0{,}6$ $\quad 81:(-10{,}8) = -7{,}5$
$(-9{,}8):(-3{,}5) = 2{,}8$

18 mögliche Lösungen:
a) $(-2):((-2):(-2)):(-2) = (-2):1:(-2) = 1$
b) $(-4):(-4):((-4):(-4)) = 1:1 = 1$
c) $(-2):((-2)\cdot(-2):(-2)) = (-2):(4:(-2))$
$= (-2):(-2) = 1$
d) $(-4):((-3):(-2)):(-1) = (-4):(1{,}5):(-1) = \frac{8}{3}$

19 a)

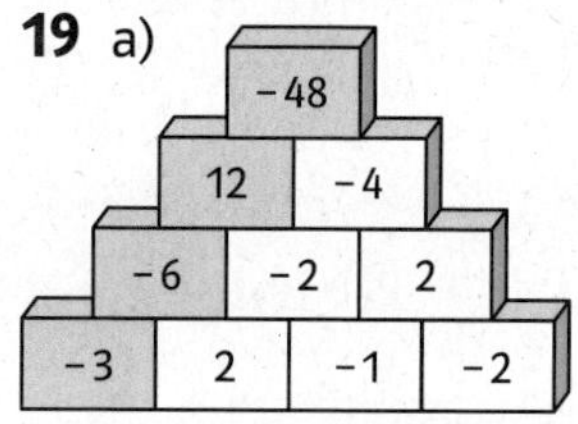

b)

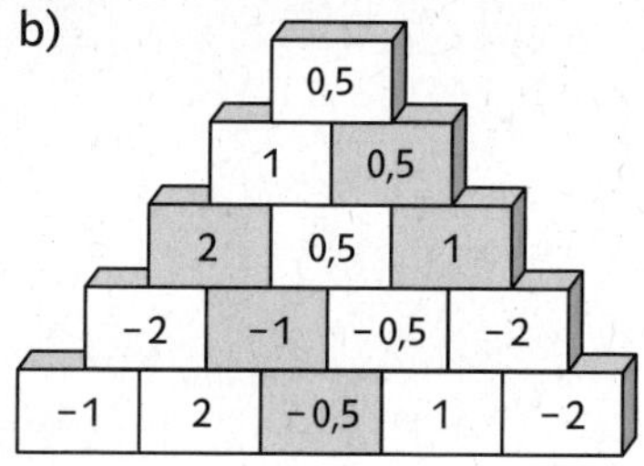

20 a) $(-48):6\cdot(-13) = (-8)\cdot(-13) = 104$
b) $72:(-8) - (-10) = -9 + 10 = 1$
c) $(-35):5:(49:(-7)) = -7:(-7) = 1$
d) $(12{,}5\cdot(-4)):((-6{,}0):(-1{,}2)) = -50:5 = -10$

8 Verbindung der Rechenarten

Seite 70

Einstiegsaufgabe

➔ $7\cdot(-12) + (-5)\cdot(-12) = -24$
$7\cdot(-12 + (-5)) = -119$
$7\cdot(-12) + 7\cdot(-5) = -119$
$-12\cdot(7 + (-5)) = -24$
➔ Je zwei Werte stimmen überein.
➔ individuell

Seite 71

1 a) -20 b) -8 c) -26 d) -1
e) -42 f) -63 g) -9 h) 1

2 a) 90 b) -1 c) $20{,}5$ d) $-16{,}1$
e) $-8{,}5$

3 a) -130 b) 190 c) 3400 d) 47
e) 3000 f) 150 g) -1400 h) -45

4 a) $(-100)\cdot(-100)\cdot(-7) = -70\,000$
b) $(-1000)\cdot(-9)\cdot(-200) = -1\,800\,000$
c) $(-6)\cdot 100\cdot(-500) = 300\,000$
d) $(-200)\cdot(-90)\cdot(-3) = -54\,000$
e) $200\cdot 30\cdot(-1000)\cdot(-3) = 18\,000\,000$

5 a) $-100 + 48 = -52$ b) $320 - 600 = -280$
c) $100 - 480 = -380$ d) $350 - 160 = 190$
e) $-50 + 76 = 26$ f) $-12 + 42 = 30$
g) $-6 + 9{,}6 = 3{,}6$ h) $2 + 2{,}8 = 4{,}8$

6 a) $(-9)\cdot(14 + 6) = (-9)\cdot 20 = -180$
b) $42\cdot((-14) + (-16)) = 42\cdot(-30) = -1260$
c) $(-19)\cdot((-73) + (-27)) = (-19)\cdot(-100) = 1900$
d) $(-16)\cdot(33 - 23) = (-16)\cdot 10 = -160$

7 a) $(-9)\cdot(16 + 23 + 11) = (-9)\cdot 50 = -450$
b) $(-18)\cdot(59 - 32 + 73) = (-18)\cdot 100 = -1800$
c) $12\cdot(-2{,}3 - 4{,}9 - 2{,}8) = 12\cdot(-10) = -120$
d) $(-12{,}4)\cdot(4{,}75 + 4 + 1{,}25) = (-12{,}4)\cdot 10 = -124$

8 a) $(-5)\cdot 50 = -250$ b) $-200 + 35 = -165$
c) $-260 - 39 = -299$ d) $9\cdot(-10) = -90$
e) $-4 + 3 = -1$ f) $(-9)\cdot\frac{1}{8} = -\frac{9}{8}$
g) $66 - \frac{1}{4} = 65\frac{3}{4}$ h) $-\frac{1}{5} + 4 = 3\frac{4}{5}$

9 a) 6 b) -280 c) -120
d) 7 e) 101 f) 41

10 a) -87 b) 623 c) 9
d) 99 e) -225

11 a) $(-5)\cdot(3 - 9) = 30$ b) $(-28 - 21):7 = -7$
c) $(3\cdot 5 + 9)\cdot(-2) = -48$ d) $((-2)\cdot 8 - 4)\cdot 5 = -100$

12 a) $15\cdot 12 - 7 = 173$ ist das größtmögliche Ergebnis.
b) $7 - 15\cdot 12 = -173$ ist das kleinste Ergebnis.

Seite 72

Temperaturen hier und dort

- Fahrenheit in Celsius

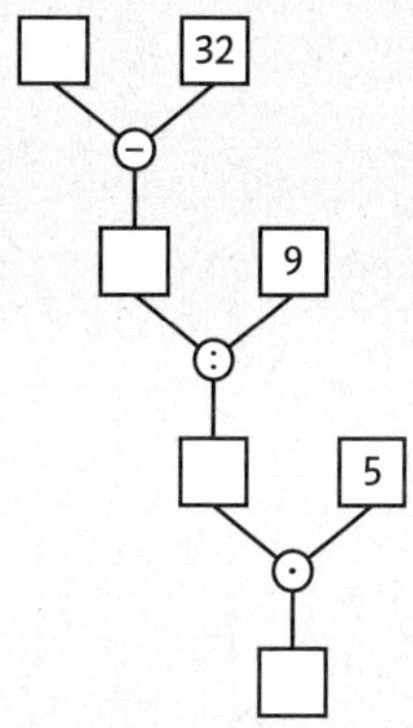

- $100:5\cdot 9 + 32 = 212$, also sind 100 °C gleich 212 °F.
$0:5\cdot 9 + 32 = 32$, also sind 0 °C gleich 32 °F.
$50:5\cdot 9 + 32 = 122$, also sind 50 °C gleich 122 °F.
$10:5\cdot 9 + 32 = 50$, also sind 10 °C gleich 50 °F.
$-10:5\cdot 9 + 32 = 14$, also sind −10 °C gleich 14 °F.
- $(68 - 32):9\cdot 5 = 20$, also sind 68 °F gleich 20 °C.
$(140 - 32):9\cdot 5 = 60$, also sind 140 °F gleich 60 °C.
$(100 - 32):9\cdot 5 = 37{,}78$, also sind 100 °F gerundet gleich 37,78 °C.
$(0 - 32):9\cdot 5 = -17{,}78$, also sind 0 °F gerundet gleich −17,78 °C.
$(-148 - 32):9\cdot 5 = -100$, also sind −148 °F gleich −100 °C.
- Es gilt: −40 °F = −40 °C.
- Tims Aussage kann stimmen, denn 100 °F entsprechen rund 37,78 °C.
- Am wärmsten war es in Phoenix, am kältesten war es in Melbourne.
- Auf der Nordhalbkugel herrschte Sommer. Dies kann man z. B. an der Temperatur in Köln erkennen.

Üben • Anwenden • Nachdenken

Seite 74

1 a) $-899;\ -890;\ -809;\ -98;\ 89;\ 980$
b) $-7{,}62;\ -6{,}27;\ -2{,}76;\ 2{,}67;\ 6{,}72$
c) $-0{,}503;\ -0{,}305;\ -0{,}053;\ 0{,}035;\ 0{,}53$
d) $-1\frac{1}{2};\ -1\frac{1}{4};\ -1\frac{1}{10};\ 1{,}25;\ 1{,}55$

2 a) 23 b) -100 c) -91 d) -12
e) -17 f) 40 g) -181 h) 9

3 a) $-85 + 38 = -47$ b) $-29 - (-12) = -17$
c) $63:(-9) = 7$ d) $-13\cdot(-8) = 104$
e) $18\cdot(-3{,}25) = -58{,}5$ f) $(-4{,}8):(-0{,}8) = 6$

4 a) $-5{,}3$ b) $24{,}1$
c) -5 d) $-0{,}5$
e) $-8{,}5$ f) $0{,}2$

5 a) $74 + 26 - (143 + 57) = 100 - 200 = -100$
b) $17 + 83 - (29 + 44 + 71) = 100 - 144 = -44$
c) $12 + 58 - (63 + 47 + 39) = 70 - 149 = -79$
d) $95 + 59 + 21 - (107 + 45 + 43) = 175 - 195 = -20$
e) $71 + 133 + 109 + 57 - (48 + 29 + 42) = 370 - 119 = 251$

6 a) $100 \cdot 7{,}5 \cdot (-9) = -6750$
b) $-20 \cdot (-4) = 80$
c) $1000 \cdot 100 \cdot (-3{,}8) = -380\,000$
d) $-\frac{1}{2} \cdot \left(-\frac{2}{5}\right) = \frac{1}{5}$

7 $3{,}8 + (-4{,}2) + 0{,}8 = 0{,}4$
$0{,}9 - 7{,}1 + 2{,}7 = -3{,}5$
$-7{,}2 - 3{,}5 + 5{,}8 = -4{,}9$
$-1{,}6 + 4{,}4 - 9{,}3 = -6{,}5$
$-9{,}8 + 4{,}3 + 5{,}1 = -0{,}4$

8 a) $-23 - 9 + 13 = -19$
b) $82 - (37 + 32 + 35) = 82 - 104 = -22$
c) $67 - (-29 + 19) - 13 = 67 + 10 - 13 = 64$
d) $7{,}8 - (4{,}1 + 10{,}4 - 5{,}9) = 7{,}8 - 8{,}6 = -0{,}8$

9

① −3,4 | (−56):(−14) ②	② 4 | (−7,5)·16 ③
③ −120 | −77 − 83 ④	④ −160 | (−43) + (−26) ⑤
⑤ −69 | −42:(−2,4) ⑥	⑥ +17,5 | (−0,4)·8,5 ①

10 a) 3 b) −5 c) −21 d) 7
e) 5 f) 15 g) −7

11 a)

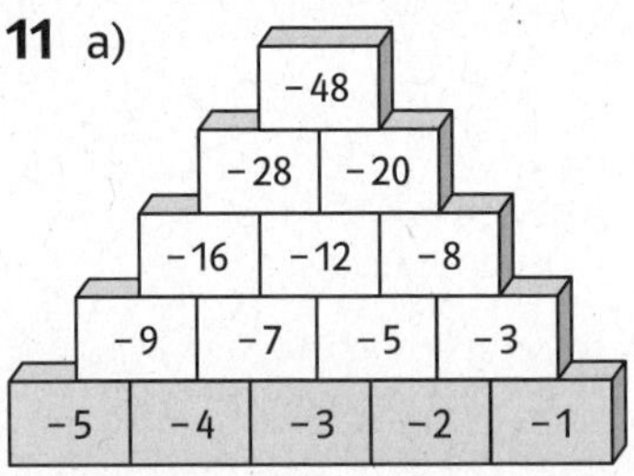

Wenn die Summanden in einer Zahlenreihe alle gerade sind, so bleiben alle weiteren Werte auch gerade.

b) Die Zahl in der Spitze muss positives Vorzeichen haben, da in der untersten Reihe immer zwei negative Werte miteinander multipliziert werden und die Produkte damit positiv sind.

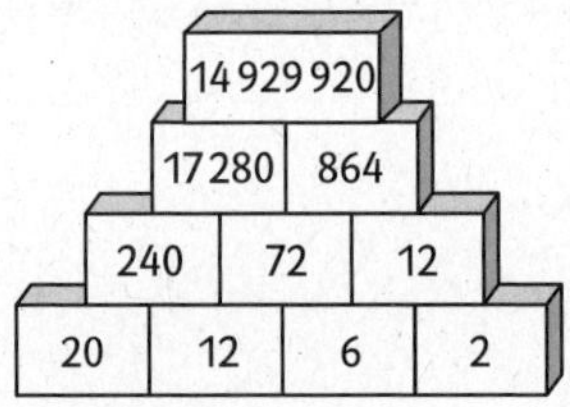

c) Die obige Mauer ist ein Gegenbeispiel zu Lissys Aussage.

Seite 75

12 a) −351 b) −2 c) −105 d) 80

13 a) b) mögliche Lösung

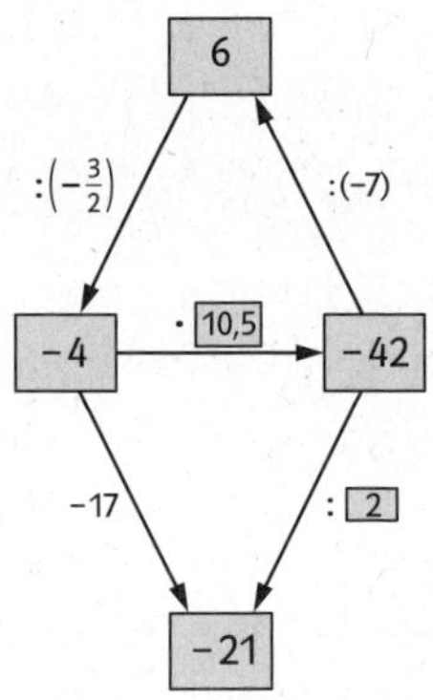

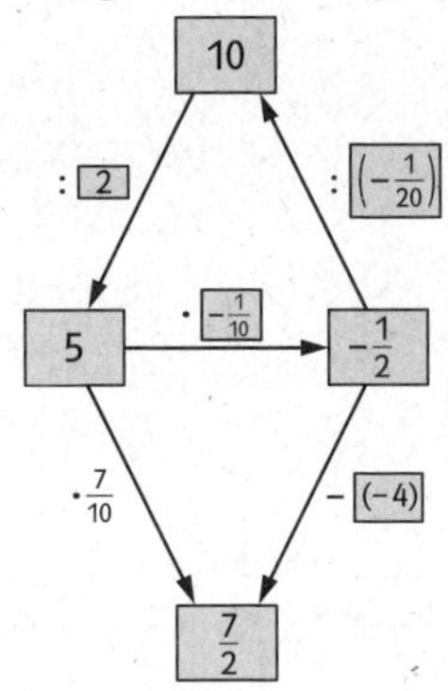

14 $10 + (-2) + (-5) + 8 = 11$
$10 \cdot (-2) + (-5) + 8 = -17$
$10 \cdot (-2) \cdot (-5) \cdot 8 = 800$
$10 + (-2) + (-5) - 8 = -5$
$10 : (-2) + (-5) + 8 = -2$
Der größte Wert ist 800, die Aufgabe mit dem kleinsten ganzzahligen Wert lautet:
$(-5) + (-2) - 10 \cdot 8 = -87$.

15 a) Gegenbeispiel: $(-5) + (-7) = -12$
b) Gegenbeispiel: $-2 - 3 = -5$
c) Gegenbeispiel: $5 \cdot (-7) = -35$
d) Gegenbeispiele: $(-4):(-2) = 2$, $4:0{,}5 = 8$

Rechnen im Koordinatensystem

- A′(−7 | −7), B′(5 | −9), C′(2 | −5), D′(−8 | −3)

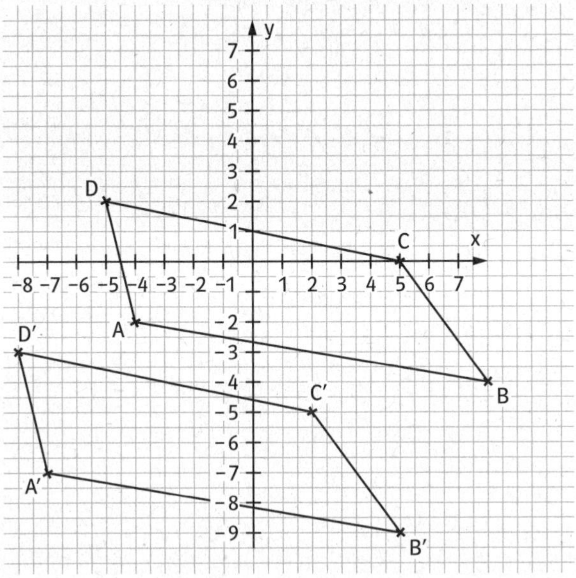

- Das Viereck wird an der 2. Achse gespiegelt.
- Das Viereck wird an der 1. Achse gespiegelt.
- Das Viereck wird am Koordinatenursprung um 180° gedreht.
- Die 1. und 2. Koordinaten wurden jeweils verdoppelt.

Seite 76

Rund um die Temperaturmessung

- Zwischen der höchsten Temperatur (3 °C) und der tiefsten Temperatur (− 38 °C) liegen 41 °C.
- Die Durchschnittstemperatur aller Messstationen beträgt rund − 17,72 °C.
- Der Unterschied beträgt 28,02 °C.
- Mittlere Tagestemperatur in Berlin: 2 °C, New York: − 13,25 °C, Sydney: 26,25 °C, Jakutsk: − 33 °C.
- Jährliche Durchschnittstemperatur in Werchojansk: − 15,3 °C, Reykjavík: 4,4 °C.
- Am besten eignen sich Säulendiagramme. Nicht gut geeignet sind z. B. Kreisdiagramme.
- Der Golfstrom, der auch Island erreicht, hat enorme Auswirkungen auf die klimatischen Bedingungen und somit auch auf die Temperaturen. Zusätzlich wird das Wetter in Werchojansk vom so genannten Kontinentalklima geprägt, das wiederum sehr heiße Sommer und extrem kalte Winter mit sich bringt.
- Am Abend herrschte in der Wüste Gobi eine Temperatur von − 2 °C.

4 Dreiecke

Auftaktseite: Dreiecks-Experimente

Seiten 78 bis 79

Dreiecke in der Schule
Bildet man mit der Knotenschnur oder mit einer Kette aus Schülerinnen und Schülern Dreiecke, so haben diese verschiedene Formen. Sie unterscheiden sich in der Länge der einzelnen Seiten und in der Größe ihrer Winkel. Bei bestimmten Knotenzahlen kann man Dreiecke bilden, die einen rechten Winkel besitzen (z. B. bei 13 Knoten: Siehe Foto S. 78), oder Dreiecke, die zwei oder drei gleich lange Seiten haben.

Im Team experimentieren
Nein, nicht alle Kombinationen von Streifenlängen sind möglich, um ein Dreieck zu bilden. Die Kombination der Streifen von 2 cm, 4 cm und 8 cm Länge ergibt zum Beispiel kein Dreieck. Es gibt weitere unmögliche Kombinationen.
Regel: Bilde die Summe von jeweils zwei Seitenlängen. Ist diese Summe größer als die Länge der dritten Seite, ergibt sich aus den Seiten ein Dreieck.

1 Winkelsumme im Dreieck

Seite 80

Einstiegsaufgabe
➔ individuelle Lösungen
➔ Gehe vor wie auf dem Bild gezeigt.
➔ Der entstehende Winkel beträgt 180°.
Er heißt „gestreckter Winkel".

1 Die drei ursprünglichen Dreiecke hatten die folgenden Winkel:
Dreieck 1: 106° + 44° + 30° = 180°
Dreieck 2: 90° + 66° + 24° = 180°
Dreieck 3: 84° + 60° + 36° = 180°

2

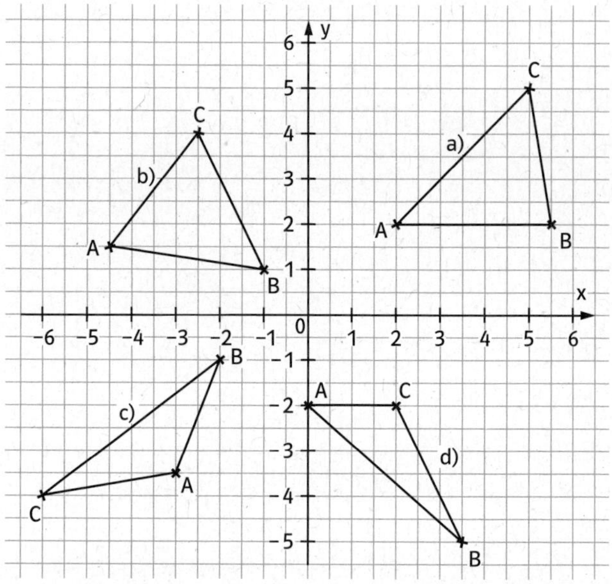

Winkelsummen:
a) 45° + 80° + 55° = 180°
b) 60° + 55° + 65° = 180°
c) 122° + 31° + 27° = 180°
d) 41° + 21° + 118° = 180°

3 Ein Dreieck kann zwei oder drei spitze Winkel, aber jeweils nur einen stumpfen oder rechten Winkel besitzen, weil sonst die Winkelsumme von 180° überschritten würde.

4

	α	β	γ
a)	40°	60°	80°
b)	33°	60°	87°
c)	105°	25°	50°

5 a) γ = 102°; δ = 78° b) γ = 34°, β = 35°

Seite 81

6 a) β = 60°; γ = 120°
b) α = 100°; γ = 35°
c) β = 40°; γ = 80°
d) α = 110°; δ = 70°; ε = 100°

7 β′ = 80°; γ′ = 75°

8 β = 100°; γ = 50°

9 γ = 96°; δ = 60°

10 a) mögliche Lösungen: $\alpha = 90°$; $\beta = 60°$; $\gamma = 30°$ oder $\alpha = 105°$; $\beta = 45°$; $\gamma = 30°$ oder $\alpha = \beta = \gamma = 60°$ oder $\alpha = 105°$; $\beta = 60°$; $\gamma = 15°$
b) mögliche weitere Aufgaben:
- Wie groß können die Winkel sein, wenn zwei bzw. drei Winkel gleich groß sein sollen?
- Wie groß können die Winkel sein, wenn ein Winkel größer als 130° sein soll?

11 Winkel unten links: $180° - 40° - 85° = 55°$
Winkel unten rechts: $180° - 42° - 71° = 67°$
Winkel oben: $180° - 67° - 55° = 58°$

Bewegte Dreiecke

▪ Verkleinert man einen Winkel, so vergrößert sich die Summe der beiden anderen Winkel um diesen Betrag. Vergrößert man einen Winkel, so verkleinert sich die Summe der beiden anderen Winkel um diesen Betrag. Verschiebt man zwei Eckpunkte so, dass eine Seite parallel verschoben wird, bleiben alle Winkel gleich.
Insgesamt bleibt die Summe aller Winkel immer gleich, nämlich bei 180°. Wird ein Winkel besonders groß, so werden die beiden anderen sehr klein und umgekehrt.
Der Eckpunkt liegt sehr nah an der gegenüberliegenden Seite (großer Winkel) oder sehr weit davon entfernt (kleiner Winkel).

2 Dreiecksformen

Seite 82

Einstiegsaufgabe
„Dreiecksfamilien" sind zum Beispiel:
- Dreiecke mit drei gleich langen Seiten und drei gleichen Winkeln
- Dreiecke mit zwei gleich langen Seiten und zwei gleichen Winkeln
- Dreiecke, die einen rechten Winkel haben
- Dreiecke, die einen stumpfen Winkel haben
- Dreiecke, die drei unterschiedliche Seitenlängen und drei unterschiedliche Winkel haben.

Seite 83

1 Beispiele sind das Warndreieck (gleichseitig), Verkehrsschild „Vorfahrt achten" (gleichseitig), Geodreieck (gleichschenklig und rechtwinklig), Rahmen von Fahrrädern (verschiedene Dreiecksformen), Dachgiebel (meistens gleichschenklig), Stützbalken in Fachwerkhäusern (verschiedene Dreiecksformen), Wimpel (gleichschenklig).

2 1 ABC; AEC; BCD; CDF; EBC
2 gleichschenklig (nicht gleichseitig): ABI; BCI; CAI; EFI; FDI; DEI
gleichseitig: ABC; AFE; BDF; DCE; DEF

3

	Winkel			
	α	β	γ	Dreiecksart
a)	30°	60°	90°	rechtwinklig
b)	40°	60°	80°	spitzwinklig
c)	30°	40°	110°	stumpfwinklig
d)	89°	75°	16°	spitzwinklig

4

	spitzwinklig	rechtwinklig	stumpfwinklig
gleichseitig	5		
gleichschenklig nicht gleichseitig	2	3	1
allgemein	7; 8	4; 9	6

5 Fehler im ersten Druck des Schülerbuches; in Teilaufgabe c) ist A(0|−3).

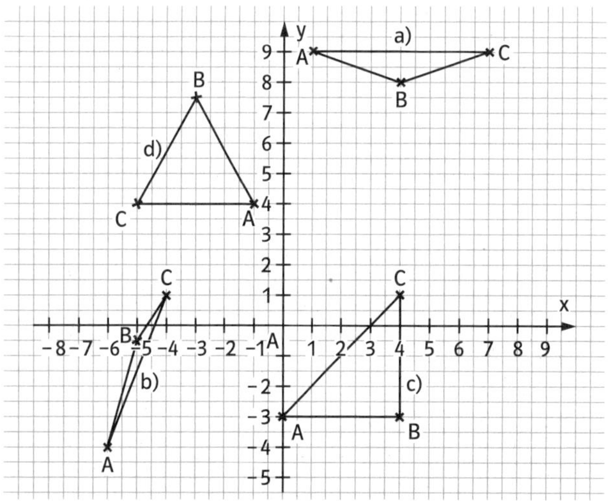

a) gleichschenklig, stumpfwinklig
b) allgemein, stumpfwinklig
c) gleichschenklig, rechtwinklig
d) gleichseitig (und spitzwinklig)

Gleiche Schenkel – gleiche Winkel?

▪ Die Faltlinie stellt die Symmetrieachse des gleichschenkligen Dreiecks dar, durch die die beiden Dreieckshälften zur Deckung kommen! (= Spiegelachse)

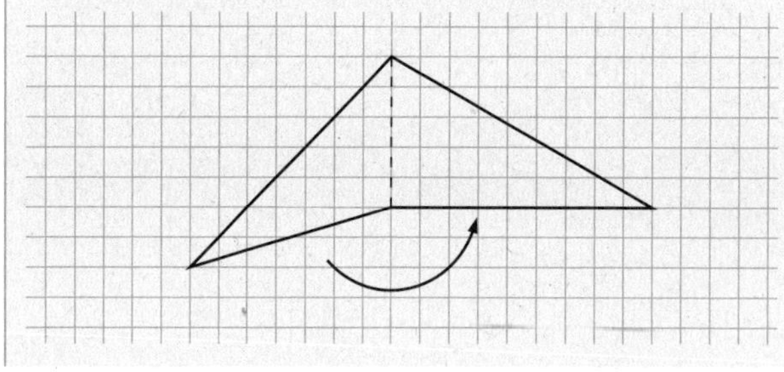

- Die beiden äußeren Winkel (Basiswinkel) sind gleich groß. Alle drei Winkel ergeben zusammen 180°.
- Ist einer der beiden Basiswinkel 40° groß, so ist der andere ebenfalls 40° groß (Symmetrie) und der Winkel in der Spitze ist ein stumpfer Winkel mit 100° (Winkelsumme).
- Alle drei Winkel sind 60° groß; es handelt sich somit um ein gleichseitiges Dreieck.
- Dieses gleichseitige Dreieck besitzt sogar drei Faltlinien (= Symmetrieachsen), die die Dreieckshälften jeweils aufeinander zur Deckung bringen.

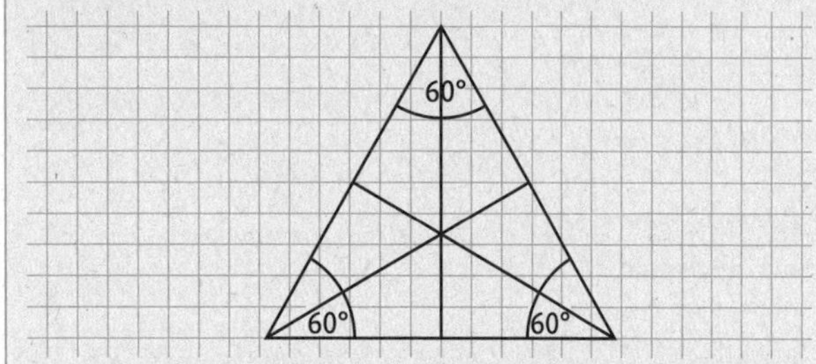

Anmerkung: Die drei Faltlinien treffen sich in einem gemeinsamen Punkt, den Mittelpunkt M des Dreiecks.

- Wenn ich einen weiteren Diagonalknick mache (Skizze), erhalte ich eine 45°-Hilfslinie.

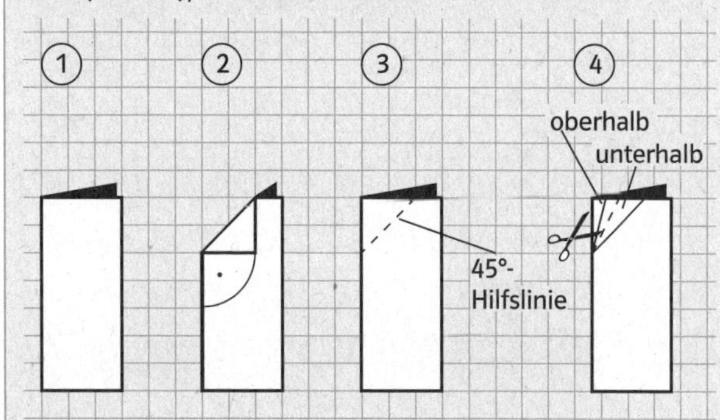

Schneide ich nun **unterhalb** dieser 45°-Hilfslinie, so ist das entstandene gleichschenklige Dreieck **stumpfwinklig**. Schneide ich **oberhalb**, so ist es **spitzwinklig**. Schneide ich entlang der Hilfslinie, so ist es **rechtwinklig** (90°).

Seite 84

6 a)

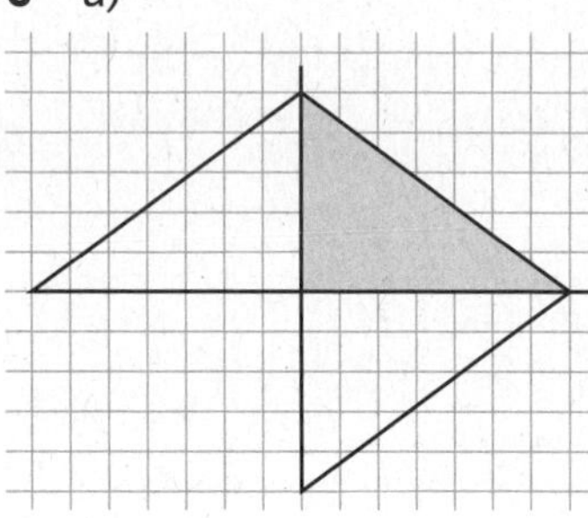

b)

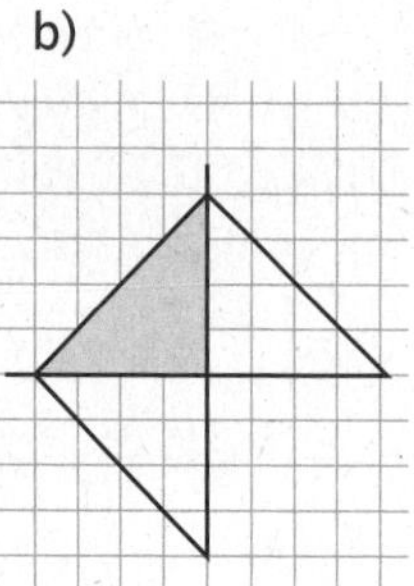

c)

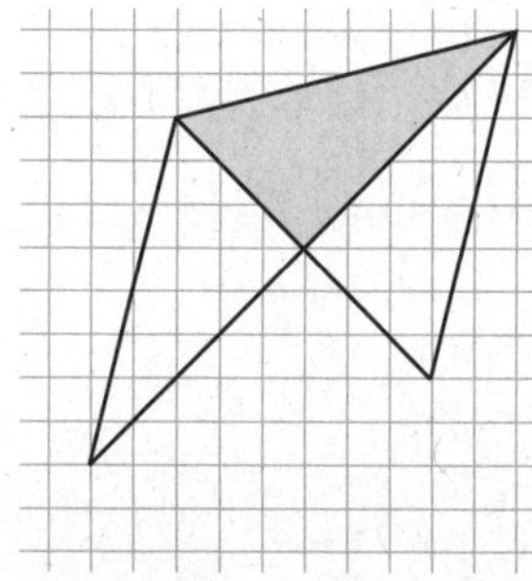

d)

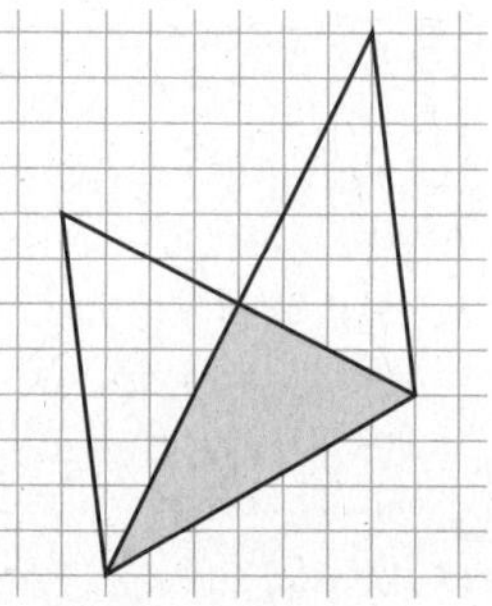

Es ergeben sich jeweils gleichschenklige Dreiecke.

Randspalte

Man berechnet aus den beiden gleich großen spitzen Winkeln eines Dreiecks die Größe des stumpfen Winkels. Ergänzt man diesen zu einem gestreckten Winkel erhält man die Größe des spitzen Winkels des nächsten Dreiecks. Insgesamt ergibt sich:
10° + 20° + 40° = 70°

7 a) γ = 140°; 90°; 34°; 2°
b) α = 75°; 30°; 60°; 0,5°
c) zu a): stumpfwinkliges, rechtwinkliges, spitzwinkliges, spitzwinkliges Dreieck
zu b): spitzwinkliges, stumpfwinkliges, gleichseitiges, stumpfwinkliges Dreieck

8 a)

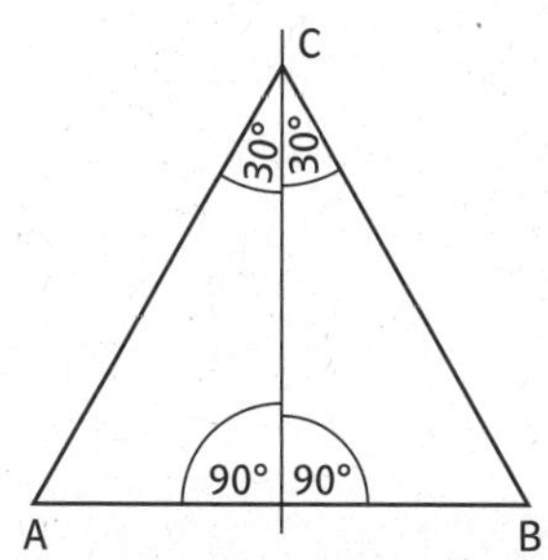

b)

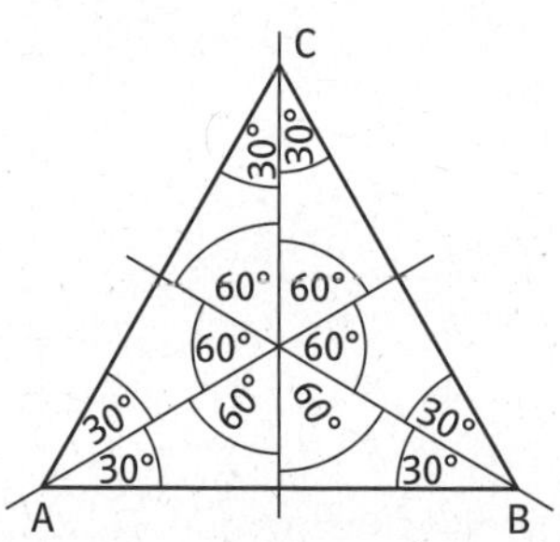

9 Ein Winkel muss größer als 90° sein, also ist der stumpfe Winkel 91°, 92° oder 93° und der dritte Winkel 3°, 2° oder 1° groß.

10 Der Winkel β ist zwischen 20° und 40°.
Die Leiter reicht zwischen 3,10 m und 3,80 m hoch.

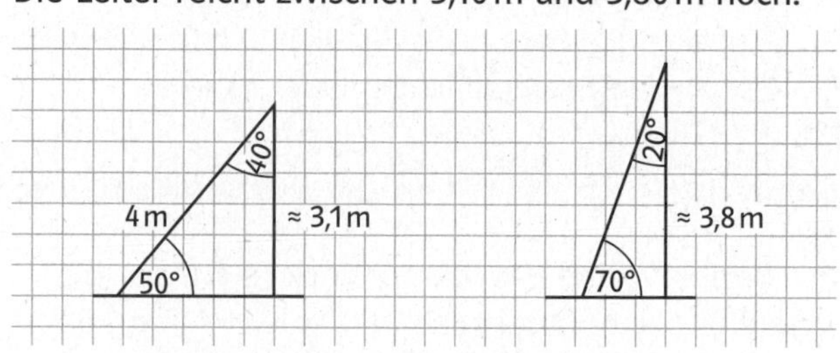

11 a) Wahr, denn im stumpfwinkligen Dreieck ist ein Winkel größer als 90°. Wegen der Winkelsumme im Dreieck bleiben für die beiden anderen Winkel

zusammen weniger als 90°. Sie müssen also spitze Winkel sein.
b) Falsch, man sieht ein Gegenbeispiel auf Seite 82.
c) Falsch, ein gleichschenkliges Dreieck kann auch spitzwinklig oder rechtwinklig sein. Beispiel: Wenn die Basiswinkel 50° groß sind, dann ist der Winkel an der Spitze 80° groß.
d) Falsch, siehe Beispiel von c).
e) Wahr, denn bei einem rechtwinkligen Dreieck bleiben für die beiden anderen Winkel noch 90° übrig. Ein stumpfer Winkel ist aber schon größer als 90°.

Dreiecksspiel

- Bei mehrfachem Spiel erkennt man, dass stets die längste Seite auch dem größten Winkel gegenüberliegt, die zweitlängste Seite dem zweitgrößten Winkel und die kürzeste Seite dem kleinsten Winkel gegenüber.
Diese Regelmäßigkeit gilt für alle Dreiecksformen. Somit liegt beim stumpfwinkligen und beim rechtswinkligen Dreieck dem namengebenden Winkel stets die längste Dreiecksseite gegenüber. Wer diese Regelmäßigkeit erkannt hat, gewinnt sofort das Spiel, indem er/sie lediglich die Werte der Größe nach zuordnet.
- Bei rechtwinkligen Dreiecken liegt immer die längste Seite dem rechten Winkel gegenüber, da er aufgrund des Winkelsummensatzes automatisch der **größte** Winkel im Dreieck ist. Bei gleichschenkligen Dreiecken sind jeweils zwei Seiten und zwei (Basis-)Winkel gleich lang bzw. gleich groß.

3 Konstruktion von Dreiecken

Seite 85

Einstiegsaufgabe

➔ individuelle Lösungen
➔ Es reicht nicht aus, zweimal zu würfeln. Um das Dreieck zu Ende zu zeichnen, muss man selbst noch eine Seitenlänge oder einen Winkel wählen.
➔ Man kann aus drei der Angaben ein Dreieck konstruieren, die vierte Angabe stimmt dann aber nicht mit der tatsächlichen Länge oder dem tatsächlichen Winkel überein. Eine Ausnahme ergibt sich, wenn man die drei Winkel und eine Seite würfelt.

Seite 86

1 SSS-Konstruktion wie im Beispiel a), Schülerbuchseite 85

Planfigur:

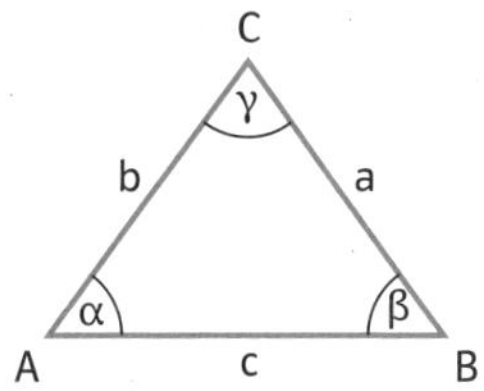

a)

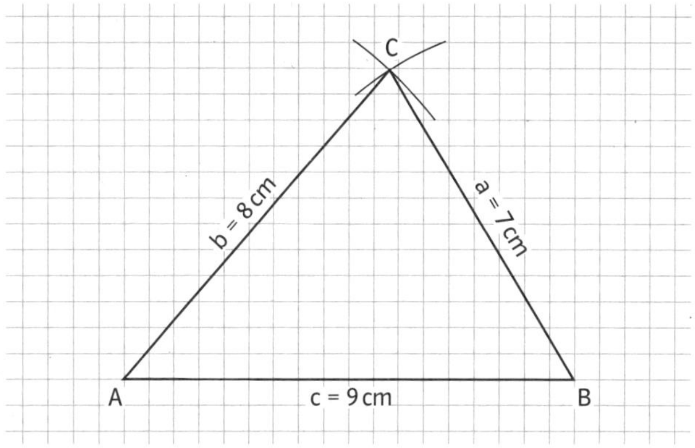

b)

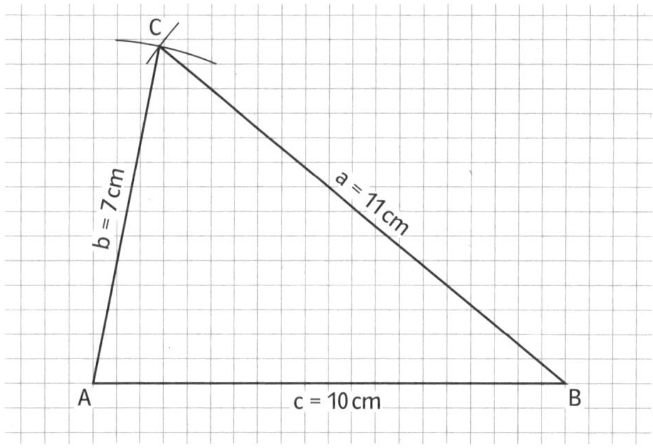

c)

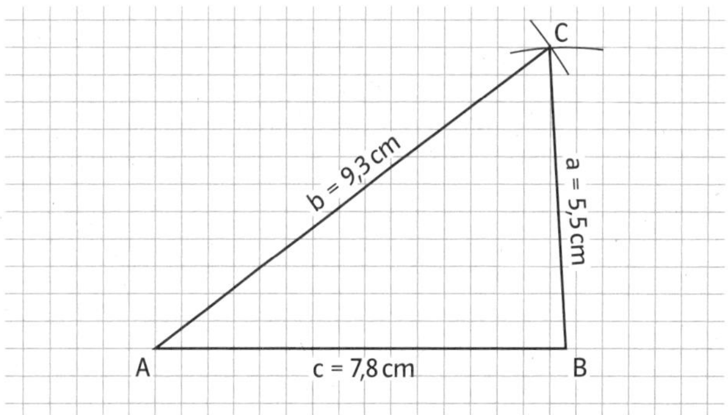

2 SWS-Konstruktionen wie im Beispiel b), Schülerbuchseite 85
Planfigur:

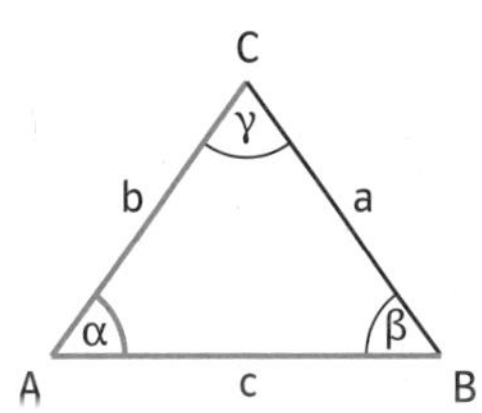

a)

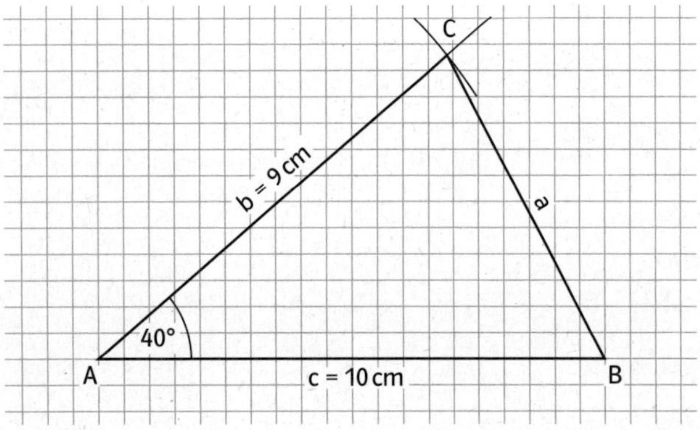

b)

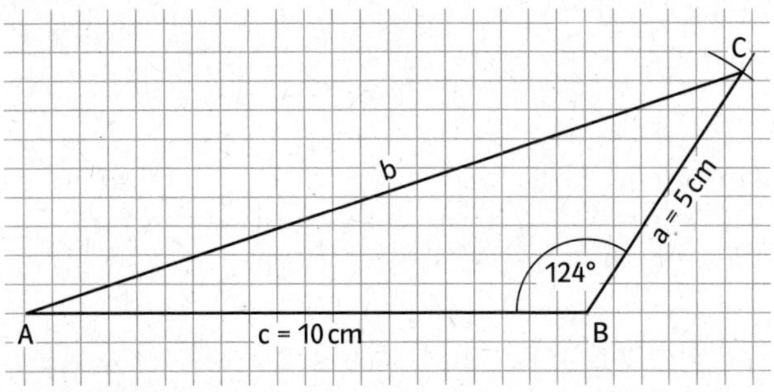

c) Planfigur:

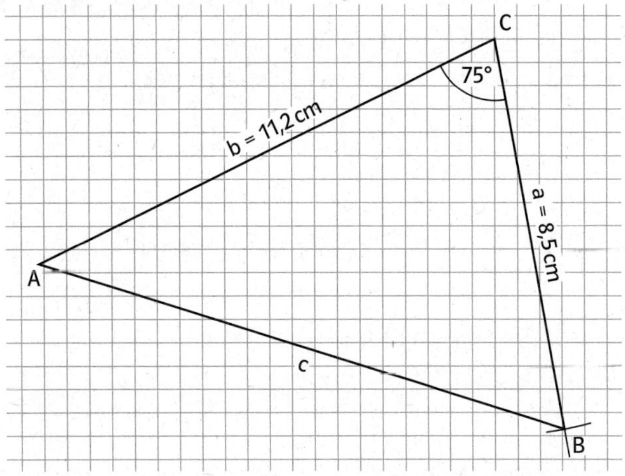

3 WSW-Konstruktionen wie im Beispiel c), Schülerbuchseite 86
Planfigur:

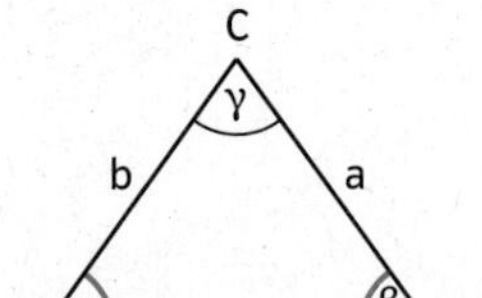

a)

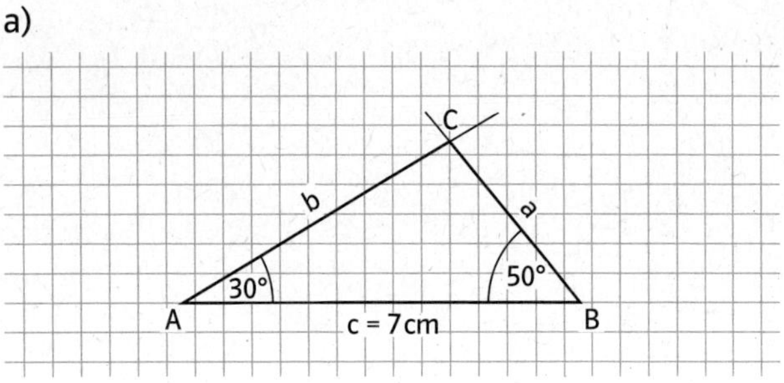

b)

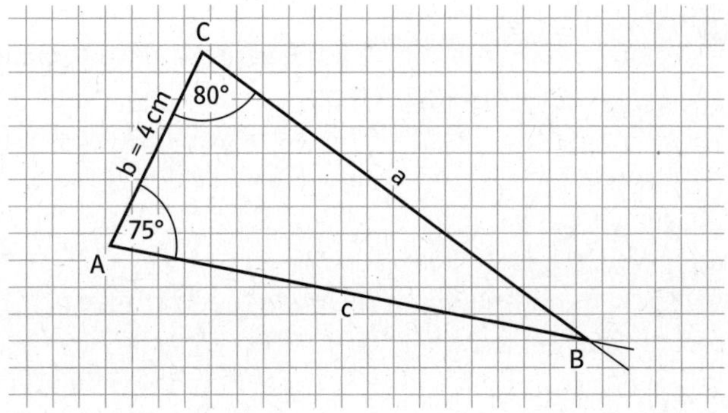

c)

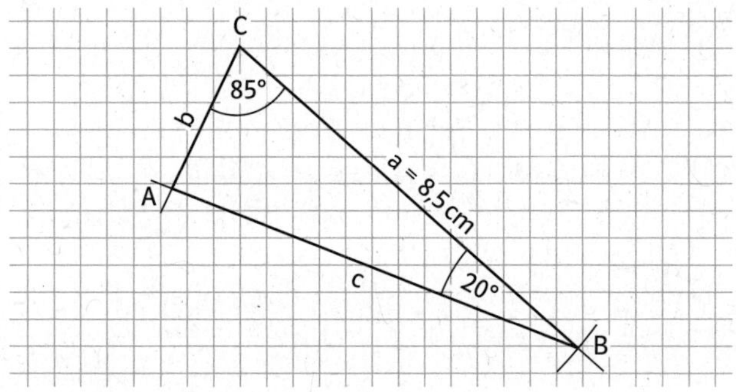

4 SSW-Konstruktionen wie im Beispiel d), Schülerbuchseite 86
Planfigur:

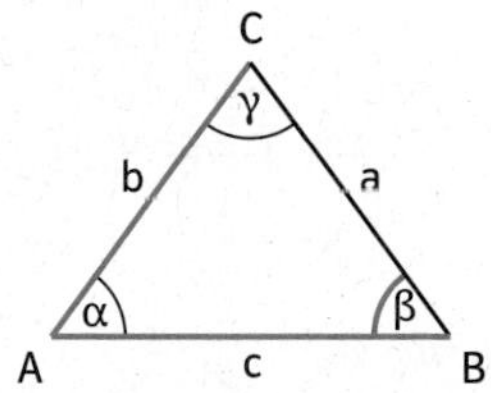

a)

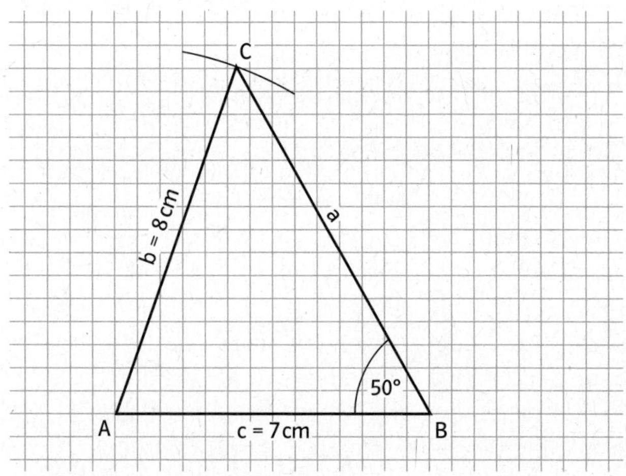

b)

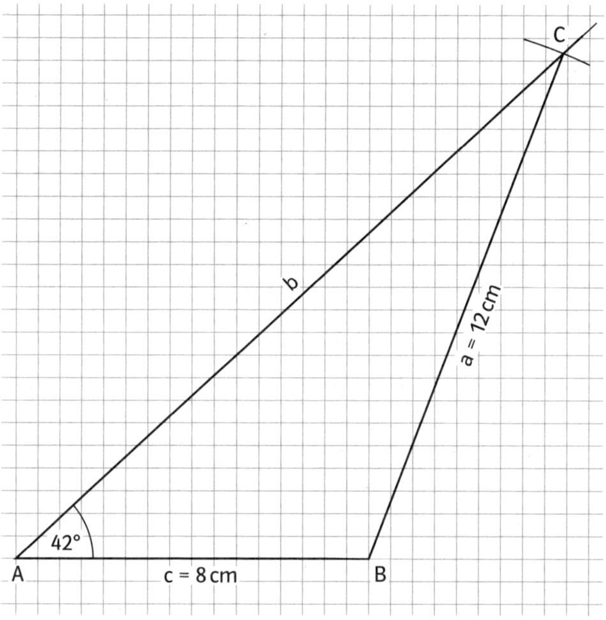

c)

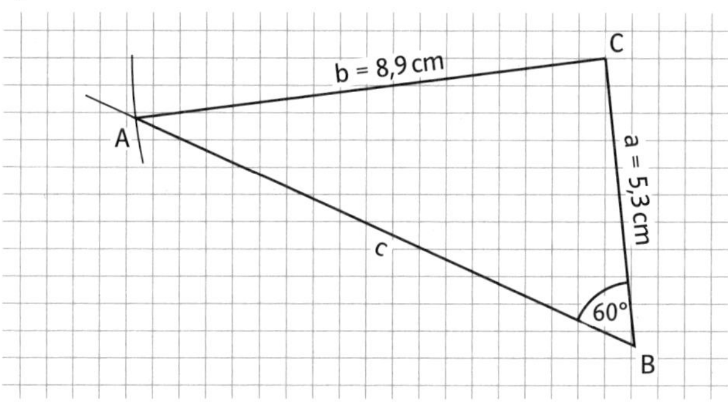

In der Kongruenzschule

- Wenn die drei Winkel eines Dreiecks übereinstimmen, können die Seiten jedoch unterschiedlich lang sein (Beispiel: Geodreieck–Tafelgeodreieck). Das WWW-Dreieck ist **kein** Kongruenzdreieck. Somit haben alle 4 Dreiecksformen (das allgemeine Dreieck inbegriffen) mit ihrem Protest Recht.
- Tatsächlich besitzt das erste SSW-Dreieck zwei Lösungsmöglichkeiten. Beim SSW-Bruder hingegen gibt es nur eine Lösung.

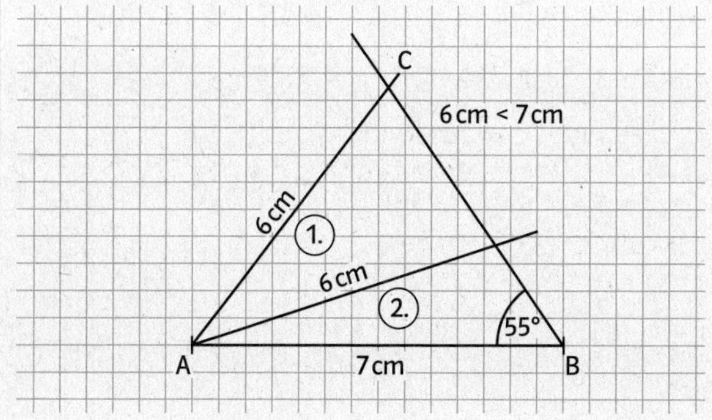

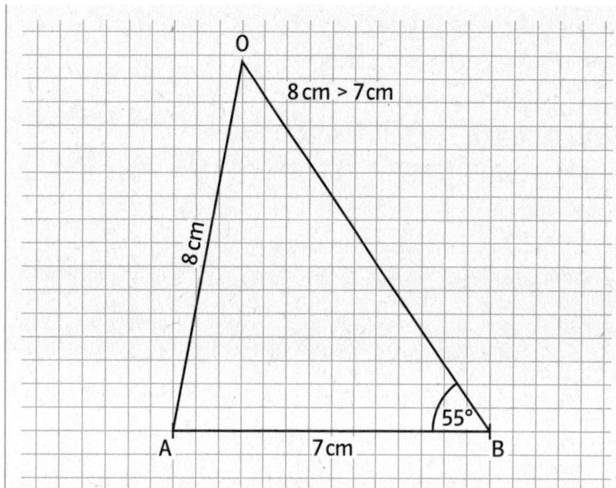

- Regel: Ist die dem Winkel gegenüberliegende Seite kürzer als die anliegende Seite, so gibt es zwei Lösungsmöglichkeiten. Ist sie länger, so gibt es nur eine Lösung.
- Das 1,5-mal so große Dreieck stimmt ebenfalls in zwei Seiten und drei Winkeln mit dem ursprünglichen Dreieck überein (**6 cm**; **9 cm**; 13,5 cm zu 4 cm; **6 cm**; **9 cm**). Allerdings sind die winkelgleichen Dreiecke **nicht** kongruent, da sie unterschiedlich groß sind.
- weiteres Beispiel: 1 cm, **2 cm**, **4 cm** und **2 cm**, **4 cm**, 8 cm. (jeweils ·2)

Seite 87

5 a) SWS-Konstruktion:
Konstruiert werden
1. die Seite a = 5 cm
2. der Winkel $\gamma = 100°$
3. der Kreis um C mit Radius b = 7 cm
4. der Schnittpunkt A des Kreises mit dem freien Schenkel von γ.

Planfigur:

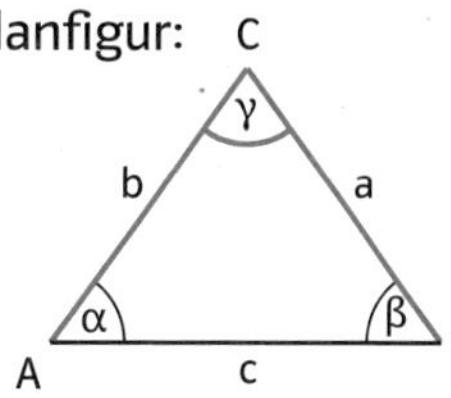

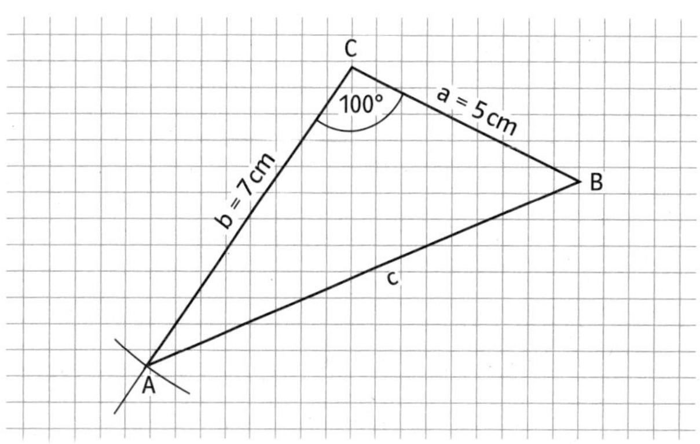

b) WSW-Konstruktion
Durch Berechnung: $\gamma = 90°$
Konstruiert werden
1. die Seite $a = 9\,cm$
2. der Winkel $\beta = 55°$
3. der Winkel $\gamma = 90°$
4. der Schnittpunkt A der freien Schenkel von β und γ.
Planfigur:

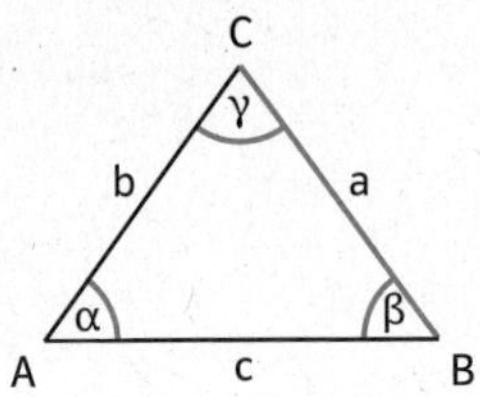

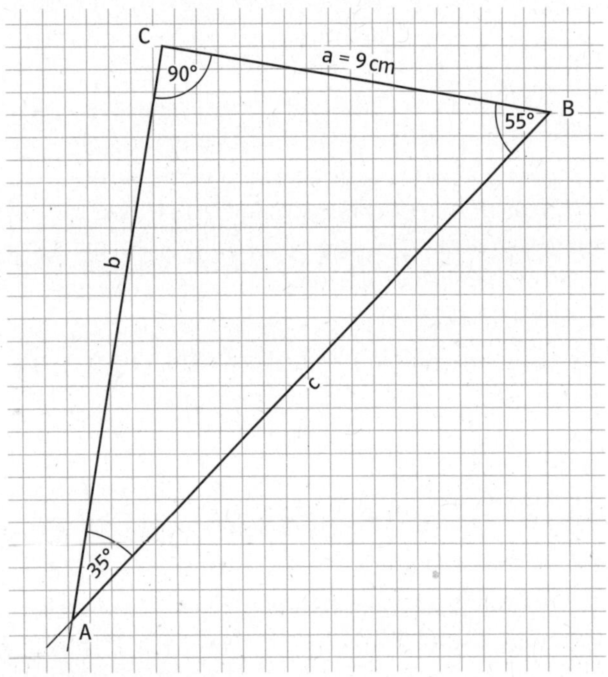

c) SWS-Konstruktion
Konstruiert werden
1. die Seite $c = 8\,cm$
2. der Winkel $\beta = 60°$
3. der Kreis um B mit Radius $a = 6{,}5\,cm$
4. der Schnittpunkt C des Kreises mit dem freien Schenkel von β.
Planfigur:

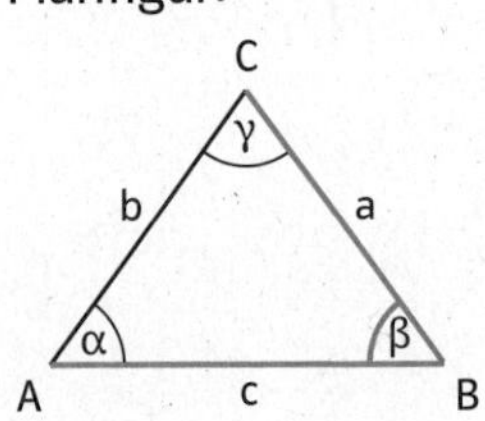

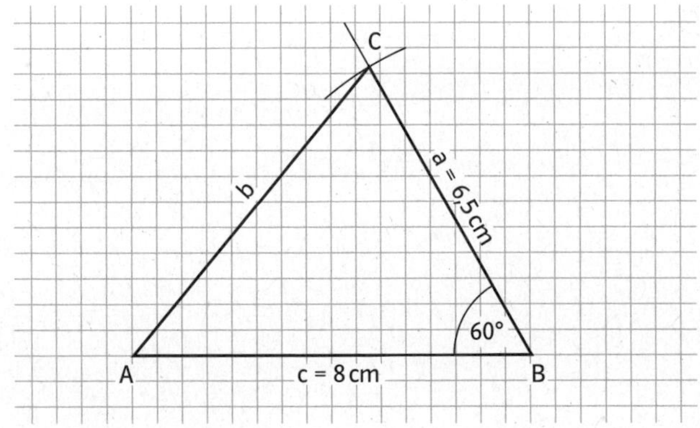

d) SSS-Konstruktion
Konstruiert werden
1. die Seite $c = 10\,cm$
2. der Kreis um A mit Radius $b = 3\,cm$
3. der Kreis um B mit Radius $a = 8{,}5\,cm$
4. der Schnittpunkt C der Kreise.
Planfigur:

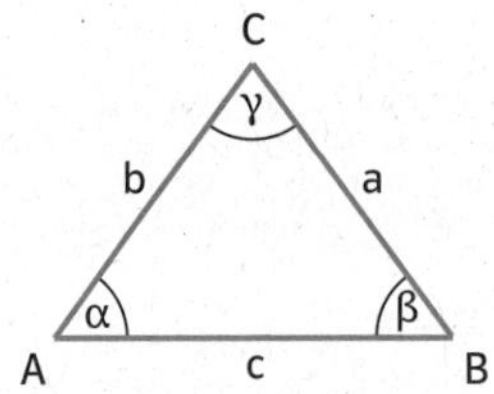

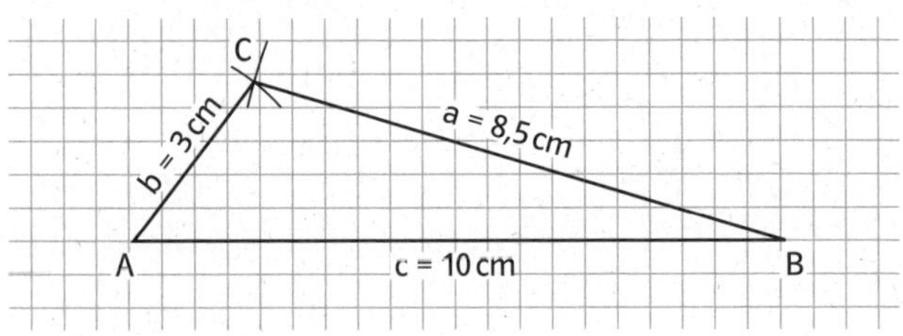

e) WSW-Konstruktion
Durch Berechnung: $\alpha = 60°$
Konstruiert werden
1. die Seite $b = 6\,cm$
2. der Winkel $\alpha = 60°$
3. der Winkel $\gamma = 90°$
4. der Schnittpunkt B der freien Schenkel von α und γ.
Planfigur:

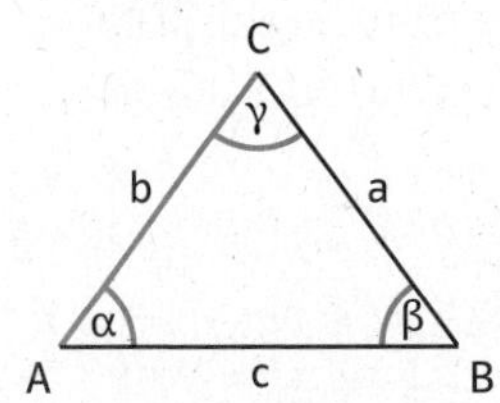

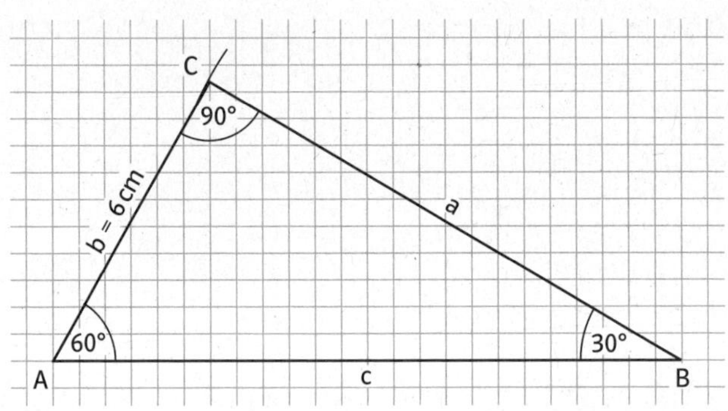

6 1) + 4)

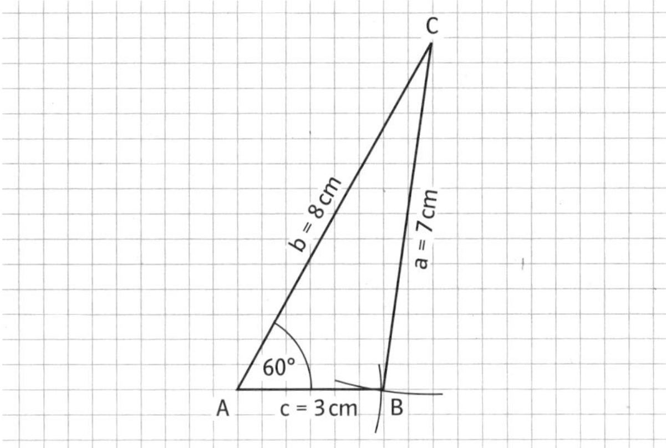

2) + 6)

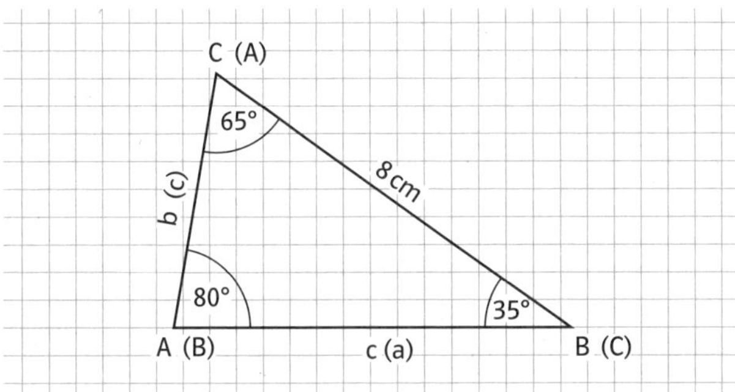

3) + 5)

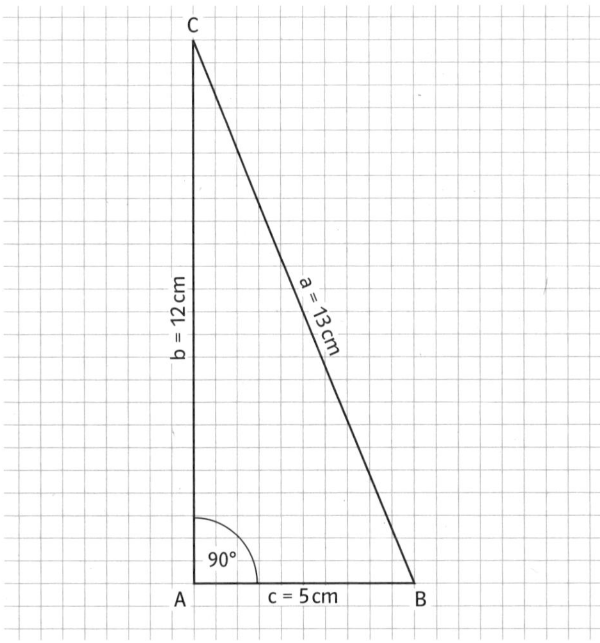

Kongruent sind 1 und 4, 3 und 5, 2 und 6.

7 individuelle Lösungen

8 a) WSW-Konstruktion:
Konstruiere zunächst das Dreieck ABC.
Konstruiert werden
1. die Seite c = 10 cm
2. der Winkel α = 40°
3. der Winkel β = 50°
4. der Schnittpunkt C der freien Schenkel von α und β.
5. der Winkel δ = 30° an der Seite b.
6. der Schnittpunkt D des freien Schenkels von δ mit der Seite c.

b) SWS-Konstruktion:
Konstruiere zunächst das Dreieck ABC.
Konstruiert werden
1. die Seite c = 10 cm
2. der Winkel α = 65°
3. der Kreis um A mit Radius b = 7 cm
4. der Schnittpunkt C des Kreises mit dem freien Schenkel von α.
5. der Kreis um C mit Radius d = 8 cm
6. der Schnittpunkt D des Kreises mit der Seite c.

c) SWS-Konstruktion:
Konstruiere zunächst das Dreieck DBC.
Konstruiert werden
1. die Seite c = 6 cm
2. der Winkel α = 72°
3. der Kreis um D mit Radius b = 6 cm
4. der Schnittpunkt C des Kreises mit dem freien Schenkel von α.
5. Verlängere die Seite c um c′ = 4 cm.

d) SSW-Konstruktion:
Konstruiere zunächst das Dreieck ABC.
Konstruiert werden
1. die Seite c = 7 cm
2. der Winkel β = 60°
3. der Kreis um A mit Radius b = 9 cm
4. der Schnittpunkt C des Kreises mit dem freien Schenkel von β.
5. der Kreis um C mit Radius d = 6 cm
6. der Schnittpunkt D des Kreises mit der Seite c.

9 a) Planfigur:

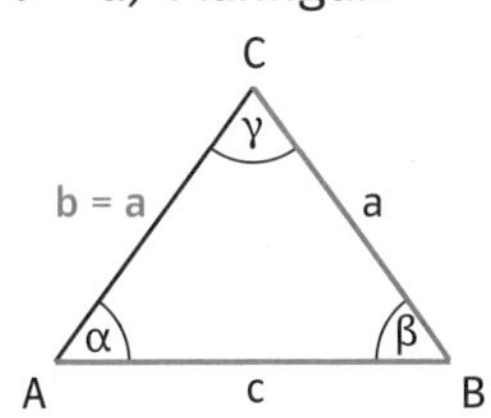

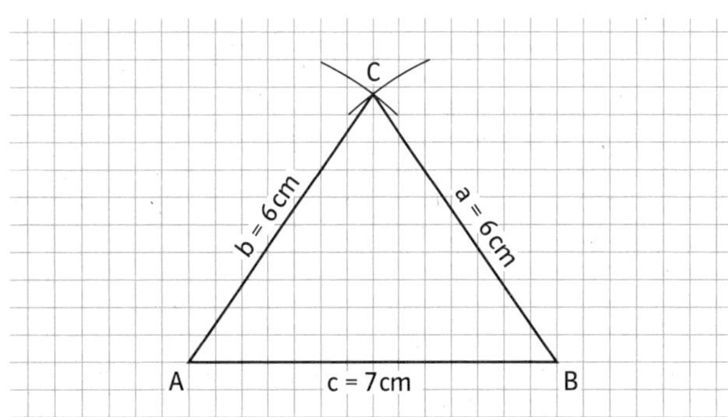

b) Planfigur:

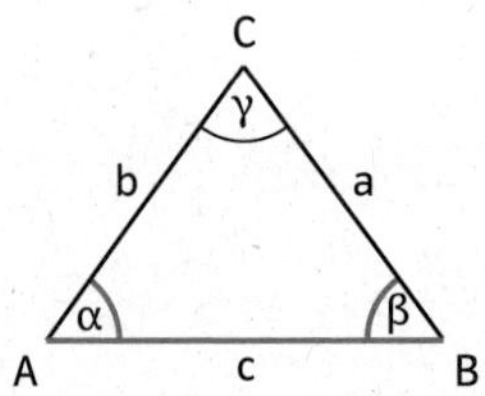

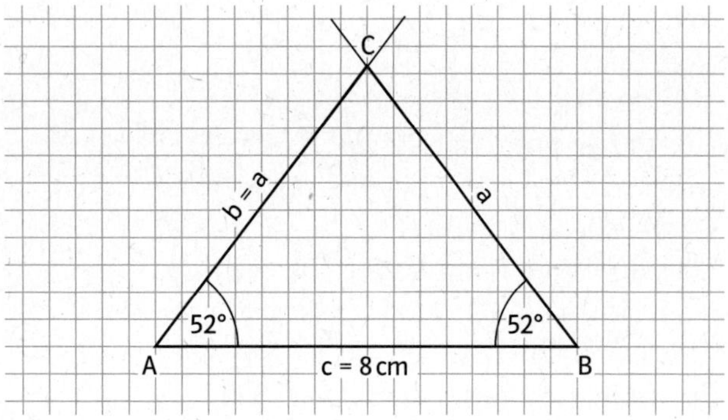

c) Planfigur:

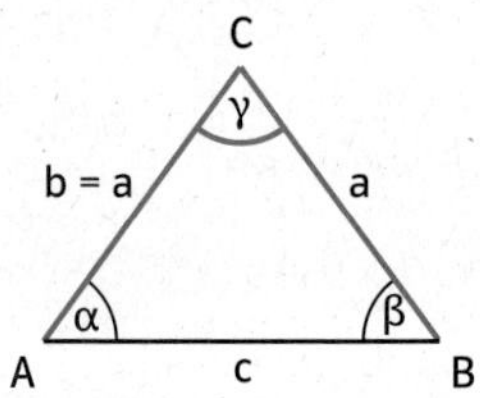

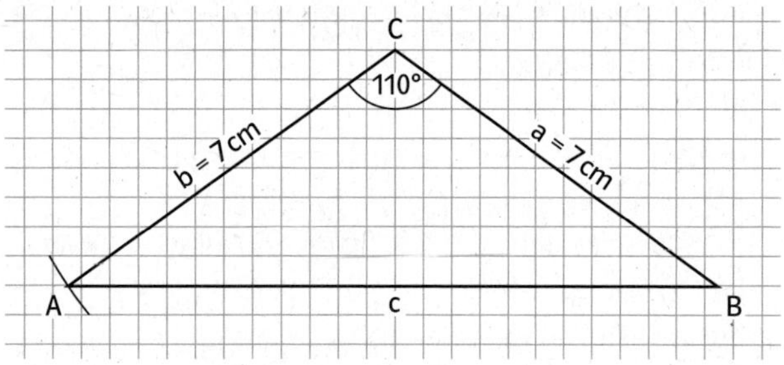

d) Planfigur (γ = 110°)

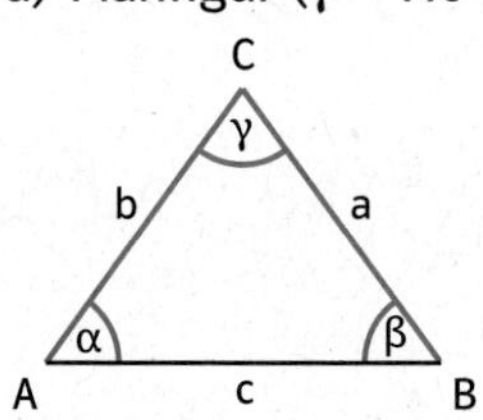

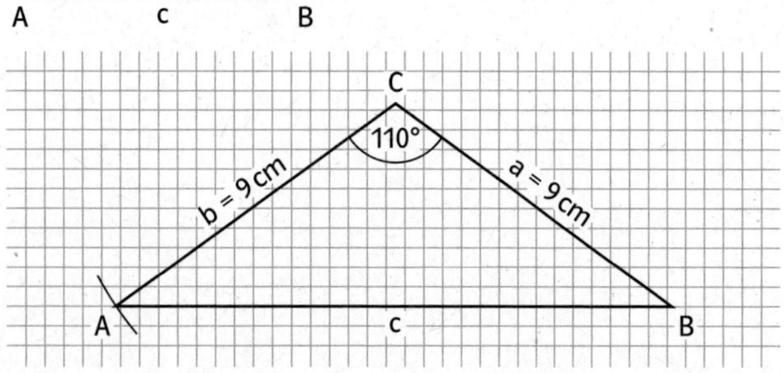

10 Planfigur:

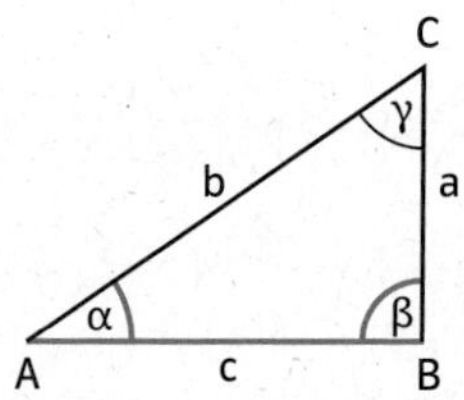

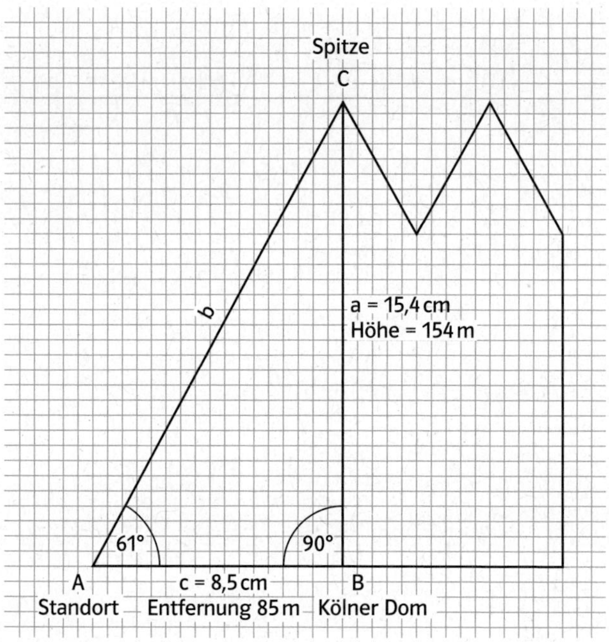

Der Kölner Dom ist an seinem höheren Turm 154 m hoch.

11

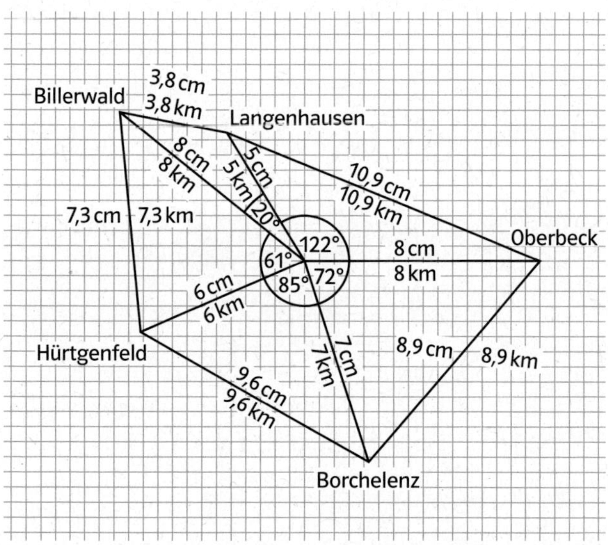

12 Planfigur 1:

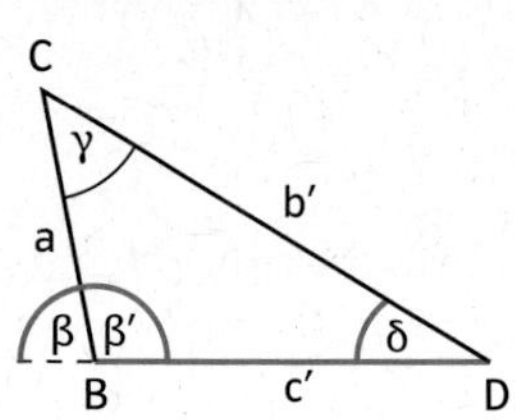

Planfigur 2:

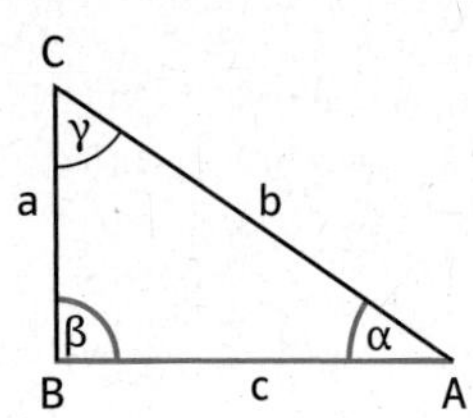

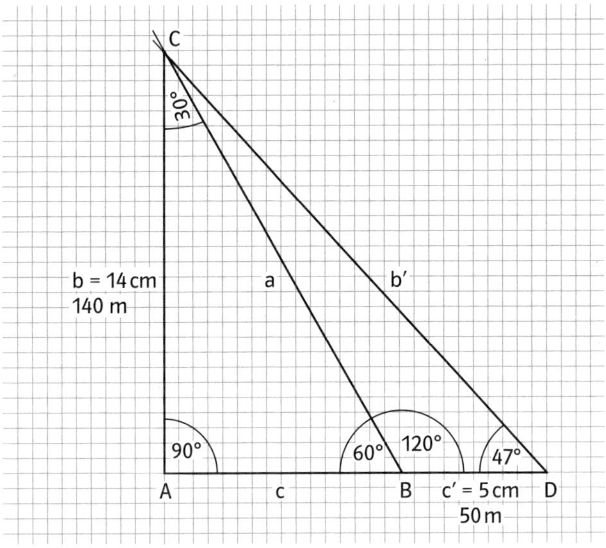

Man macht eine maßstabsgerechte Zeichnung. Man berechnet den Nebenwinkel von $\beta = 60°$, nämlich $\beta' = 120°$. Man konstruiert zunächst das rote Dreieck BDC mit einer WSW-Konstruktion. Man berechnet den Winkel $\gamma = 30°$ und ergänzt das schwarze Dreieck nochmals mit einer WSW-Konstruktion. Die Höhe kann man in der Zeichnung ablesen. Sie beträgt etwa 140 m.

13 Planfigur:

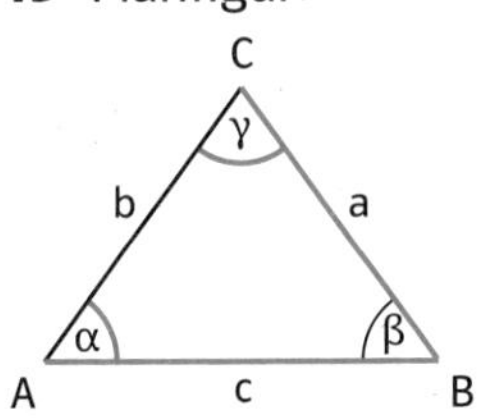

a)

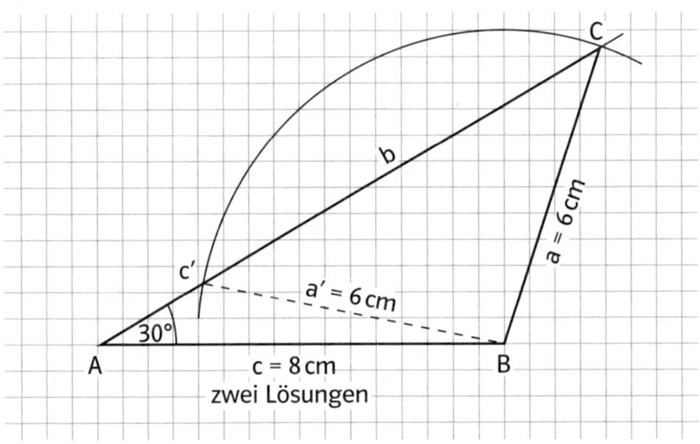

b)

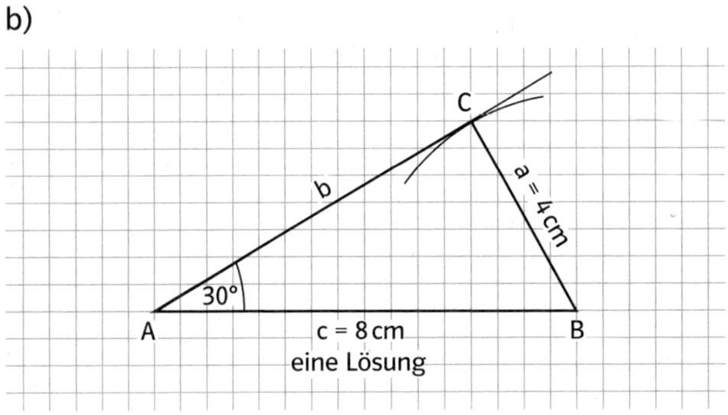

c)

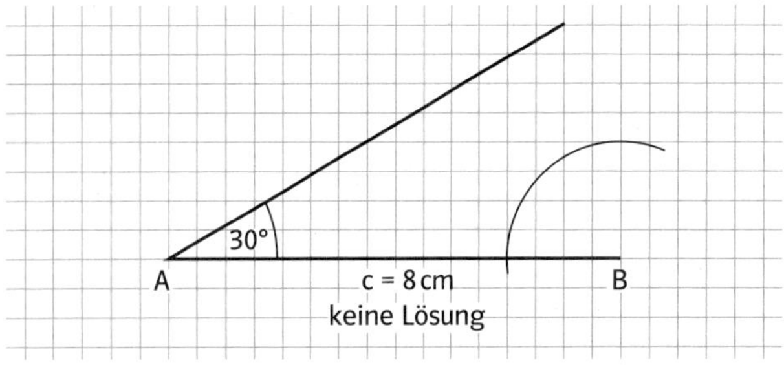

14 a) Die Seiten a und c schneiden sich nicht, weil ihre Summe kleiner ist als die Länge der Seite b.
b) Die Summe der angegebenen Winkel ist größer als 180°. Man kann deshalb kein Dreieck konstruieren.

4 Umkreis und Inkreis*

Seite 88

Einstiegsaufgabe

→ individuelle Lösungen
→ individuelle Lösungen
→ Die drei Faltlinien schneiden sich jeweils in einem Punkt.

Seite 89

1

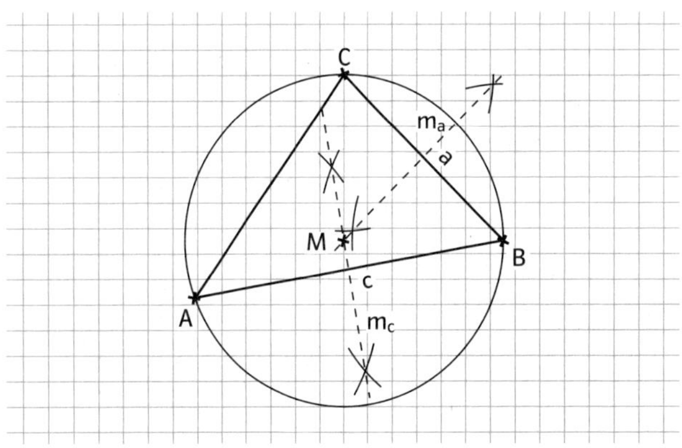

2 a)

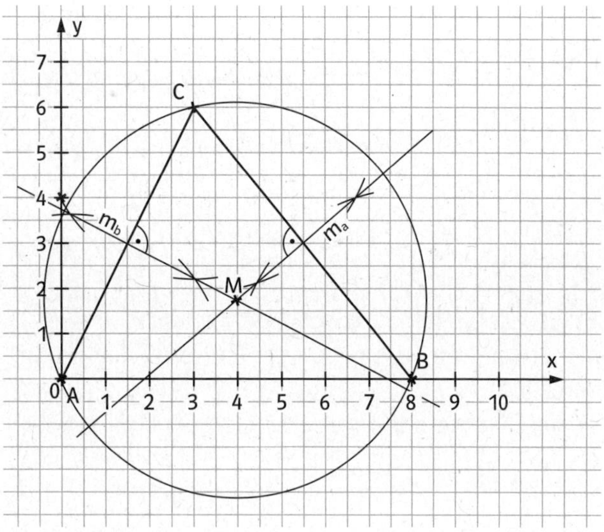

b)

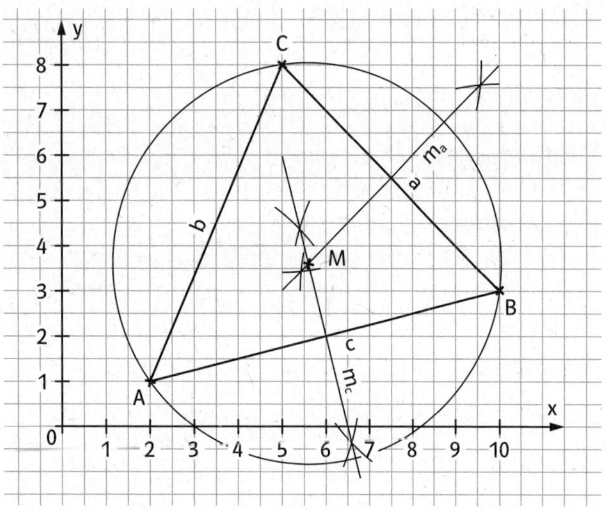

c)

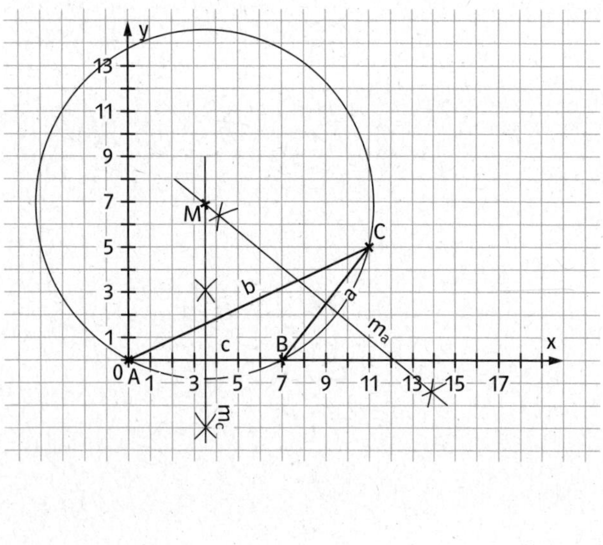

3 Planfigur:

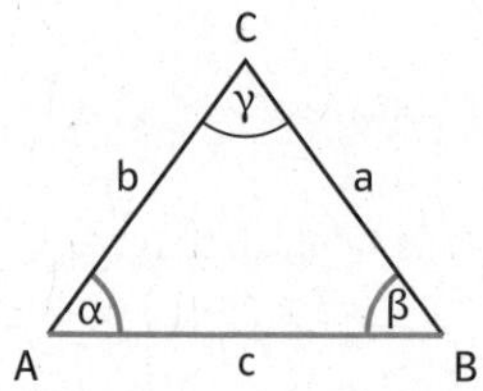

a)

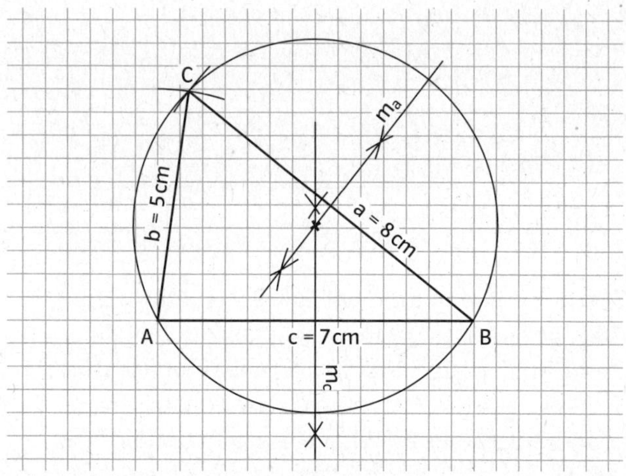

b)

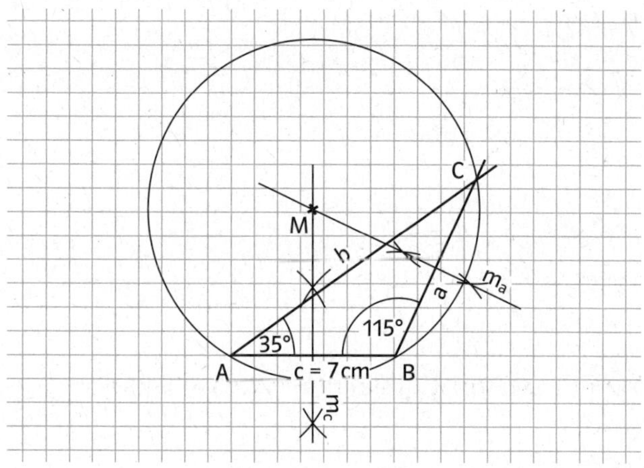

c)

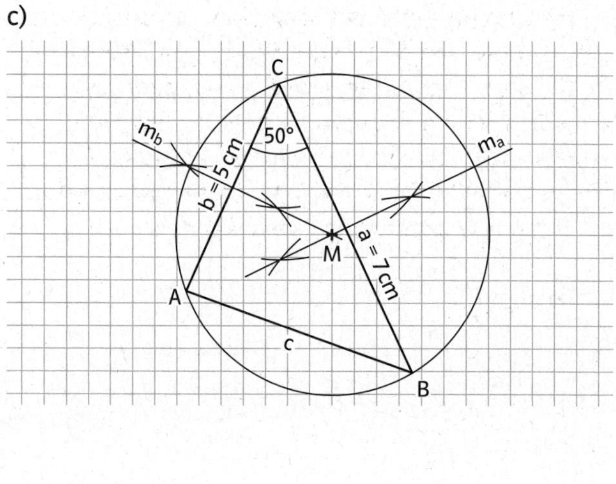

4

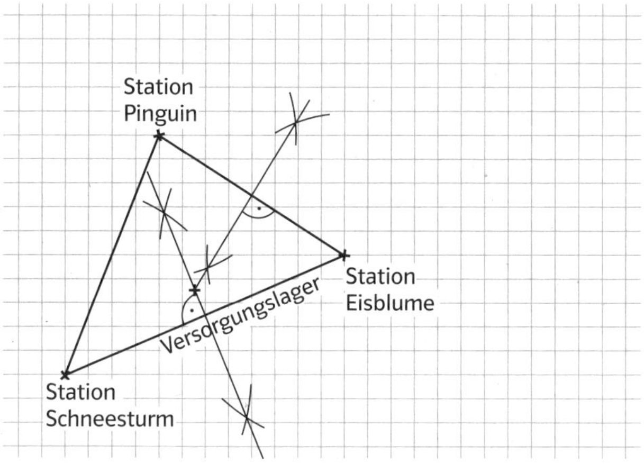

5

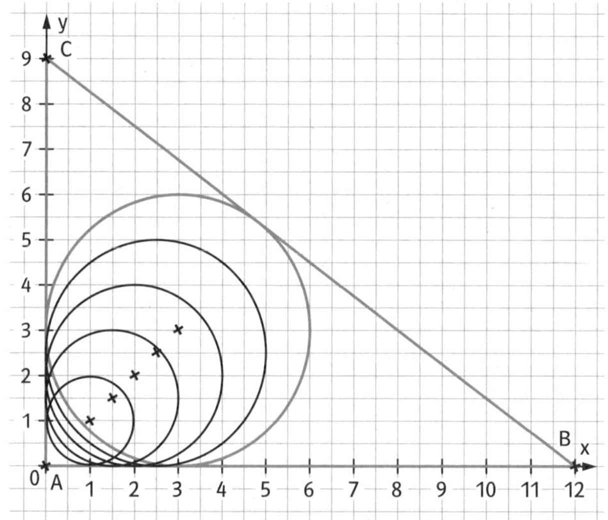

Beim 5. Kreis erhält man den Inkreis des Dreiecks ABC.

6 Die Uhrenrosette ist der Inkreis des dreieckigen Giebels. Man teilt nun in der Spitze des Giebels ein kleineres Dreieck ab, und zwar so, dass die Basis des kleinen Dreiecks parallel zur Basis des Giebeldreiecks ist und den Inkreis gerade berührt. Konstruiert man den Inkreis des kleineren Dreiecks, erhält man die Lage der kleinen Rosette.

7 Planfigur:

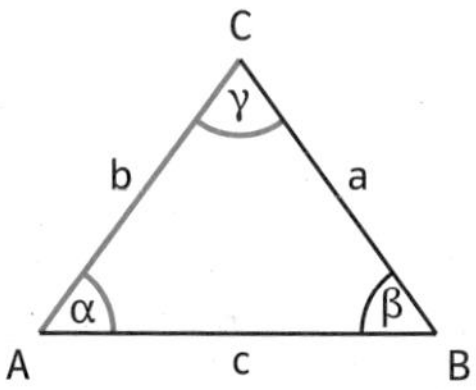

a)

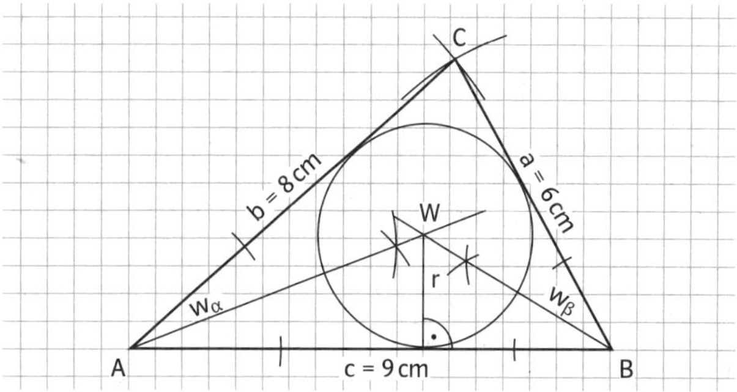

b)

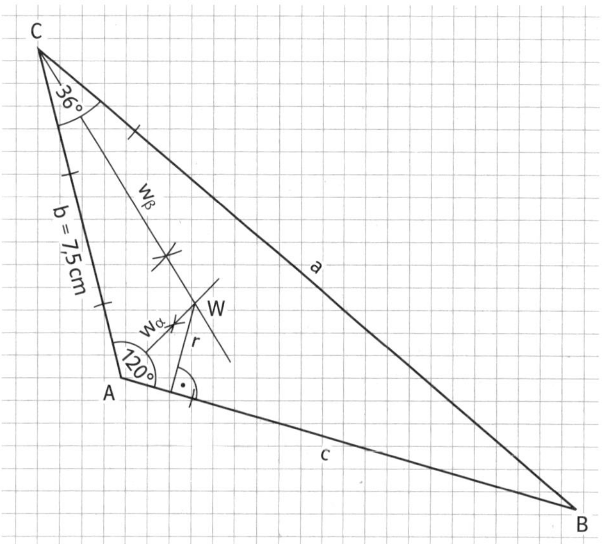

c)

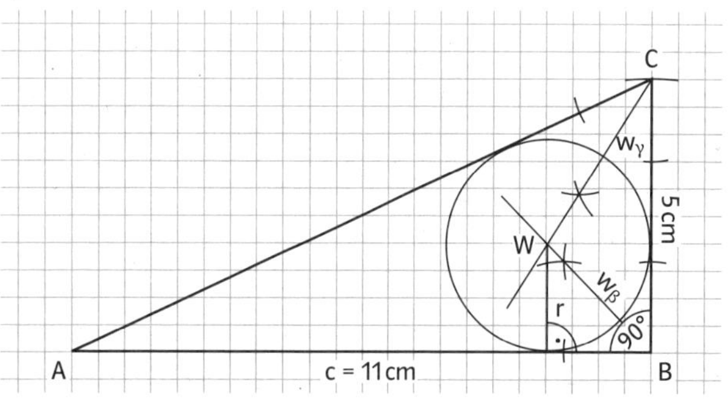

8

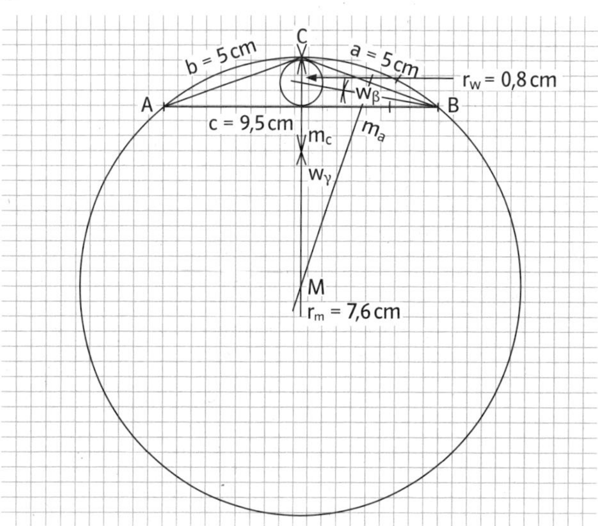

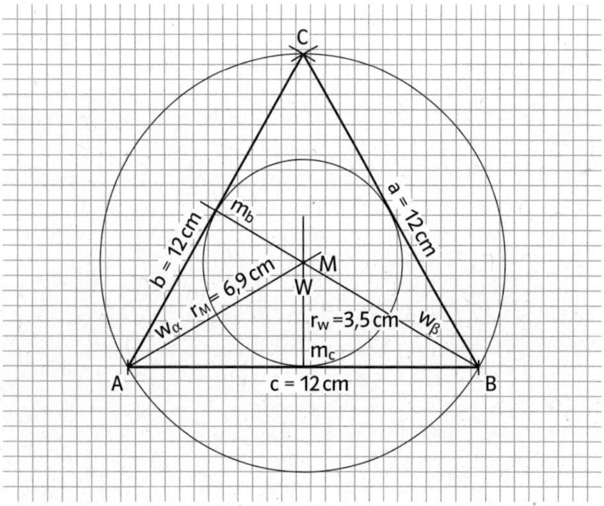

Dreieck 1 hat den größeren Umkreis, Dreieck 2 den größeren Inkreis.

Dynamik im Computer

- Der Umkreismittelpunkt befindet sich bei spitzwinkligen Dreiecken im Dreieck, bei stumpfwinkligen außerhalb und bei rechtwinkligen auf der Seite, die dem rechten Winkel gegenüberliegt.
- Da der Inkreis immer innerhalb des Dreiecks liegt, muss auch sein Mittelpunkt immer innerhalb des Dreiecks liegen.

5 Schwerpunkt und Höhenschnittpunkt*

Seite 90

Einstiegsaufgabe

→ individuelle Lösungen
→ Die Auflagelinien schneiden sich.
→ Man kann das Dreieck auf der Fingerspitze balancieren, wenn man sie direkt unter den gefundenen Schnittpunkt legt.

Seite 91

1 a)

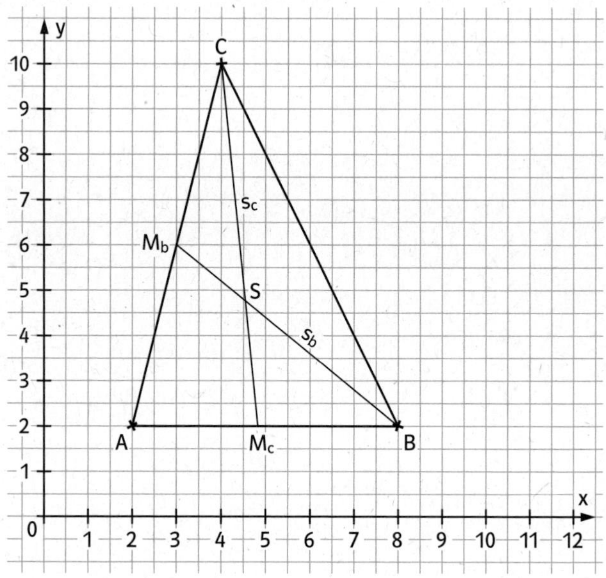

b)

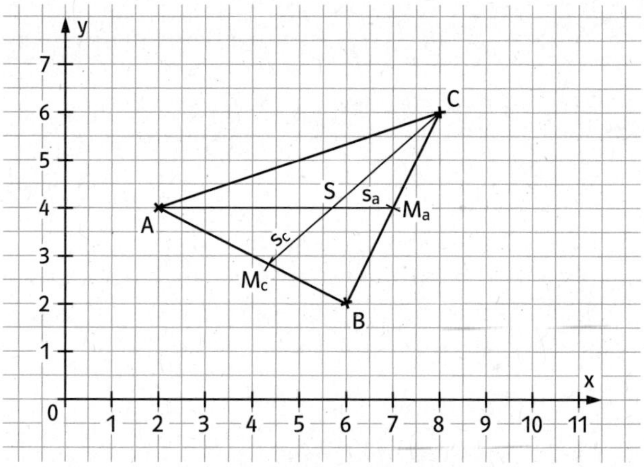

c)

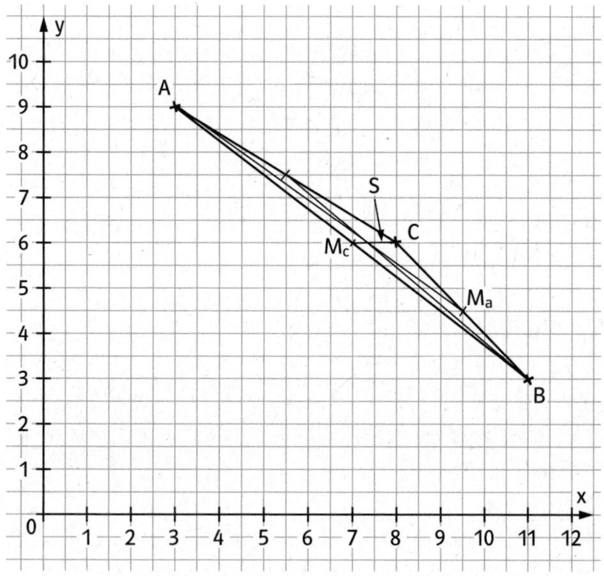

2 a)

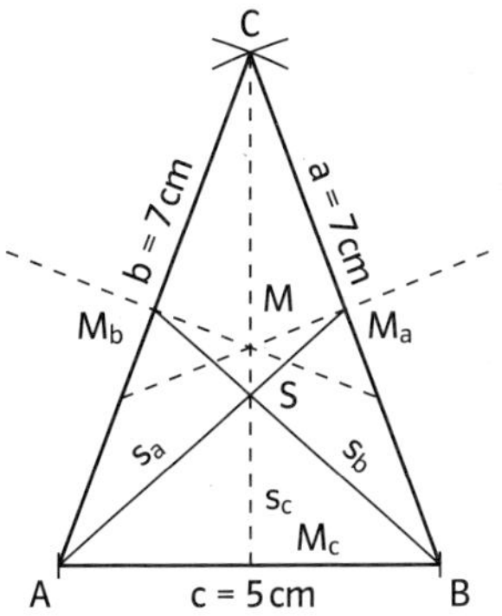

Im gleichschenkligen Dreieck sind die Seitenhalbierende und die Mittelsenkrechte der Basis identisch, also liegen sowohl M als auch S auf dieser Linie.

b)

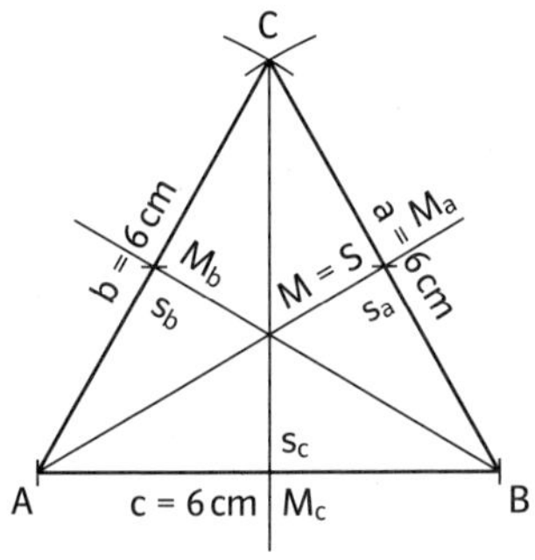

Im gleichseitigen Dreieck sind alle Mittelsenkrechten und Seitenhalbierenden identisch, das bedeutet, dass M und S in einem Punkt zusammenfallen.

3

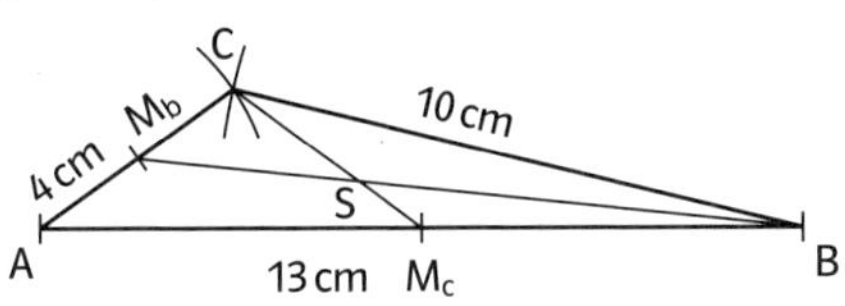

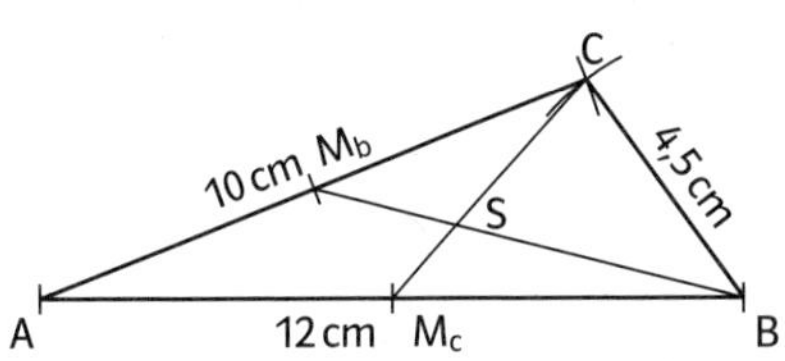

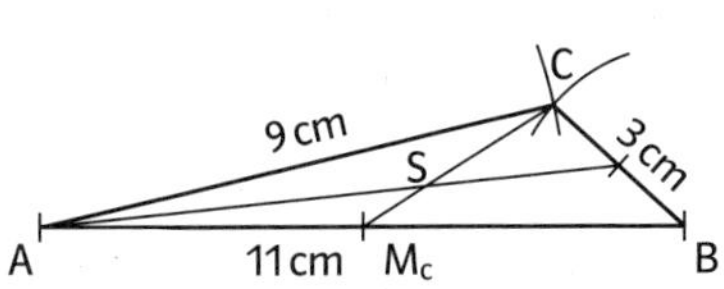

Alle Körper werden am ehesten auf ihrer längsten Seite liegen bleiben, da der Schwerpunkt ihr am nächsten ist.

4 Verbindet man den Kopf des Männchens mit den beiden an seiner Stange hängenden Kugeln, erhält man ein Dreieck, dessen Schwerpunkt der Tiefpunkt des Männchens ist.

5

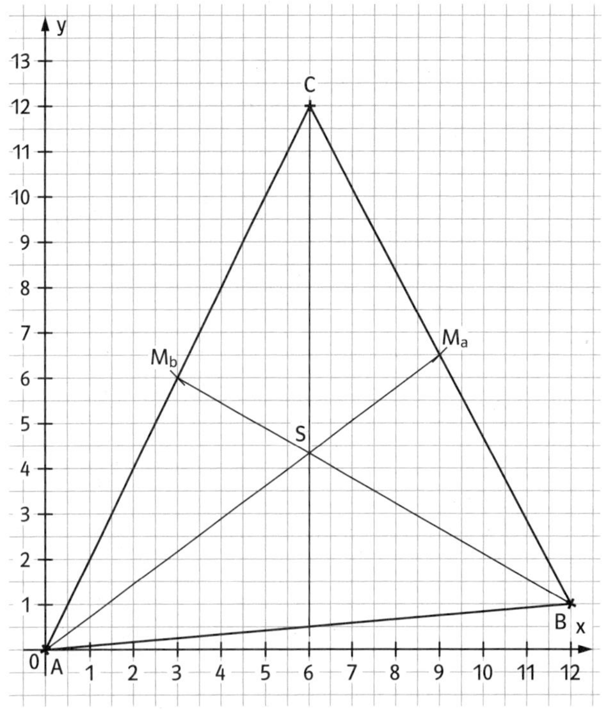

Der Schwerpunkt teilt die Seitenhalbierenden im Verhältnis 1 : 2.

6 a)

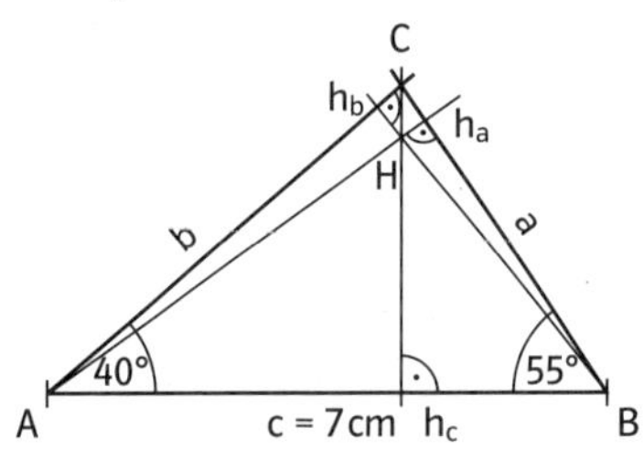

b)

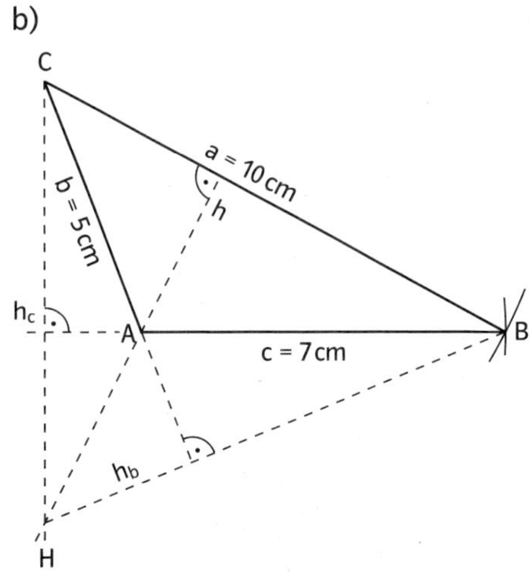

c)

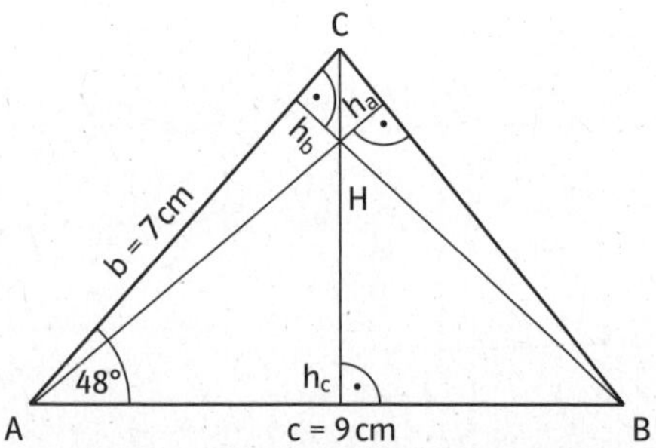

d)

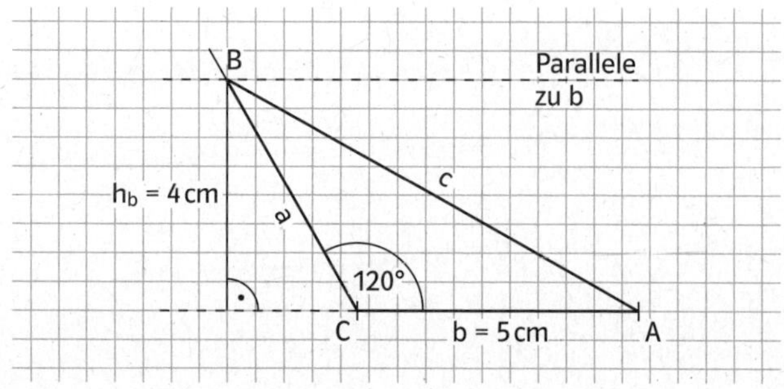

7 Man zeichnet die gegebene Strecke und im Abstand h eine Parallele zu dieser Strecke. Konstruiert man nun den gegebenen Winkel, so entspricht der Schnittpunkt des freien Schenkels des Winkels mit der Parallelen dem dritten Eckpunkt des Dreiecks.

a)

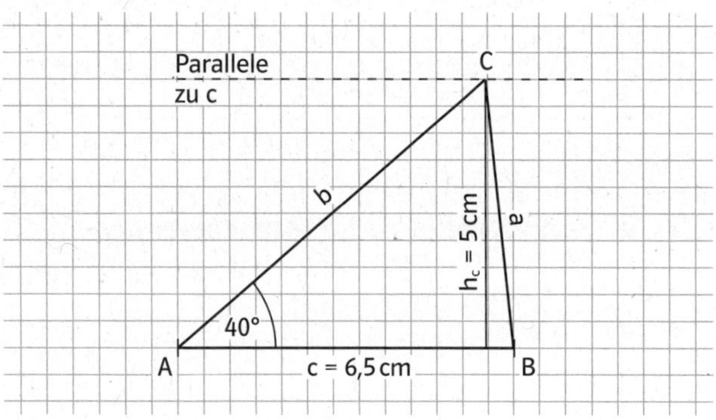

b)

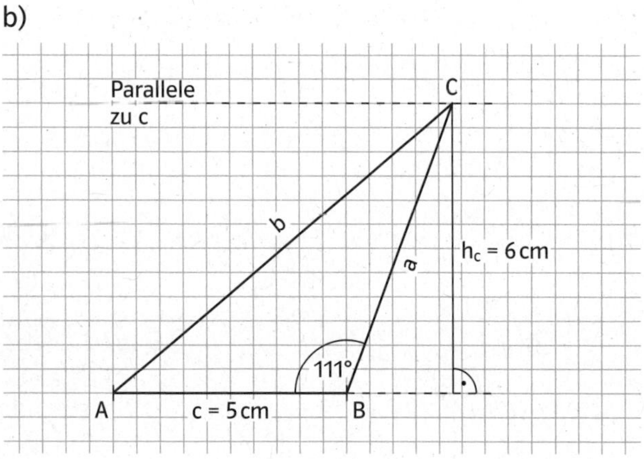

c)

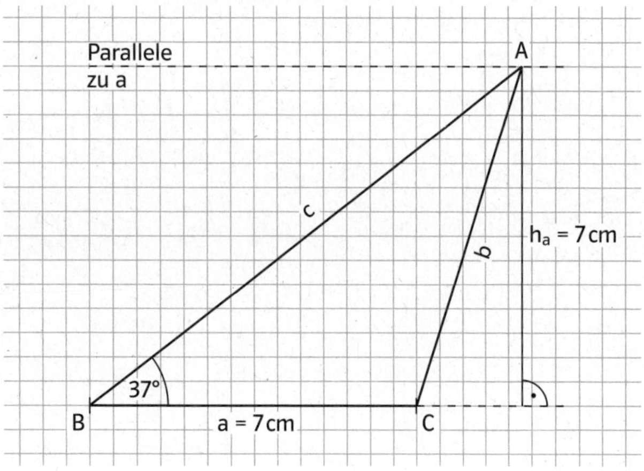

8

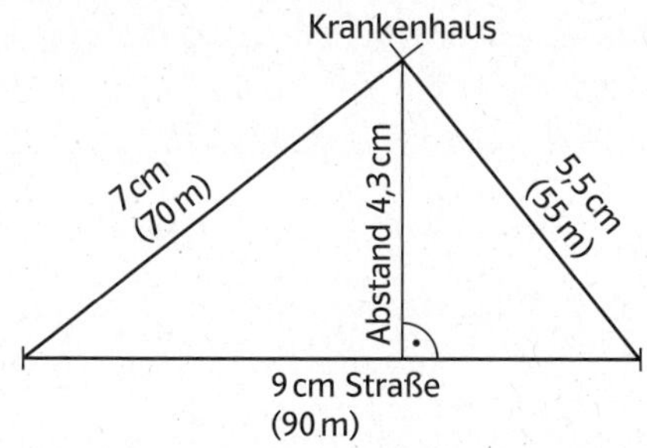

Der Abstand beträgt etwa 43 m.

9 a) Der Umkreismittelpunkt.
b) Die Höhen im Dreieck (Ausnahmen gibt es bei einer der Höhen in stumpfwinkligen Dreiecken).
c) Der Inkreismittelpunkt.
d) Die Seitenhalbierenden eines Dreiecks, deshalb kann man ein Dreieck entlang dieser Linien auch balancieren.
e) Dies gilt für die Punkte der Mittelsenkrechten der Strecke $\overline{AB}$.
f) Das gilt für die Winkelhalbierende von γ.

10 a) In gleichschenkligen Dreiecken liegen sie alle auf einer Linie, die durch die Spitze geht. Ist der Winkel an der Spitze kleiner als 60°, haben die Punkte (von der Spitze gesehen) die Reihenfolge M, S, H. Ist der Winkel an der Spitze größer als 60°, ist die Reihenfolge H, S, M.
Bei stumpfen Dreiecken wandert H am stumpfen Winkel aus dem Dreieck, M an der dem stumpfen Winkel gegenüberliegenden Seite. Generell wandert H immer auf den größten Winkel zu und M vom größten Winkel weg.
b) Im gleichseitigen Dreieck fallen diese Punkte zusammen.

Üben • Anwenden • Nachdenken

Seite 93

1

	α	β	γ
a)	50°	70°	60°
b)	45°	120°	15°
c)	45°	90°	45°

2 a) $\alpha = 75°$, $\beta = 52°$
b) $\alpha = 88°$, $\beta = 39°$
c) $\alpha = 65°$, $\beta = 45°$, $\gamma = 70°$
d) $\alpha = 106°$, $\beta = 54°$
e) $\beta = 180° - 19° - 124° = 37°$, $\gamma = 72°$
f) $\alpha' = 180° - 120° - 22° = 38°$,
$\alpha'' = 180° - 110° - 34° = 36°$, $\alpha = 38° + 36° = 74°$,
$\beta = 180° - \alpha' - 103° = 180 - 38° - 103° = 39°$
$\gamma = 180° - \alpha - \beta = 180° - 74° - 39° = 67°$

3 a) 16 kleine Dreiecke, 7 Dreiecke (die aus jeweils vier kleinen bestehen, also die Form der oberen beiden Reihen haben; eines dieser fünf steht auf dem Kopf), 3 Dreiecke (die aus jeweils 9 kleinen bestehen und jeweils die Form der oberen drei Reihen haben), ein großes Dreieck, insgesamt also 27 gleichschenklige Dreiecke. Es gibt keine gleichseitigen Dreiecke.
b) 1 großes Dreieck, 6 kleine an seinen Ecken, 1 mittelgroßes in der Mitte, drei etwas größere (die aus dem mittleren und einem Streifen bestehen), drei noch größere (die entstehen, wenn man von dem großen Dreieck, einen Streifen und vier kleine Dreiecke abschneidet), insgesamt also 14 gleichschenklige Dreiecke. Alle diese Dreiecke sind auch gleichseitig.

4 Nein. Wenn die Basis doppelt so lang wie die Schenkel wäre, dann würden sich die Schenkel nicht schneiden. Man könnte sie genau auf die Basis legen, aber es entstünde kein Dreieck.

5 Es können drei stumpfwinklige oder zwei stumpfwinklige und ein spitzwinkliges Dreieck entstehen.
Durch den Punkt im Inneren des Dreiecks entstehen drei neue Dreiecke. Die Winkelsumme um diesen Punkt beträgt 360° (Vollwinkel). Daher können nie drei spitzwinklige Dreiecke entstehen, denn die Summe von drei Winkelgrößen, die jeweils kleiner als 90° sind, ist stets kleiner als 270°.
Außerdem können auch nie zwei spitzwinklige Dreiecke auftreten. Dann wäre die Winkelsumme dieser beiden spitzen Winkel am gemeinsamen Eckpunkt kleiner als 180°, so dass für den dritten Winkel eine Winkelgröße übrig bliebe, die größer als 180° ist. Dies widerspricht der Winkelsumme im Dreieck. Also kann höchstens **ein** spitzwinkliges Dreieck entstehen, so dass es nur zwei Fälle gibt: ein spitzwinkliges und zwei stumpfwinklige oder drei stumpfwinklige Dreiecke.

6 a) $\alpha_1 = 51°$; $\alpha_2 = 39°$; $\gamma = 39°$
b) $\beta = 48°$; $\gamma_1 = 48°$; $\gamma_2 = 42°$
c) $\alpha_1 = 25°$; $\alpha_2 = 48°$; $\beta_2 = 25°$; $\gamma_1 = 48°$; $\gamma_2 = 17°$

7 a) Ein Dreieck besteht aus drei Winkeln und drei Seiten, die sich in drei Punkten treffen.
b) Man teilt Dreiecke entweder nach der Größe ihrer Winkel ein (und unterscheidet dann spitzwinklige, rechtwinklige und stumpfwinklige Dreiecke) oder nach der Länge ihrer Seiten (und unterscheidet dann allgemeine, gleichschenklige oder gleichseitige Dreiecke; vergleiche auch Schülerbuchseite 82 und Seite 92).
c) Die einzige Bedingung für die Winkel im Dreieck ist, dass die Summe immer 180° ist.
d) Die einzige Bedingung ist, dass die Summe aus zwei Seiten immer größer sein muss als die Länge der dritten Seite.

Randspalte
Man muss die Schnipsel nicht mühsam zusammensetzen, denn die Winkel eines gleichseitigen Dreiecks sind immer jeweils 60°.

Seite 94

8

	allgemein	gleich-schenklig	gleich-seitig
spitzwinklig	ja	ja	ja
rechtwinklig	ja	ja	nein
stumpfwinklig	ja	ja	nein

9 Der Sender ist eindeutig zu orten, da die Grundseite und die anliegenden Winkel ein kongruentes Dreieck bilden (WSW-Konstruktion).

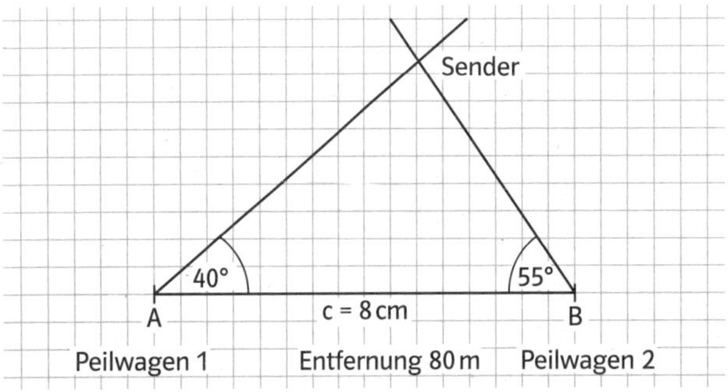

10 a) Nein. Liegen die Punkte auf einer Geraden, so ergibt sich kein Dreieck.
b) Ja, denn wenn alle drei Seiten die gleiche Länge haben, haben auch die Schenkel die gleiche Länge.
c) Nein. Rechtwinklige Dreiecke haben einen Winkel von 90°. Im gleichseitigen Dreieck sind alle Winkel gleich groß und das bedeutet, dass sie wegen der Winkelsumme von 180° immer 60° sind.
d) Nein. Gleichseitige Dreiecke haben zwar drei gleich große 60°-Winkel, aber ihre Seiten können unterschiedich lang sein.
e) Ja. Im rechtwinkligen Dreieck gibt es immer noch zwei kleinere spitze Winkel. Die längste Seite im Dreieck liegt aber dem größten Winkel gegenüber.
f) Nein. Der gegenüberliegende Winkel kann auch rechtwinklig oder spitzwinklig sein, es ist aber in jedem Fall der größte Winkel im Dreieck.

11 Hier sind individuelle Lösungen möglich. Die Konstruktionen mit den einzelnen auszuführenden Schritten sind im Schülerbuch auf den Seiten 85 und 86 erklärt. Man muss beachten, dass die SSW-Konstruktion nicht eindeutig ist, wenn die Seite gegenüber des vorgegebenen Winkels kleiner ist als die andere gegebene Seite.

12 Man beginnt bei der Konstruktion mit dem linken weißen Dreieck und führt nacheinander eine WSW-, eine SSS-, eine SWS- und eine SSW-Konstruktion aus.

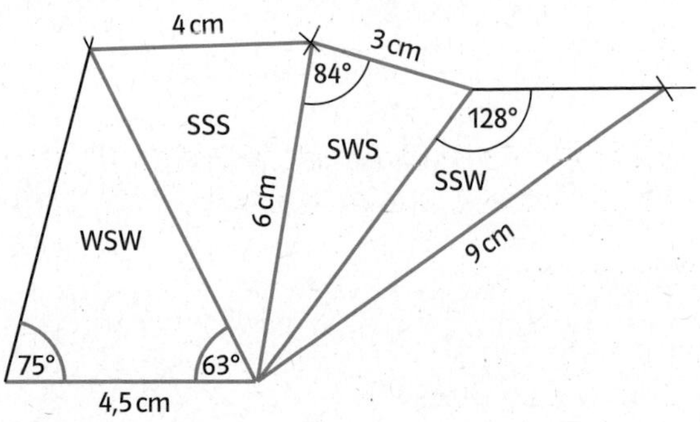

13 1) Planfigur:

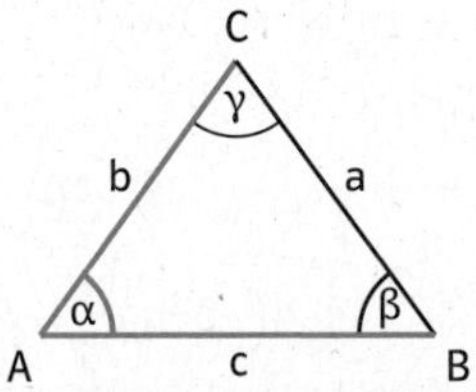

SWS-Konstruktion

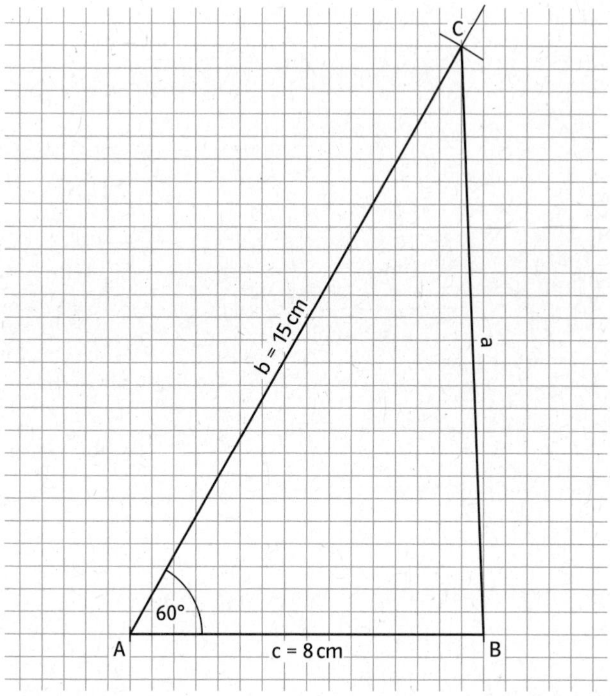

2) Planfigur:

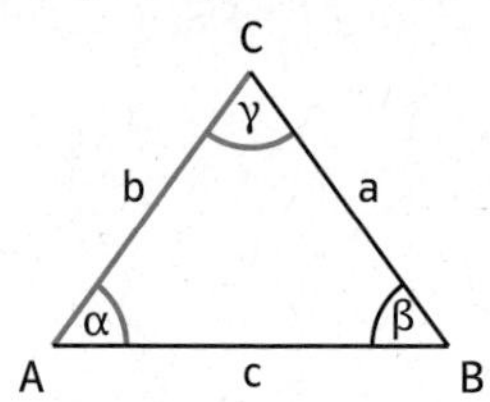

WSW-Konstruktion

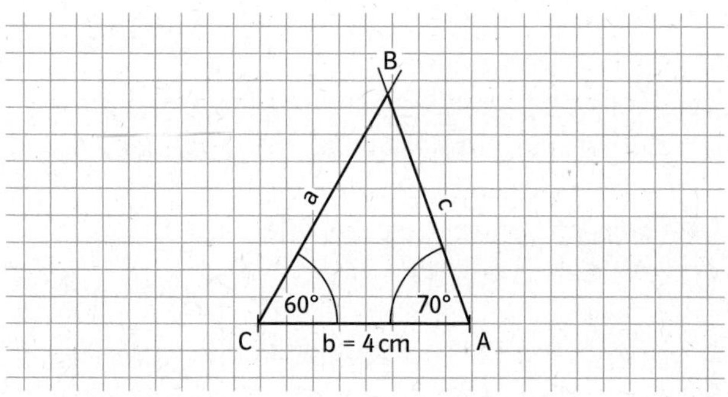

3) Planfigur:

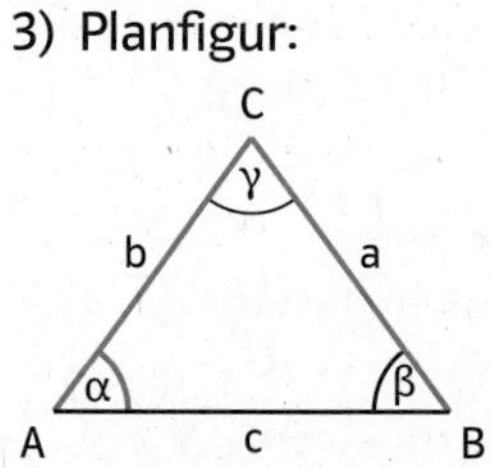

SSW-Konstruktion

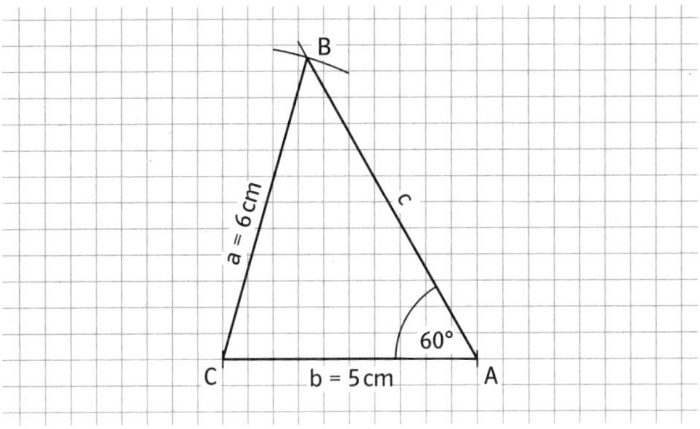

4) Planfigur:

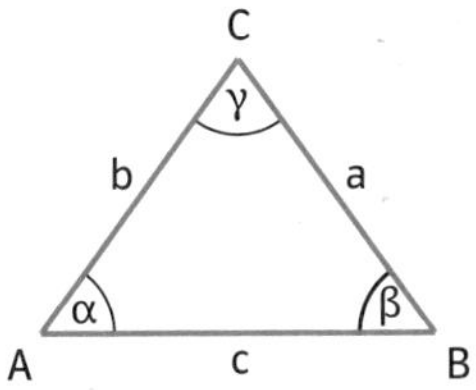

SSS-Konstruktion

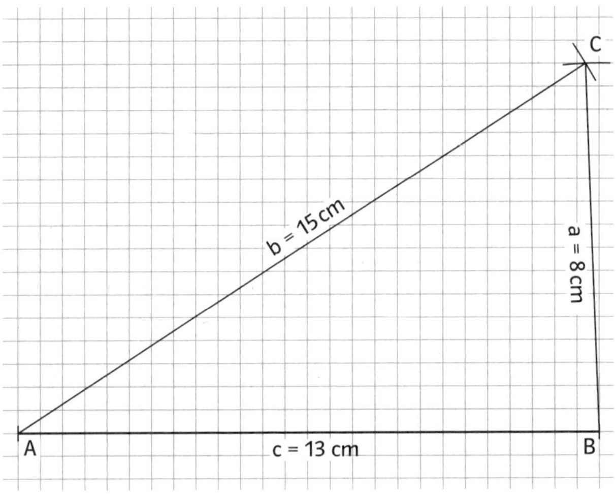

5) Planfigur:

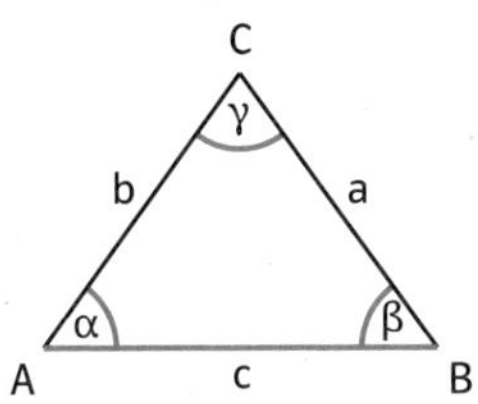

WSW-Konstruktion

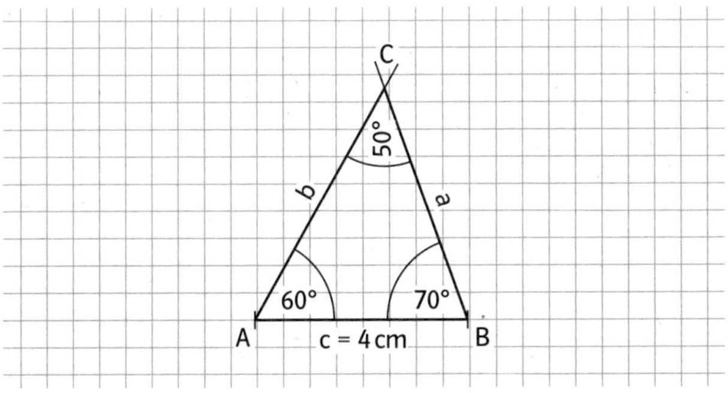

6) Planfigur:

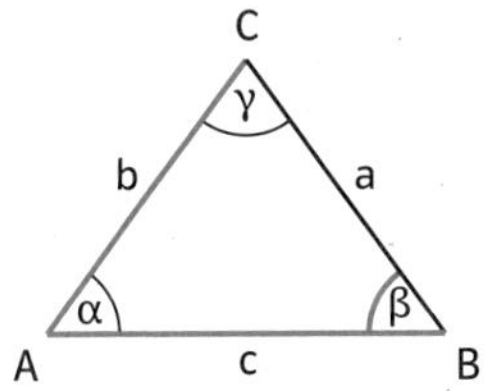

SSW-Konstruktion

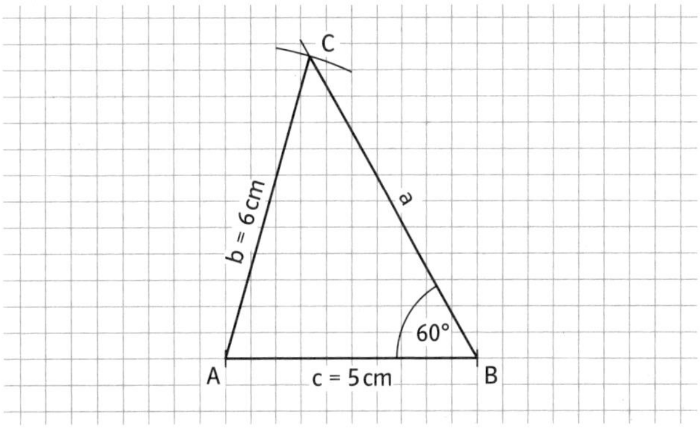

Die Dreiecke 1 und 4, 2 und 5 und 3 und 6 sind kongruent.

14 a)

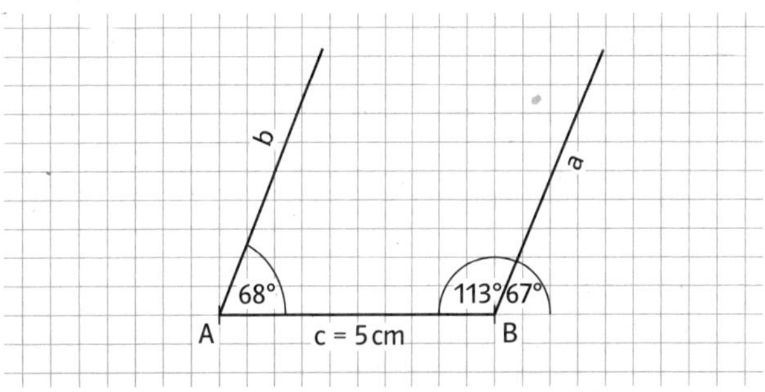

Die Summe der beiden Winkel ist größer als 180°, die beiden Schenkel laufen auseinander.

b)

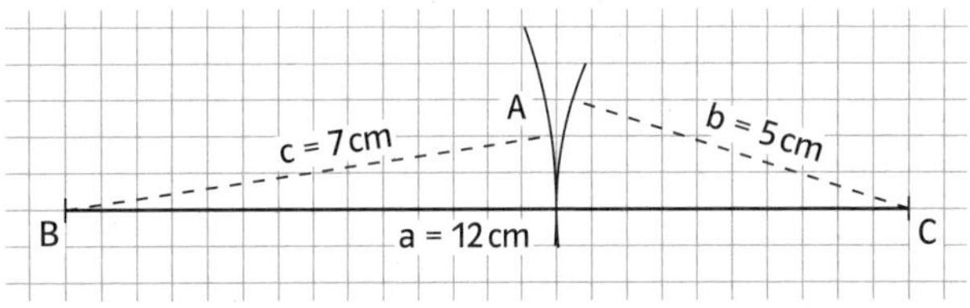

Die Seiten b und c sind zusammen genauso lang wie die Seite a. Es ergibt sich kein Schnittpunkt.

c)

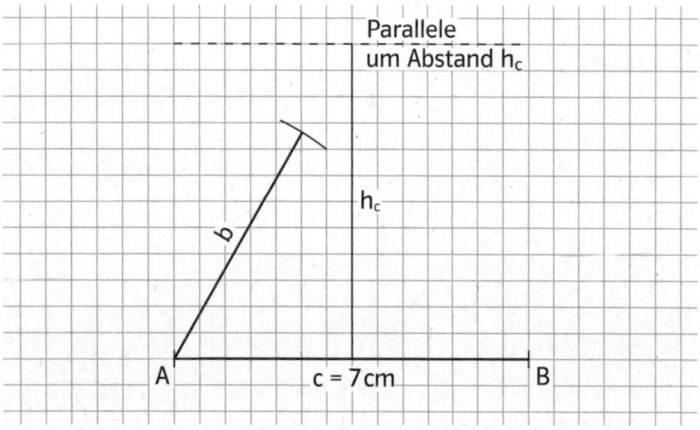

Die Seite b ist zu kurz. Es ergibt sich kein Schnittpunkt mit der Parallelen zu c im Abstand h_c.

d)

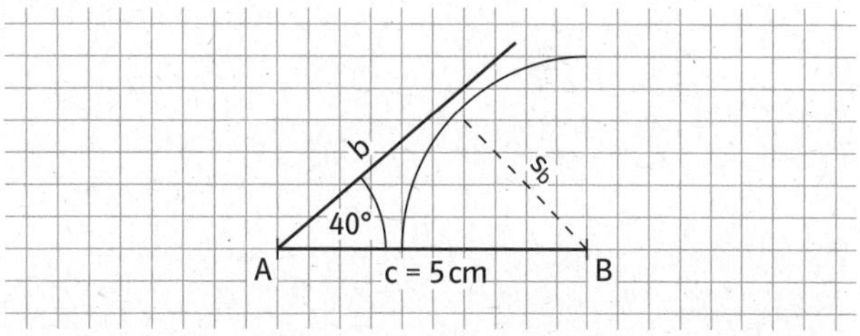

Die Seitenhalbierende s_b ist zu kurz. Es ergibt sich kein Schnittpunkt mit der Seite b, die den Mittelpunkt der Seite b markieren würde.

15

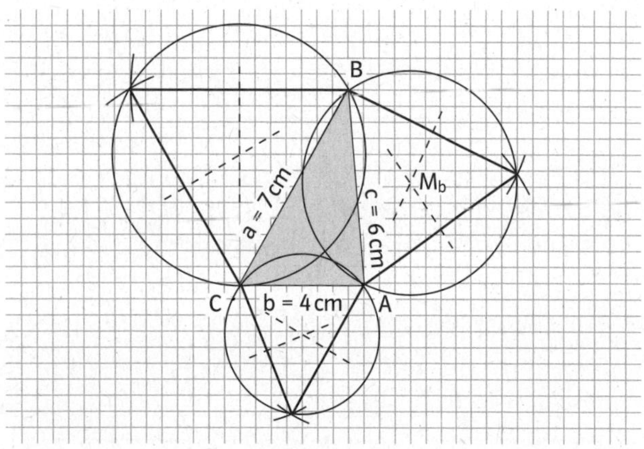

Die Umkreise schneiden sich jeweils in einem Punkt im Ausgangsdreieck.

16 Man fertigt eine maßstabsgetreue Zeichnung an. Man konstruiert das rote Dreieck nach WSW, verlängert die Seite, die den Turm darstellt nach unten und konstruiert dazu eine Senkrechte, die den Punkt, der das Haus im Tal darstellt, schneidet. Die Bergspitze liegt 91,5 m über dem Tal.

Planfigur:

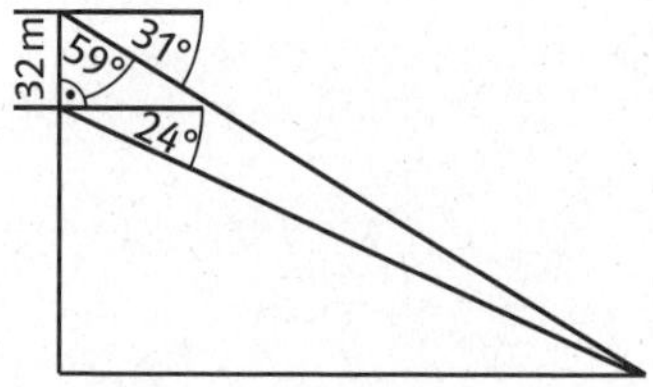

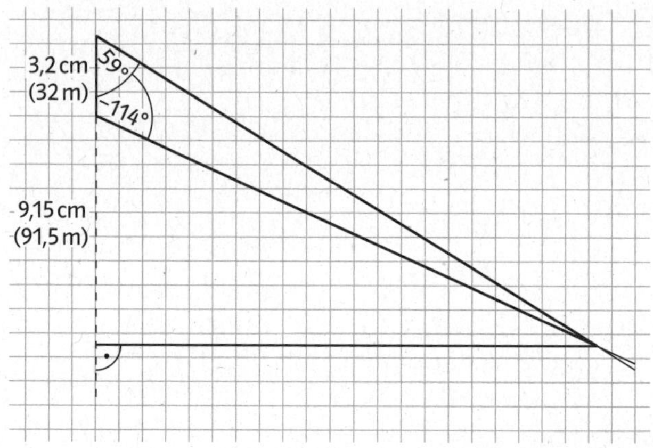

17 a)

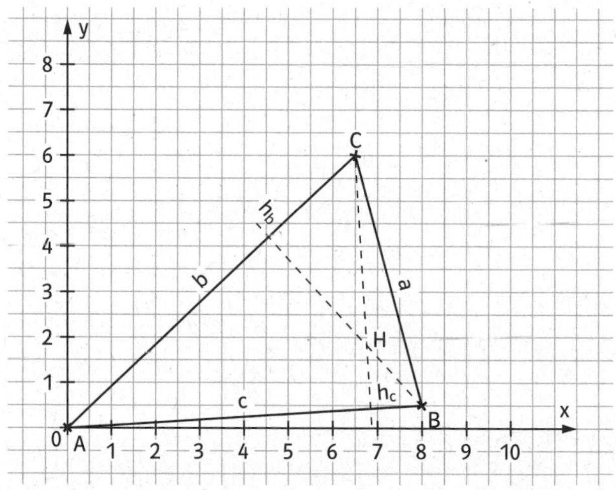

b)

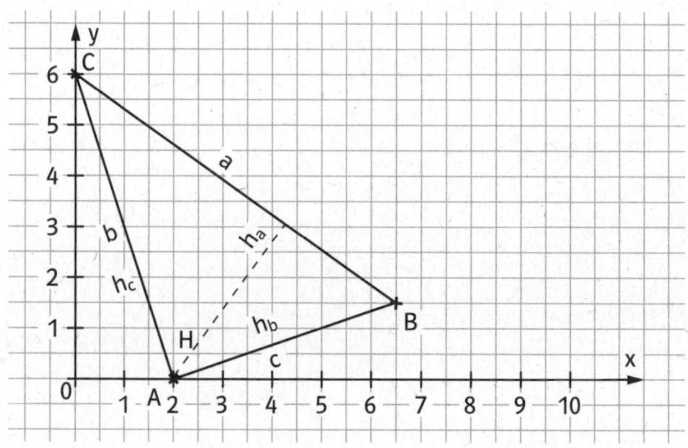

c)

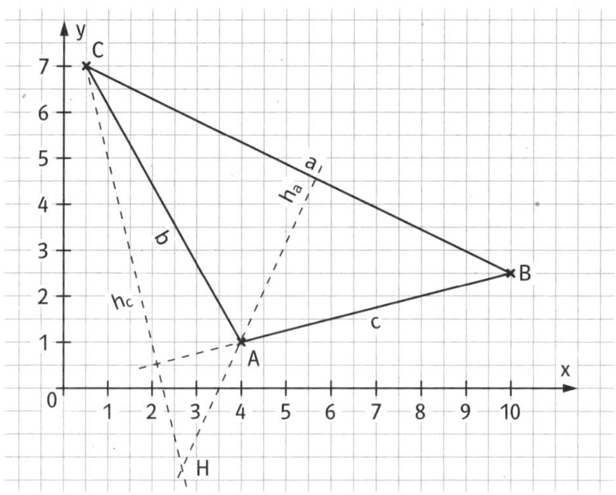

18 Man konstruiert das Dreieck und seinen Inkreis. Vom Radius des Inkreises zieht man 10 cm ab.
Der Inkreis der maßstabsgetreuen Zeichnung hat einen Radius von 2,25 cm, das entspricht 22,5 cm in der Realität. Da der Abstand vom Rand 10 cm betragen muss, darf der Kreis einen Radius von 12,5 cm haben.

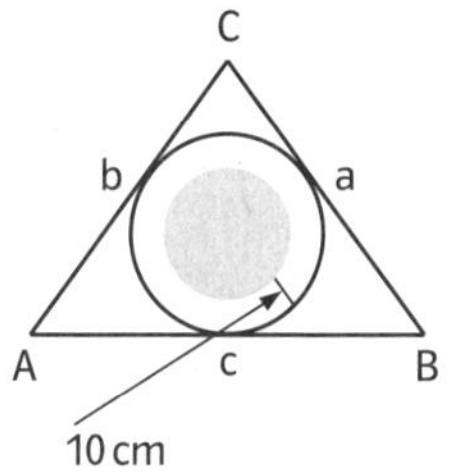

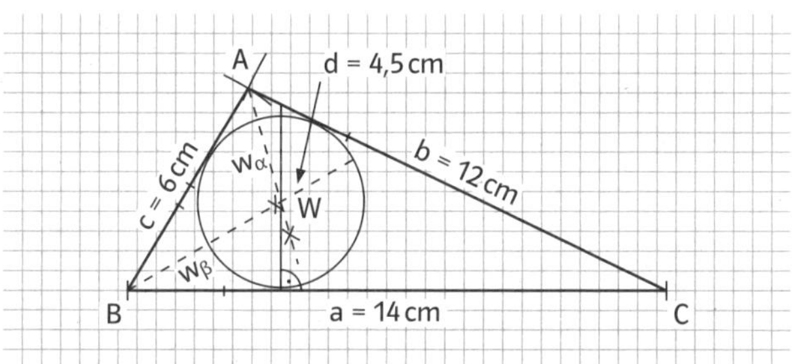

Seite 95

Dreiecke in der Technik

- Durch die Streben entstehen Dreiecke, deren Form nicht verändert werden kann. Das Bücherregal ist somit stabil.
- Das gleiche Prinzip „starrer" Dreiecke funktioniert auch bei Brücken und Kränen, deren Konstruktionen man z. B. im Internet (Bildersuche) finden kann.
- Verkürzt man c, wird α größer, verlängert man c, wird α kleiner.
- Sowohl beim Wagenheber als auch beim Zeichenbrett oder beim Liegestuhl kann man durch Drehen oder durch vorgegebene Einraststellungen die Länge der (unten) liegenden Seite c verkürzen (oder verlängern), der Winkel wird dann größer (oder kleiner), so dass der Wagenheber höher (niedriger) wird, das Zeichenbrett steiler (flacher) wird und die Rückenlehne des Liegestuhls sich aufrichtet (flacher wird).
- In der zweiten Zeichnung entsteht ein Dreieck aus festem Arm, beweglichem Arm und Hydraulikzylinder. Durch das Verlängern des Hydraulikzylinders werden die beiden Winkel zwischen Hydraulikzylinder und festem Arm und festem und beweglichem Arm vergrößert. Der Winkel zwischen Hydraulikzylinder und beweglichem Arm verkleinert sich. Der bewegliche Arm richtet sich auf. Dieselbe Funktionsweise findet sich im Lastwagen und im Kran. Der Hydraulikzylinder ist deutlich zu erkennen, der „bewegliche" Arm ist beim Lastwagen die Kippfläche, beim Kran der Arm, über den der Haken läuft.

Seite 96

Wohin mit dem Streetballplatz?*

Um gleiche Entfernung zu den Hochhäusern zu gewährleisten, muss der Umkreismittelpunkt gefunden werden, um gleich weit von allen Straßen entfernt zu sein, muss man untersuchen, wo sich der Inkreismittelpunkt befindet. Da schon diese beiden Punkte nicht immer zusammenfallen, ist ein Kompromiss gefragt. Um die Bedingung zu erfüllen, dass die Summe der Weglängen minimal wird, kann man entweder experimentieren und somit zu einer einigermaßen guten Lösung kommen. Man kann aber auch folgendermaßen vorgehen:
- Konstruiere über jeder der drei Seiten ein gleichseitiges Dreieck.
- Verbinde die neuen Ecken der außen liegenden Dreiecke jeweils mit dem entsprechenden Eckpunkt des ursprünglichen Dreiecks.
- Du erhältst einen Schnittpunkt, den man auch den Fermatpunkt nennt. Für diesen gilt die geforderte Bedingung.

Um einen Kompromiss zu finden, sollte man überlegen, welche Straße am wenigsten befahren ist und eventuell in deren Nähe bauen oder aus welchem Hochhaus die meisten Jugendlichen kommen und den Weg zu diesem Hochhaus vielleicht kürzer gestalten. Oft kann man verschiedene Lagen für den Streetballplatz finden, die alle ähnlich viele Vorteile und Nachteile haben.

5 Terme

Auftaktseite: Mit Buchstaben rechnen

Seiten 98 bis 99

Labyrinthe

Labyrinth 1: 60 o ► 10 s ► 20 o ► 50 n ► 20 w ► 30 n ► 40 w ► 20 s ► 20 w ► 50 s

Labyrinth 2: 20 n ► 20 o ► 10 n ► 10 w ► 30 n ► 20 o ► 10 s ► 20 o ► 20 s ► 30 o ► 20 s ► 40 w ► 30 s ► 20 w ► 20 n ► 20 w

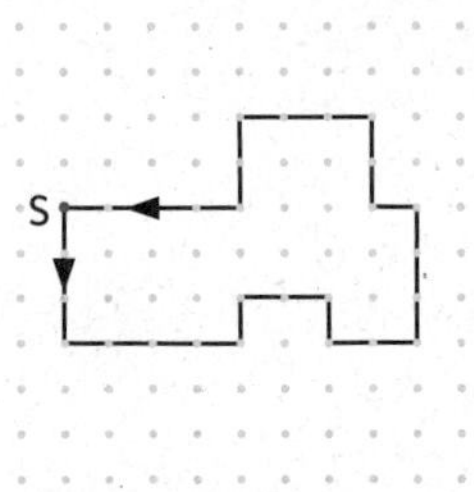

Streichholzketten

Anzahl der Quadrate	1	2	3	4	5	6	7	8	n
Anzahl der Streichhölzer	4	7	10	13	16	19	22	25	3n+1
Umfang der Gesamtfigur	4	6	8	10	12	14	16	18	2n+2

für 10 Quadrate: 31 Streichhölzer
Umfang: 22 Streichhölzer
für 100 Quadrate: 301 Streichhölzer
Umfang: 202 Streichhölzer
Mit 400 Streichhölzern könnte man 133 Quadrate aneinander legen.

1 Terme mit Variablen

Seite 100

Einstiegsaufgabe

➔ Quadrat: $4 \cdot x$
Rechteck: $2 \cdot x + 2 \cdot y$
Gleichseitiges Dreieck: $x + x + x = 3 \cdot x$
Gleichschenkliges Dreieck: $x + 2 \cdot y$
Parallelogramm: $2 \cdot x + 2 \cdot y$

1 a) Claus zieht eine Karte und es ist nicht entscheidend, welche er zieht.
b) Diana hat es mehrfach versucht.
c) Es kamen mehrere Tausend Zuschauer.
Die exakte Anzahl oder der exakte Wert können nicht bestimmt werden oder sind nicht wichtig.

2 individuelle Lösungen, bei a) zum Beispiel „eine geheime Akte"

3 a) individuelle Lösungen
b) $9 + x$ und weitere Kombinationen
c) $y \cdot x$ und weitere Kombinationen

4 individuelle Lösungen

5 a) a entspricht der Länge einer Seite des Quadrates.
b) a ist die eine, b die andere Seite des Rechtecks.
c) a ist die Seitenlänge des Würfels.
d) a, b und c entsprechen der Höhe, der Breite und der Länge des Quaders.
e) a gibt die Größe des Winkels an.
f) a ist der Zähler, b der Nenner des Bruchs.

Seite 101

6 Würfel: $12 \cdot x$
„Haus": $12 \cdot x + 4 \cdot y$
Doppeltetraeder: $9 \cdot x$
Doppelpyramide (Oktaeder): $12 \cdot x$
Würfel mit zwei aufgesetzten Pyramiden:
$12 \cdot x + 8 \cdot y$

7 a) $x = 2$
b) $y \in \{\frac{1}{4}; \frac{2}{8}; \ldots\}$
c) $z \in \{1; 4; 9; 16; 25; \ldots\}$
d) $w \in \{1; 2; 4; 8; 16; 32\}$
e) $s = 625$
f) $m = 68$

8

a)	$2 \cdot x - 30$	x: Gewicht
b)	$c : 4$	c: der ganze Kuchen
c)	$b + 20$	b: Höhe des Bungalows
d)	$6 \cdot a$	a: Zeit, die Sophie benötigt hat
e)	$t \cdot 4$	t: Tempo vorher
f)	$t - 3$	t: Zeit, die der Brief benötigt hat
g)	$x : 2 - 1$	x: Alter
h)	$2 \cdot y + 30$	y: Vorjahrespreis

9 a) $8 \cdot (x - 4)$ b) $\frac{x}{2} - 4$ c) $b : 6$
d) $(z + 3) : 2$ e) $6 \cdot a + 7$ f) $3 : (y - 1)$
g) $y - 3$

10 a) Addiert man dieselbe Variable a viermal, kann man a auch mit 4 multiplizieren.
b) Multipliziert man eine Variable x dreimal, entspricht dies der Variablen in der dritten Potenz.
c) Kommutativgesetz
d) Kommutativgesetz
e) Assoziativgesetz

11 a) Die Summe aus dem Vierfachen von x und 1
b) die Differenz aus 10 und dem Dreifachen von x
c) das Produkt aus z und der Differenz aus 5 und x
d) die Hälfte der Summe von b und 5
e) die Differenz aus einem Drittel von x und 10
f) die Summe aus dem Fünffachen von x und der Hälfte von b

12 individuell, z.B. Einkauf: x Ringbücher zu 3,50 € und x Ringbucheinlagen zu 2,75 €.

13 a) $x + 5$ drückt das Alter von Timo aus, die Variable x steht für das Alter von Turan.
b) $t \cdot 3$ drückt die Größe von Britta aus, die Variable t steht für die Größe von Ina.
c) $x - 5$ drückt die Anzahl der Meerschweinchen aus, die Variable x steht für die Anzahl der Kaninchen.
d) $4 \cdot z$ drückt die Anzahl der Münzen aus, die Variable z steht für die Anzahl der Geldscheine.
e) $2 \cdot x + 8$ entspricht dem Gewicht des Vaters, die Variable x steht für das Gewicht von Anna.

2 Werte von Termen berechnen

Seite 102

Einstiegsaufgabe

→ 1 Flugstunde: 74 Liter
2 Flugstunden: 114 Liter
3 Flugstunden: 154 Liter

→ Bei 50 Litern Verbrauch pro Stunde:
1 Flugstunde: 91 Liter
2 Flugstunden: 141 Liter
3 Flugstunden: 191 Liter

1

x	1	4	8	0
a) Term: $6 \cdot x$	6	24	48	0
b) Term: $12 \cdot x$	12	48	96	0
c) Term: $\frac{1}{2} \cdot x$	0,5	2	4	0
d) Term: $1 \cdot x + 5$	6	9	13	5
e) Term: $x^2 + 1$	2	17	65	1
f) Term: $x + 3 \cdot x$	4	16	32	0
g) Term: $8 - x$	7	4	0	8
h) Term: $2 \cdot x - x$	1	4	8	0

2 a) Term: $q - 2$: 2; 3; 4; 8; 18
b) Term: $22 - a$: 18; 17; 16; 12; 2
c) Term: $t - 3{,}5$: 0,5; 1,5; 2,5; 6,5; 16,5
d) Term: $(35 - a) - 1$: 30; 29; 28; 24; 14
e) Term: $2 \cdot p - 8$: 0; 2; 4; 12; 32
f) Term: $100 - y - y$: 92; 90; 88; 80; 60

Seite 103

3

x	1	2	3	4	5	6	7	8	9	10
a) Term: $x + 2$	3	4	5	6	7	8	9	10	11	12
b) Term: $26 - x$	25	24	23	22	21	20	19	18	17	16
c) Term: $x \cdot (5 + x)$	6	14	24	36	50	66	84	104	126	150
d) Term: $x \cdot 5 + \frac{x}{2}$	5,5	11	16,5	22	27,5	33	38,5	44	49,5	55
e) Term: $\frac{1}{2}x + 2$	2,5	3	3,5	4	4,5	5	5,5	6	6,5	7
f) Term: $1{,}5 \cdot (x - 1)$	0	1,5	3	4,5	6	7,5	9	10,5	12	13,5

4 a) 8,5 b) 1
c) 2,25 d) 3

5 individuelle Lösungen

6 Der Term ergibt für jede Variable 1.
Der Term kann umgeformt werden in $3x - 3x + 1$, also 1. Es ist deshalb nicht entscheidend, welche Variable man einsetzt.

7

x	y	$x \cdot y$
1	19	19
2	18	36
3	17	51
4	16	64
5	15	75
6	14	84
7	13	91
8	12	96
9	11	99
10	10	100

Man erhält nun Variablenpaare, deren Werte vertauscht sind. Den höchsten Wert erhält man für das Zahlenpaar (10; 10).

8

x	2	3	4	5
a) Term: $7 \cdot x - 2 \cdot (2 \cdot x + 1)$	4	7	10	13
b) Term: $2 \cdot x \cdot (x + 5)$	28	48	72	100
c) Term: $\frac{1}{2} \cdot x + x^2 + 2$	7	12,5	20	29,5
d) Term: $x : 2 + 5 \cdot x$	11	16,5	22	27,5

9

x	y	$7\cdot x$	$11\cdot y$	$7\cdot x + 11\cdot y$
1	1	7	11	18
2	1	14	11	25
2	2	14	22	36
3	2	21	22	43
2	3	14	33	47
3	3	21	33	54
4	3	28	33	61
4	4	28	44	72
4	5	28	55	83
5	4	35	44	79
6	4	42	44	86
7	4	49	44	93
8	4	56	44	100

Tabellenkalkulation I

Tag	Mo	Di	Mi	Do	Fr	Sa	So
Kinder	18	24	22	68	32	86	82
Erwachsene	32	38	42	24	42	92	78
Futter	11	18	16	32	24	36	42
Gesamt	148,5	189	194	256	226	502	461

3 Aufstellen von Termen

Seite 104

Einstiegsaufgabe

→ für das mittlere Paket gilt: $12\cdot a + 10\cdot b + 2\cdot c$
für das rechte Paket gilt: $6\cdot a + 6\cdot b + 4\cdot c$

1 a) $15 - 9$ b) $4\cdot 17$ c) $34 - 11$
d) $85:17$ e) $7 + 2\cdot 7$

2 a) $5\cdot x$ b) $\frac{1}{2}\cdot x$ c) x^2
d) $x + 5$ e) $\frac{x}{8} - 1$

Seite 105

3 a) $5\cdot x$ b) $y:4$
c) $2\cdot m + 3\cdot n$ d) $12z:3 = 4z$

4 a) $2\cdot(x + 4)$ b) $2\cdot(9 - a)$ c) $(x + 1):2$
d) $(z\cdot 5):2$ e) $(m - 15):3$ f) $(a\cdot b):5$

5 a) $(2\cdot x + 3\cdot x)\cdot 2 = 10\cdot x$ b) $(3\cdot x + 3\cdot x)\cdot 2 = 12\cdot x$
c) $(2{,}5\cdot x + 4\cdot x)\cdot 2 = 13\cdot x$ d) $2\cdot 1{,}5\cdot x + 1\cdot x = 4\cdot x$

6 a) $x:3 + 5\cdot y$ b) $2\cdot y\cdot(y - 10)$
c) $(x + 8) - y\cdot 6$ d) $x\cdot 10 + y:3$

7 a) $4\cdot x\cdot 4 + 3\cdot x\cdot 5 = 31\cdot x$
b) $3\cdot x + 6\cdot x + 9\cdot x = 18\cdot x$
c) $2\cdot 2x + 2\cdot 5\cdot x + 4\cdot x = 18\cdot x$
d) $2\cdot 9\cdot x + 2\cdot 7\cdot x + 4\cdot 5\cdot x + 4\cdot x = 56\cdot x$

Variablen festlegen

- Tamara x oder Tamara $y + 8$
  Matthias $x - 8$ Matthias y
- Hochhaus x oder Hochhaus $y + 6$
  Nebengebäude $x - 6$ Nebengebäude y
- Temel x oder Temel $(y - 2):2$
  Temels Mutter $2x + 2$ Temels Mutter y
- Preis jetzt x oder Preis jetzt $x:2 + 10$
  Preis vorher $(x - 10)\cdot 2$ Preis vorher x

Seite 106

8 a) $x:2 + 3$ b) $x\cdot 5 + x$
c) $11\cdot(x - 11)$ d) $4\cdot x + 3\cdot y$

9

x	2	4	8	16
a) $2\cdot 4\cdot x + 4\cdot 4\cdot x = 24\cdot x$	48	96	192	384
b) $6\cdot x + 6\cdot 3\cdot x = 24\cdot x$	48	96	192	384
c) $2\cdot 3\cdot x + 3\cdot 2\cdot x = 12\cdot x$	24	48	96	192
d) $2\cdot 6\cdot x + 5\cdot 3\cdot x = 27\cdot x$	54	108	216	432

10 Bilde
a) die Summe des Fünffachen einer Zahl und 3.
b) die Differenz des 4. Teils einer Zahl und 10.
c) das Produkt aus 5 vermindert um eine Zahl und 2.
d) das Produkt aus einer Zahl und der Summe aus einer anderen Zahl und 10.
e) den Quotienten der Summe einer Zahl und 3 und 5.
f) die Differenz des Vierfachen einer Zahl und dem Zehnfachen einer anderen Zahl.
g) das Produkt aus der Differenz einer Zahl und 5 und der Summe einer anderen Zahl und 4.
h) den Quotienten aus der Summe einer Zahl und 10 und der Differenz aus 3 und einer anderen Zahl.
i) die Summe aus 3 und dem Produkt aus einer Zahl und einer um 5 vergrößerten anderen Zahl.
j) die Differenz aus 15 und dem Quotienten aus dem dritten Teil einer anderen Zahl und 4.

11
a) $350\cdot x\cdot y$
b) individuelle Lösungen
c) Fragen:
– Wie viele gute Schrauben erhält man in Teilaufgabe b) tatsächlich? individuelle Lösungen

– Wie lautet ein Term, mit dessen Hilfe man den Ausschuss der produzierten Schrauben aus Teilaufgabe a) berechnen kann? 350 · x · y : 100

Abrechnungen

- 32,97 + 12 · 2,80 + x · 0,1316 (in €)
  oder
  3297 + 12 · 280 + x · 13,16 (in Cent)
  oder
  66,57 + x · 0,1316 (in €)
- Kosten für 500 kWh:
  32,97 + 12 · 2,80 + 500 · 0,1316
  = 32,97 + 33,60 + 65,80
  = 132,37 (€)

Term für den jährlichen Gasverbrauch:
120 + x · 0,0383 (in €)
12 000 + x · 3,83 (in Cent)

Term für den Wasser-/Abwasserverbrauch:
85,92 + x · 1,15 + x · 2,50 (in €)
oder
85,92 + x · 3,65 (in €)

- Verbrauchskosten für Strom:

Einheiten in kWh	Abrechnungen in €
x	32,97 + 12 · 2,80 + x · 0,1316 = 66,57 + x · 0,1316
2000	329,77
2500	395,57
3000	461,37
3500	527,17
4000	592,97
4500	658,77
5000	724,57

Verbrauchskosten für Wasser:

Einheiten in m^3	Abrechnungen in €
x	85,92 + x · 3,65
50	268,42
55	286,67
60	304,92
65	323,17
70	341,42
75	359,67
80	377,25
85	396,17
90	414,42
95	432,67
100	450,92

- Die Kosten erhöhen sich für Gas um den Faktor 1,16 und für Wasser um den Faktor 1,07.

4 Addition und Subtraktion von Termen

Seite 107

Einstiegsaufgabe

➔ 4l + 4b
3l + 10b + 5k
6b + 4k + 2l
➔ individuelle Lösung

Seite 108

1 a) 4a b) 2x c) 3y
d) 5z e) 5b f) 4c

2 a) 9a b) 10f c) 14m
d) 18d e) 43n f) 33x
g) 26r h) 43p

3 a) 3x b) 6y c) 2s
d) 8t e) 6g f) −2z + y

4 a) 8p + 11q b) 6a + 5b c) 7p + 8t
d) 26y + 29z e) 7x − 12 f) 42b − 13

5 a) 26a b) 44g c) 37e
d) 7b e) −3x

6 a)

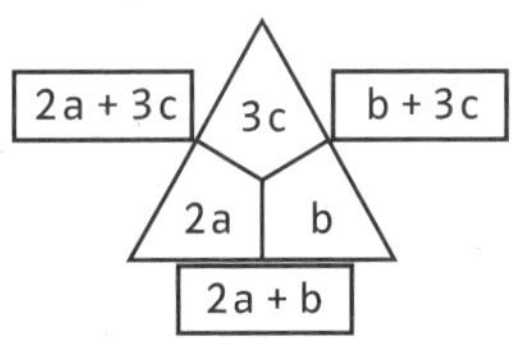

b)

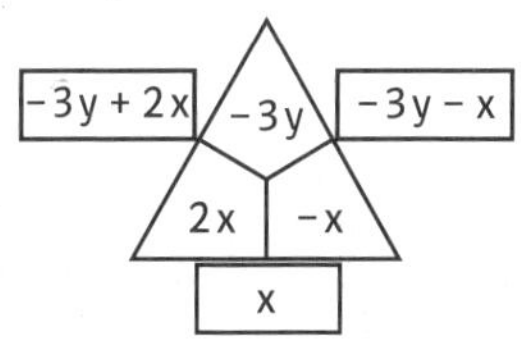

c)

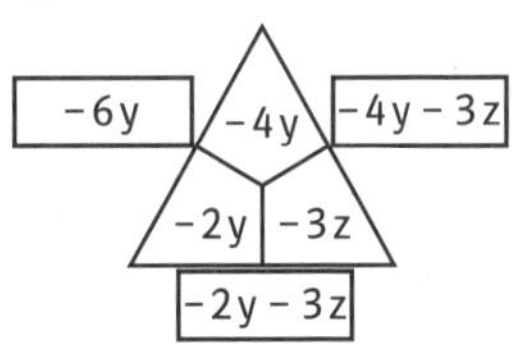

d)

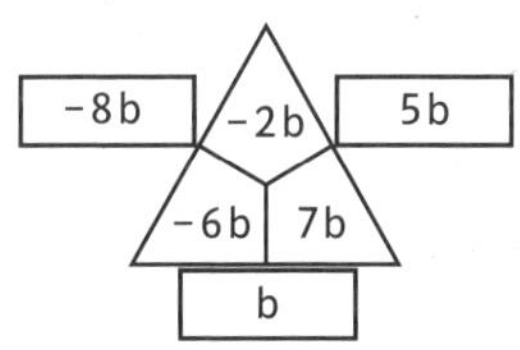

e)

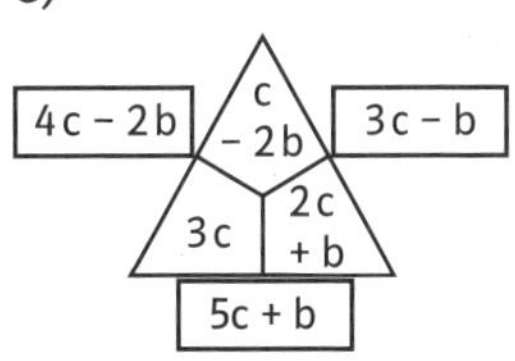

f)

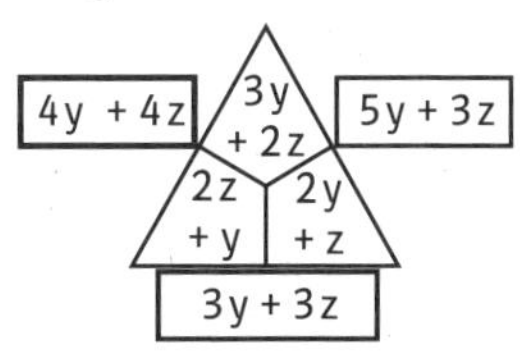

7 a) 48m + 46 b) 46m + 48 c) 47m − 46
d) 45m − 46 e) −45m + 46 f) −2

8 mögliche Lösungen:
a) 4a + 5a − 1a = 8a
7a + 3a − 2a = 8a
b) −3x + 7x − 9x = −5x
−6x + 2x − 1x = −5x

c) $z - y + z = 2z - y$
$-y - 3z + 5z = 2z - y$
d) $-10x + 4x + 2y = -6x + 2y$
$-12x + 2y + 6x = -6x + 2y$

Terme mauern ?!

▪

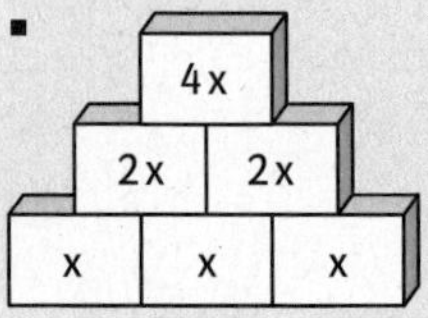

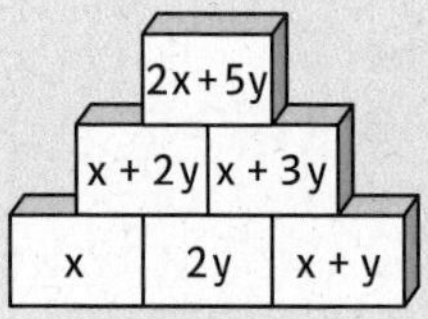

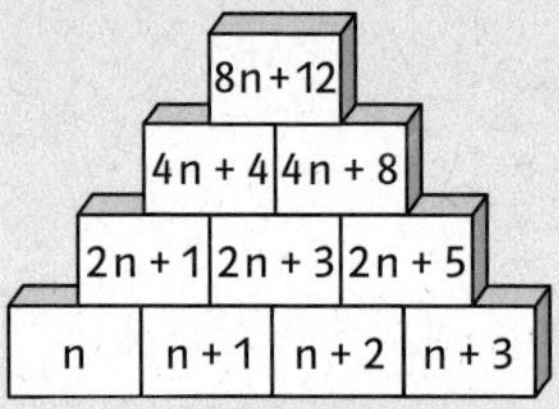

▪

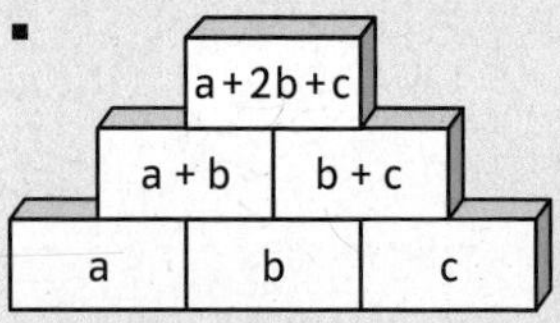

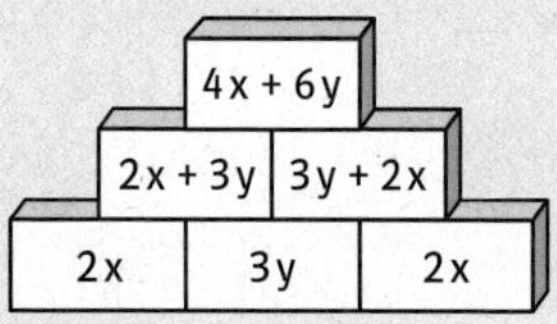

Man bildet die Summe aus den Werten der äußeren Basisteine und dem doppelten Wert des mittleren Basissteines.

▪

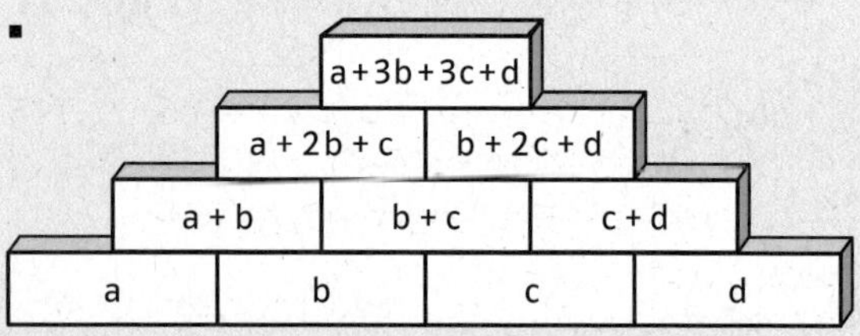

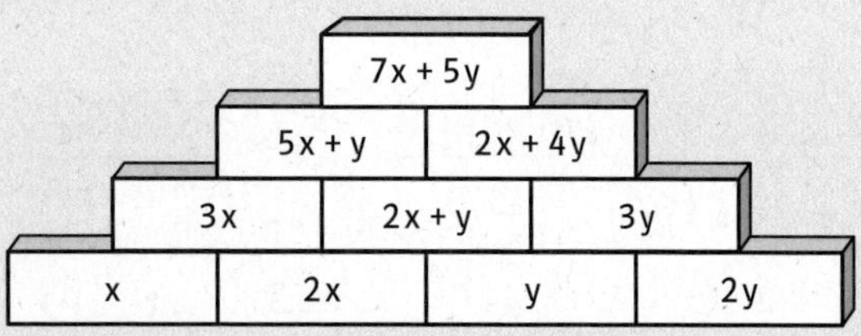

Man bildet die Summe aus den beiden äußeren Basissteinen und den beiden dreifachen Werten der mittleren Basissteine.

▪ Wird die untere Reihe gebildet aus den Steinen a, b, c, d und e, so lautet die Summe im oberen Stein: $a + 4b + 6c + 4d + e$

▪ Zur Formulierung einer allgemeinen Regel für n-stufige Mauern ist es hilfreich, eine Tabelle anzulegen:

n-Stufen	Summe im oberen Stein
n = 2	a + b
n = 3	a + 2b + c
n = 4	a + 3b + 3c + d
n = 5	a + 4b + 6c + 4d + e

also

n-Stufen	Summe im oberen Stein	Gesetzmäßigkeit
n = 2	1a + 1b	1 1
n = 3	1a + 2b + 1c	1 2 1
n = 4	1a + 3b + 3c + 1d	1 3 3 1
n = 5	…	1 4 6 4 1
⋮		⋮

5 Multiplikation und Division von Termen

Seite 109

Einstiegsaufgabe

➔ $A_{lila} = 2000\,m^2 = 20\,a$
$A_{blau} = 6000\,m^2 = 60\,a$
$A_{rot} = 11\,000\,m^2 = 110\,a$
➔ $A_{blau} = a \cdot 6b = 6ab$
$A_{rot} = a \cdot 11b = 11ab$
$A_{lila} = a \cdot 2b = 2ab$

Seite 110

1 a) 6x, 12x, 6x b) 24a, 24a, 10a c) 14w, 32t, 30u
d) 24c, 45f, 68g e) 55t, 84s, 117r f) 60y, 128m, 108p

2 a) a^2, b^2, x^2 b) z^3, n^4, t^5 c) a^2b, mn^2, p^2q
d) t^3z, a^2b^2, x^2y^2 e) ay^3, b^2x^2, d^2s^2 f) g^2h^2, r^3s^2, r^3t^2

3 a) $2 \cdot 5 \cdot 3 \cdot x \cdot x \cdot y \cdot a \cdot b = 30abx^2y$
b) $6 \cdot 4 \cdot 6 \cdot v \cdot v \cdot r \cdot u \cdot w = 144ruv^2w$
c) $4 \cdot 8 \cdot 5 \cdot y \cdot y \cdot x \cdot x \cdot b = 160bx^2y^2$
d) $16 \cdot 3 \cdot 2 \cdot u \cdot u \cdot v \cdot v \cdot r = 96ru^2v^2$
e) $4 \cdot 5 \cdot 6 \cdot c \cdot c \cdot d \cdot d \cdot e \cdot e = 120c^2d^2e^2$
f) $7 \cdot 7 \cdot 7 \cdot u \cdot u \cdot x \cdot x \cdot v \cdot v = 343u^2v^2x^2$

4 a) 10; 25 b) $2y$; y^2 c) $3a$; a^3
d) $2x^2$; x^4 e) $4n$; $4n^2$ f) $2 + 3t$; $6t$
g) $4b$; $3b^2$ h) $x + x^2$; x^3

5 a)

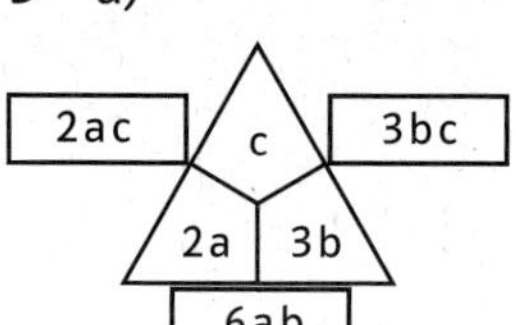

b)

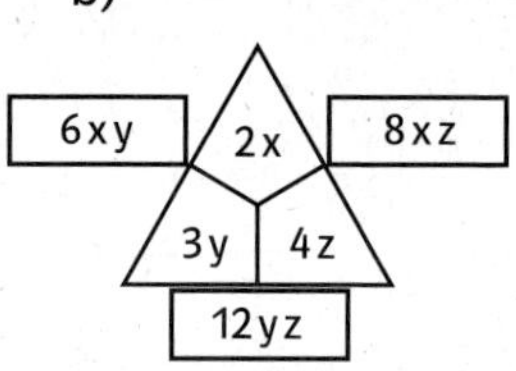

c)

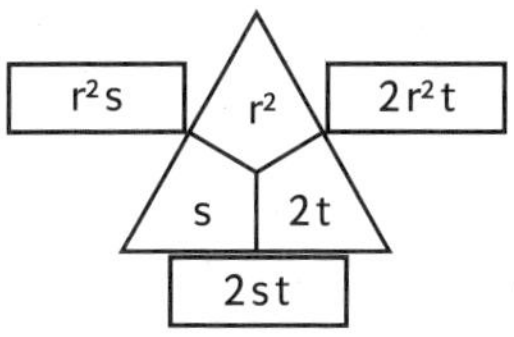

d)

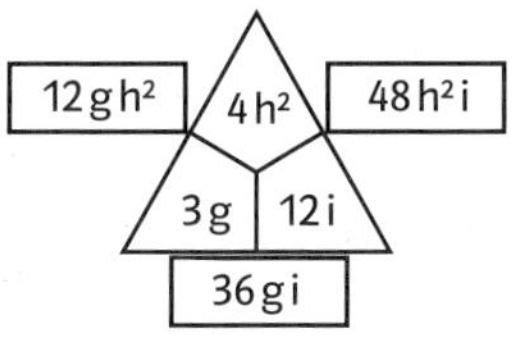

e)

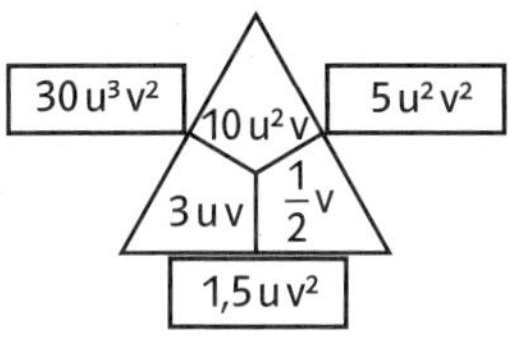

f)

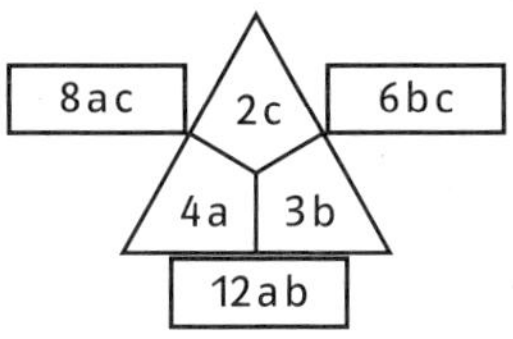

6 a) $8xy$ b) $15y^2$ c) $15x^4$
d) $60n^3p^2$ e) $-12y^3$ f) $10t^3s^2$
g) $6a^3b^4$ h) $-12c^4d$

7 a) $4y$ b) $11s$ c) $9c$
d) $9p$ e) $5z$ f) $12xz$
g) $-7vw$ h) $-5s$

8 mögliche Lösungen:
a) $2a \cdot 9b$; $3a \cdot 6b$; $6 \cdot 3ab$
b) $-11c \cdot 2d$; $-22d \cdot c$; $2 \cdot (-11cd)$
c) $8ac \cdot 4ac$; $2a^2 \cdot 16c^2$; $4a^2c \cdot 8c$
d) $5xy^2z \cdot 12$; $6xy^2 \cdot 10z$; $y \cdot 60xyz$
e) $-2t^2 \cdot 12s^2$; $4st \cdot (-6st)$; $-3s \cdot 8st^2$
f) $7p \cdot 0{,}8qr^2$; $0{,}1pq \cdot 56r^2$; $2r \cdot 0{,}28pqr$
g) $-2s \cdot 3{,}6s^2t^2$; $-7{,}2s^2 \cdot st^3$; $72t^3 \cdot (-0{,}1)s^3$
h) $5a^2 \cdot 1{,}56b^3c$; $2{,}5abc \cdot 3ab^2$; $7{,}5c \cdot a^2b^3$

Randspalte
$a + a^2 = a + a^2$
$a \cdot a^2 = a^3$

Summe aus Produkten

- $2cd$; $3nt$
  $4vw$; $33pc$
  $24y^2$; $8de$
- $4ab + 5mn$
  $11xy + 4gh$
  $2ft + 20ab$
- 0; $3abc$
  $2ot$; $2otto$
- $xyz - xy^2z$
  $snr - ns^2 + ss$
  $2rs^2t + rst$

Seite 111

9

	$2a$	$3ab$	$0{,}5a^2$	$8a^2b^2$
$4ab$	$8a^2b$	$12a^2b^2$	$2a^3b$	$32a^3b^3$
$12a^2$	$24a^3$	$36a^3b$	$6a^4$	$96a^4b^2$
$2{,}5bc$	$5abc$	$7{,}5ab^2c$	$\frac{5}{4}a^2bc$	$20a^2b^3c$
$\frac{1}{12}a$	$\frac{1}{6}a^2$	$\frac{1}{4}a^2b$	$\frac{1}{24}a^3$	$\frac{2}{3}a^3b^2$

10 a) $-147a^2b^2x$ b) $-216v^2x^2y$
c) $-4a^2b^2c^2$ d) $5000ab^2c^2$
e) $2520ab^2c^2d^2e^2f$ f) $-7200x^3y^3z^3$

11

	Länge	Breite	Umfang	Flächeninhalt
a)	$2a$	a	$6a$	$2a^2$
b)	$3a$	b	$6a + 2b$	$3ab$
c)	$5a$	$6b$	$10a + 12b$	$30ab$
d)	$3a$	$2b$	$6a + 4b$	$6ab$
e)	$4a$	$2ab$	$8a + 4ab$	$8a^2b$
f)	$3a^2$	a	$6a^2 + 2a$	$3a^3$

12 a) beim Addieren bleibt die Variable unverändert
b) es können nur gleichartige Terme addiert werden
c) siehe b)
d) beim Multiplizieren multipliziert man alle Koeffizienten, dann alle Variablen
e) beim Addieren bleiben die Potenzen gleich
f) siehe e)
Die richtigen Lösungen sind:
a) $3a$ b) $x + x^2$ c) $2b + 3b^2$
d) $2n^3$ e) $4z^2$ f) $2ef$

13 a) $4de$; $2g^2$; mn
b) $3x$; $3{,}5s^2$; $5pt$
c) $-5rs$; $-3w$; $-7xy$
d) $30ab$; $130rst$; $20p^2q$
e) $0{,}5wm$; $\frac{1}{3}t^2v$; $0{,}25hg$
f) $-\frac{2}{3}tv$; $\frac{3}{5}p^2q$; $-\frac{2}{3}yz^2$

14 a) $-1{,}2ab^2c$ b) $48a^2b^2c^2$
c) $-x^2yz$ d) $-8{,}4a^2b^2c$
e) $0{,}56a^2b^2c^2$ f) $-0{,}92a^2b^3c^2$
g) $0{,}5x^2yz^3$

15 a)

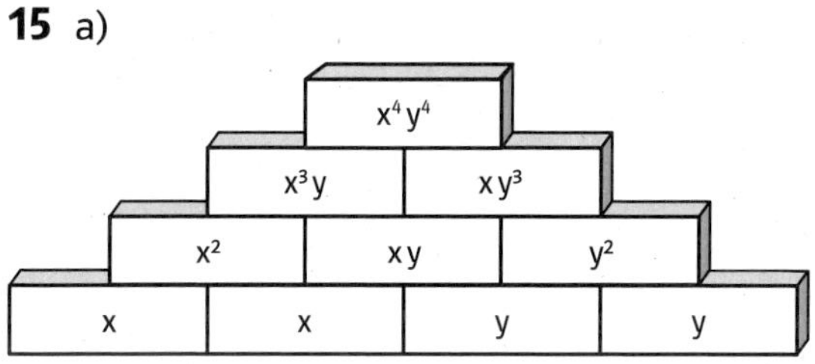

b)

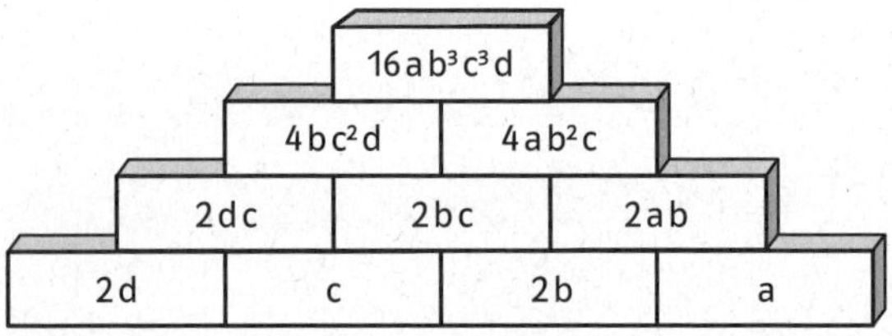

c)

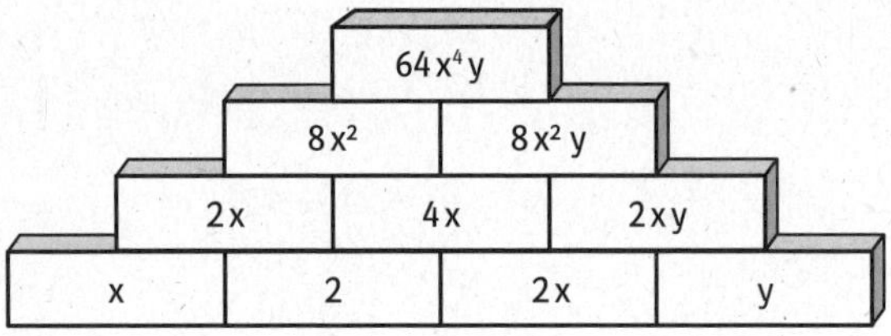

d)

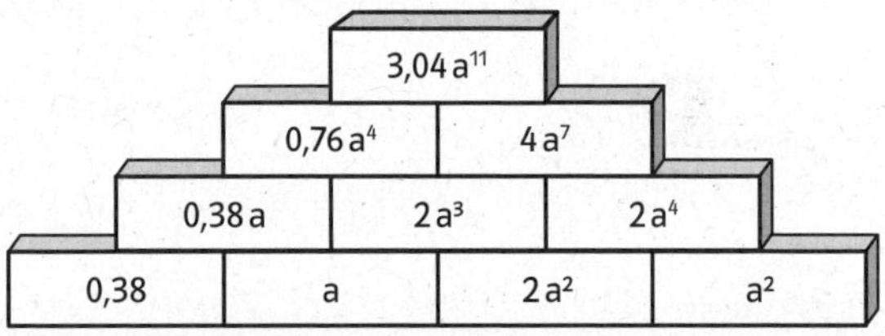

Würfel stapeln ?!

- $O_1 = 6x^2$; $V_1 = x^3$
$O_2 = 10x^2$; $V_2 = 2x^3$
$O_3 = 14x^2$; $V_3 = 3x^3$
$O_4 = 18x^2$; $V_4 = 4x^3$
- $402x^2$ $(100 \cdot 4x^2 + 2x^2)$
- Doppeltes Volumen bedeutet nicht doppelte Oberfläche, da beim Zusammensetzen der kleinen Würfel je zwei Flächen aneinander stoßen und somit keine Oberfläche des Turmes mehr darstellen. Für jedes weitere Würfelchen erhöht sich die Oberfläche um $4x^2$.
-

	1 W.	2 W.	3 W.	4 W.	n W.	100 W.
O	$6x^2$	$10x^2$	$14x^2$	$18x^2$	$n \cdot 4x^2 + 2x^2$	$402x^2$
V	x^3	$2x^3$	$3x^3$	$4x^3$	$n \cdot x^3$	$100x^3$

Aus der Tabelle ist abzulesen, dass bei Halbierung des Volumens die Oberfläche größer ist als die Hälfte der ursprünglichen Oberfläche.

- Marcel nutzt aus, dass die Oberfläche für n Würfel nach der Vorschrift $n \cdot 4x^2 + 2x^2$ berechnet werden kann. Durch „Rückwärtsrechnen" kommt er zur gesuchten Anzahl.

Beispiel:

$O = 402x^2 \rightarrow 402x^2 = n \cdot 4x^2 + 2x^2 \quad | -2x^2$

$400x^2 = n \cdot 4x^2 \quad | :4x^2$

$n = 100$

Randspalte: magisches Produkt a^2b^2cd
Das magische Produkt findet sich jeweils bei vier aneinander grenzenden Quadraten (in den Ecken und in der Mitte).

6 Terme mit Klammern

Seite 112

Einstiegsaufgabe

→ $4(x - 1)$ gehört zur 3. Abbildung
$2x + 2(x - 2)$ gehört zur 1. Abbildung
$4(x - 2) + 4$ gehört zur 2. Abbildung
→ $4 \cdot (100 - 1) = 4 \cdot 99 = 396$

Seite 113

1 mögliche Lösungen:

a)

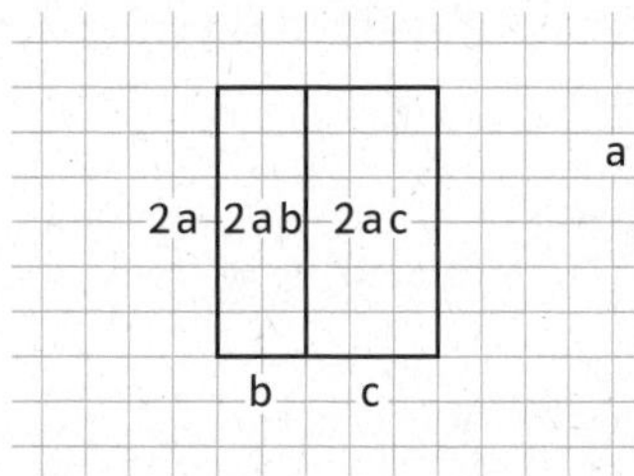

b)

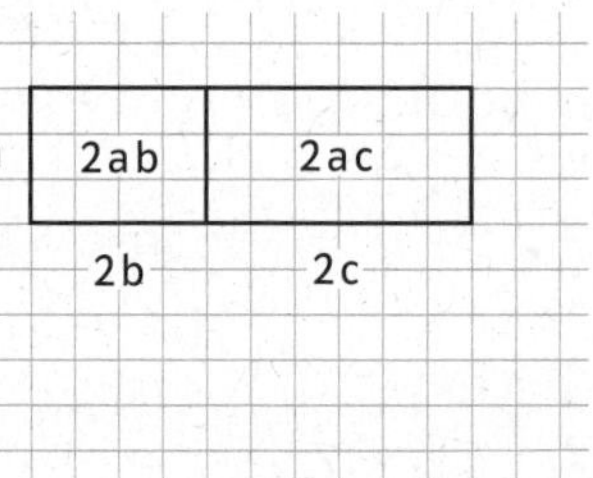

c)

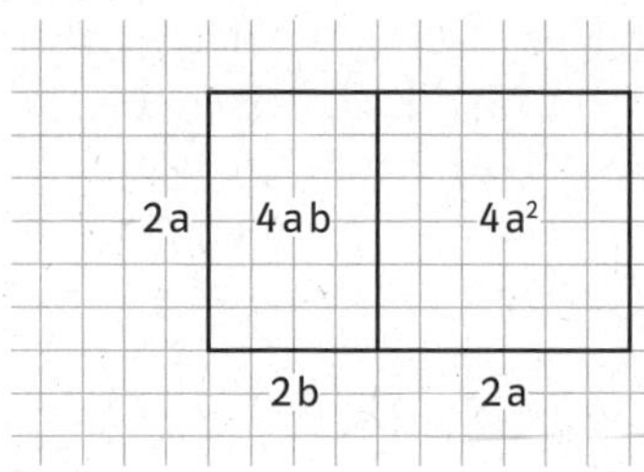

d)

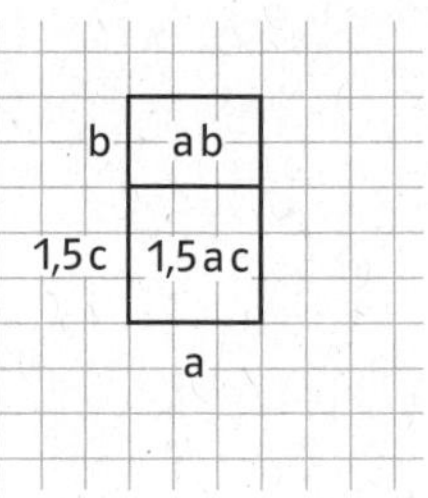

e)

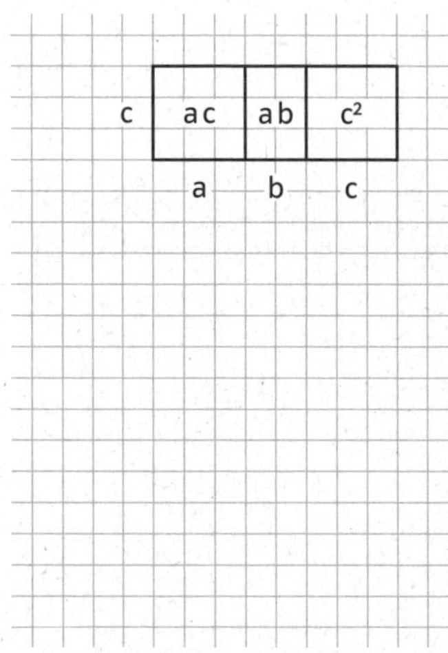

f)

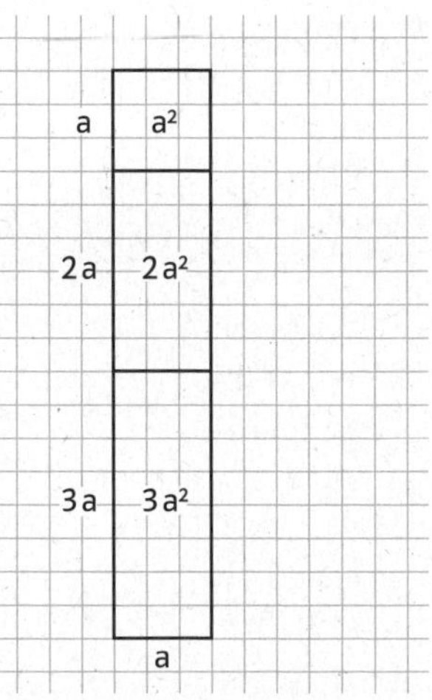

2 a) $a + b + c$ b) $q + r - s$
c) $m - n - o$ d) $23 + g - h$
e) $50 - k + m$ f) $32 + p - q$
g) $2u - 2w + 2u = 4u - 2w$
h) $-5v + 6v - 12 = v - 12$
i) $-2x - 3y - 4z$ j) $3y + 2x - z$
k) $8w - 5s + 16$ l) $11a - 3c - 4d$
m) $3{,}5a - 6{,}1b - 2a = 1{,}5a - 6{,}1b$
n) $-0{,}4x - 0{,}7v + x = 0{,}6x - 0{,}7v$

3 a)

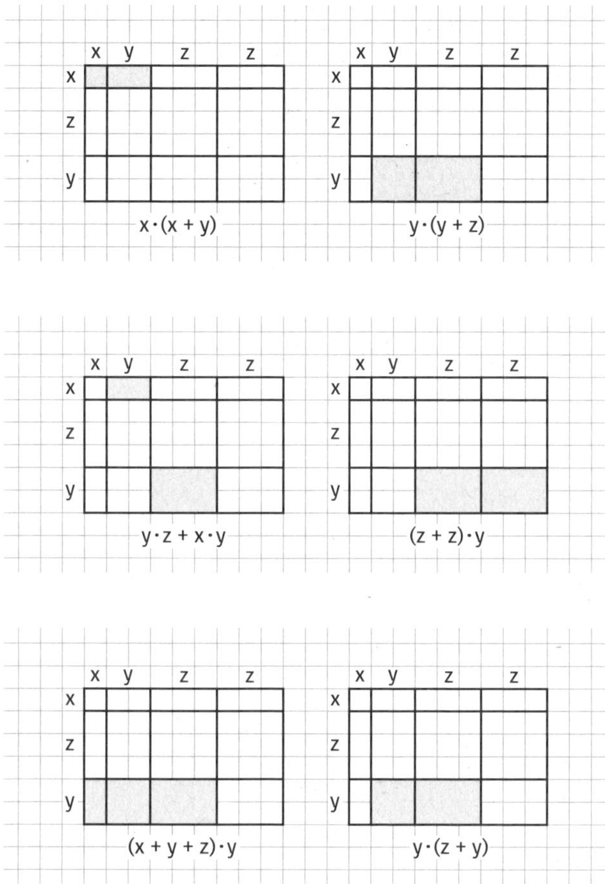

b) $x^2 + xy$ $\quad y^2 + yz$ $\quad y \cdot (z + x)$
$2zy$ $\quad xy + y^2 + yz$ $\quad yz + y^2$
c) individuelle Lösung

4 a) $4a + 5b + 2a + 3b = 6a + 8b$
b) $4a + 5b - 2a - 3b = 2a + 2b$
c) $-4a + 5b - 2a - 3b = -6a + 2b$
d) $4a - 5b + 2a - 3b = 6a - 8b$
e) $-4a - 5b + 2a + 3b = -2a - 2b$
f) $4a - 5b - 2a - 3b = 2a - 8b$

Randspalte

$a + (a + a) = 3a$ $\quad a + (-a + a) = a$
$a + (a - a) = a$ $\quad a + (-a - a) = -a$
$a - (a + a) = -a$ $\quad a - (-a + a) = a$
$a - (a - a) = a$ $\quad a - (-a - a) = 3a$

Terme benennen

- linke Spalte:

Term: Summe, Einzelglied: Differenz
Term: Differenz, Einzelglied: Produkt
Term: Produkt, Einzelglied: Differenz
Term: Differenz, Einzelglied: Quotient
Term: Differenz, Einzelglied: Differenz

rechte Spalte:
Term: Produkt, Einzelglied: Produkt
Term: Differenz, Einzelglied: Differenz
Term: Summe, Einzelglieder: Summe, Differenz
Term: Differenz, Einzelglieder: Summe, Differenz, Produkt
Term: Produkt, Einzelglieder: Produkt

- $(x + y) \cdot (y + z)$
- $x \cdot y + y \cdot z$
- $(a + b) - a : b$

Seite 114

5 a) Produkt (aus Summe und Wert)
b) Produkt (aus Wert und Summe)
c) Summe (aus Wert und Produkt)
d) Summe (aus Produkt und Wert)
e) Summe (aus Produkten)
f) Summe (aus Wert und Summe)
g) Differenz (aus Wert und Differenz)
h) Differenz (aus Produkt und Wert)

6 a) $10m - 3m - 5n - n + 2m = 9m - 6n$
b) $6u - 4v - 5u - 10u + 2v = -9u - 2v$
c) $-5r - 3s + 8r - 7s - 4r = -r - 10s$
d) $1{,}4d - 0{,}9c - 0{,}8c + 2d + 0{,}2c = 3{,}4d - 1{,}5c$
e) $-2{,}1b + 1{,}7c + 6{,}1a - 1{,}9b + 4{,}3c$
$= -4b + 6c + 6{,}1a$

7 a) $12 - b$ $\quad$ b) $-7 + z$ $\quad$ c) $-2d - 5$
d) $4n + 3$ $\quad$ e) $9s - 10t$ $\quad$ f) $-5b + 6m$
g) $-2y - 5z$

8 a) $4a + 24$ $\quad$ b) $12a + 12$
c) $10c - 70$ $\quad$ d) $13b - 39$
e) $-15s + 30t$ $\quad$ f) $-108zx - 36zy$
g) $20w^2 + 30w$ $\quad$ h) $9m^2n - 10mn^2$
i) $-54m + 108n + 45$ $\quad$ j) $10a^2b + 15ab^2 + 2a^4b$

9 a) Die 8 wurde nicht mit dem zweiten Glied der Klammer multipliziert und dessen Vorzeichen wurde geändert.
b) Es fehlt das Quadrat beim z.
c) Beim Multiplizieren verändert sich der Exponent einer Potenz, das Vorzeichen des zweiten Gliedes bleibt negativ. Hier wurde statt „18 a mal − a" wohl „18 a plus a" gerechnet.
d) Auch das 2. Glied muss multipliziert werden, nicht subtrahiert.
e) Auch das 2. Glied muss multipliziert werden, nicht addiert.
f) Beim Multiplizieren muss auf die Vorzeichen geachtet werden.

10 a) $2x - 3x = -x$ b) $6u + 3w$
c) $4y - 2$ d) $4a + 9b$
e) $4s^2 + 3t$ f) $pq + 2$
g) $56xy - 140y^2$ h) $-50st + 10s$

11 a) $2(3x + 19)$ b) $2(7ab + 37c)$
c) $2(3z - 10xy)$ d) $2(-4p - 17r^2)$
e) $2(13xz - 1)$ f) $2(15y\ z - 1)$

12 a) individuelle Lösung, z.B. Startzahl 5 liefert „oben" 39, „in der Mitte" 23 und „unten" 15.
b) oben: $(x + 4)\cdot 5 - 6 = 5x + 14$, Mitte: $5x - 6 + 4 = 5x - 2$, unten: $(x - 6 + 4)\cdot 5 = 5x - 10$.
c) Der obere Term liefert die größten Werte, da zu den $5x$ noch 14 addiert werden.

13 a) ① $8a + 4c$; ② $4a + 16b + 12c$;
③ $8a + 4b + 4s$; ④ $4a + 6b + 4c + 4(a - c)$
b) ① $O = 4ac + 2a^2$; ② $O = 8ab + 6ac + 24bc$
c) $O = 2a^2 - 2c^2 + 2cb + 2ab + 2b\cdot(a - c)$
$= 2a^2 - 2c^2 + 2cb + 2ab + 2ab - 2bc$
$= 2a^2 + 4ab - 2c^2$
Man kann die Oberfläche wie die eines kompletten Quaders berechnen und zieht dann die Fläche der kleinen Quadrate (c^2) ab.

14 $A = 2ab + 2ac + 2bc = 2(ab + ac + bc)$
Dieser Term ist gleich dem Oberflächenterm.

Üben • Anwenden • Nachdenken

Seite 116

1 a) $12 + x$ b) $30 - 18$ c) $2x + 10$
d) $x + 1$ e) $x + 2x$

2 a) Anzahl der Jungen: $\frac{3}{4}n$
b) Alter der Mutter: $3\cdot y$
c) Anzahl der Goldorfen: x;
Anzahl der Goldfische: $x + 4$
d) $4\cdot h + 5\cdot u = 6$

3 individuelle Lösungen

4 a) $8\cdot x + 4y = D$
$8\cdot 5{,}0 + 4\cdot 7{,}5 = 70\,cm$
b) $4\cdot x + 4\cdot y + 4\cdot z = D$
$4\cdot 7{,}5 + 4\cdot 6{,}0 + 4\cdot 5{,}0 = 74\,cm$
c) $4\cdot x + 2\cdot y + 3\cdot z = D$
$4\cdot 5{,}0 + 2\cdot 4{,}0 + 3\cdot 6{,}0 = 46\,cm$
d) $4\cdot x + 4\cdot y = D$
$4\cdot 5{,}2 + 4\cdot 7{,}8 = 52\,cm$

5

x	0	2	7	12	18
x + 3	3	5	10	15	21
4·x + 2	2	10	30	50	74
4·x − x = 3·x	0	6	21	36	54

6

x	y	4x − 3y + 5	x(1 + x) − y + 1
2	−2	19	9
2	3	4	4
2	−1	16	8
10	−2	51	113
10	3	36	108
10	−1	48	112
−4	−2	−5	15
−4	3	−20	10
−4	−1	−8	14

a) Für den ersten Term erhält man den größten Termwert für $x = 10$ und $y = -2$ und den kleinsten für $x = -4$ und $y = 3$. Für den zweiten Term erhält man den größten Termwert für $x = 10$ und $y = -2$ und den kleinsten für $x = 2$ und $y = 3$.
b) Man muss jeweils $x = 2$ und $y = 3$ einsetzen.

Würfel über Würfel ?!

Bei drei aufeinander liegenden Würfeln sieht man 13 Quadratflächen.
- sichtbare Quadratflächen: 5, 9, 13, 17, 21, …

Anzahl der Würfel	1	2	3	4	…	10	…
Sichtbare Flächen	5	9	13	17	…	4·10 + 1	…

- x = Anzahl der Würfel

Der Term lautet: $4\cdot x + 1$
- $4\cdot 53 + 1 = 213$

Randspalte

x − y	x + y − z	x + z
x + y + z	x	x − y − z
x − z	x − y + z	x + y

Seite 117

7

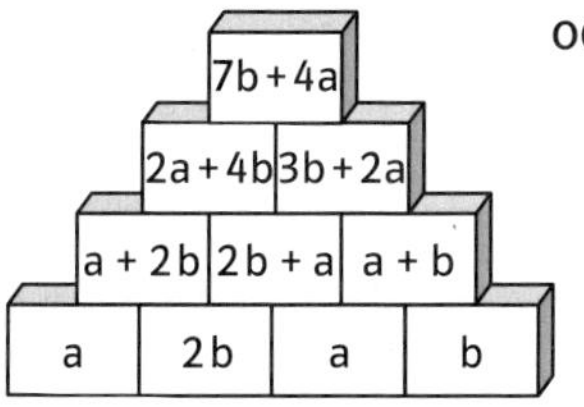

oder:

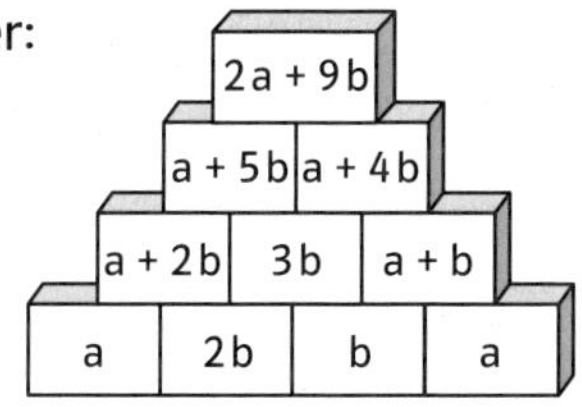

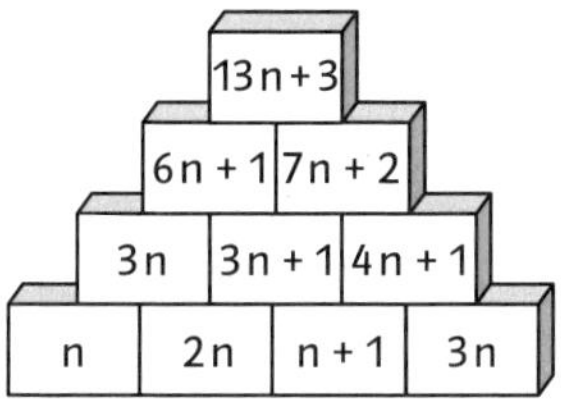

8 a) oben: $(x - 3)\cdot(-2) + 1 = -2x + 7$
Mitte: $x\cdot(-2) + 1 - 3 = -2x - 2$
unten: $(x + 1 - 3)\cdot(-2) = -2x + 4$
Der obere Weg liefert die größten Werte.
b) oben: $(x - 1):(-2) + 3 = -0{,}5 + 0{,}5 + 3$
$= -0{,}5 + 3{,}5$
Mitte: $(x + 3 - 1):(-2) = -0{,}5x - 1$
unten: $x:(-2) + 3 - 1 = -0{,}5x + 2$
c) individuelle Lösung

9 a) $3b$ b) $6y$ c) $5q^2$
d) $-3a$ e) $-4s^2$ f) $-16x$

10 a) $a - 0{,}5 + 4a - 1 + 1 - 4a + 3 + 2a + a + 1 + 2a$
$= 6a + 3{,}5$
b) z. B. $3a - 2 + a - 3 + 3 + 2a + 2 + 3a = 9a$
c) individuelle Lösung
d) $2a - 7 = 3a - 2 + a - 3 + 2a - 3 + 1 - 4a$
$10a - 3 = a - 3 + 3a - 2 + 2 + 3a + 3 + 2a + a - 3$
e) individuelle Lösung, z. B.
$a\cdot 2a\cdot 3a\cdot 4a\cdot 5a\cdot 6a = 720a^6$

11 a) $m + n$ b) $ac + ab$ c) $-s$
d) $20bx$ e) $6pm$

Zahlen erraten ?!

- Man erhält immer das Ergebnis 6, unabhängig davon, welche Zahl man wählt.
Rechenterm: $[(x + 5)\cdot 18 - 3x]:15 - x$
$= [18x + 90 - 3x]:15 - x = [15x + 90]:15 - x$
$= x + 6 - x = 6$. Man sieht, dass im Ergebnis die gedachte Zahl nicht mehr erscheint.
- Wenn x die Tageszahl und y die Monatszahl des Geburtstages ist, lautet der Rechenterm:
$(2x + 5)\cdot 50 + y - 250 = 100x + 250 + y - 250$
$= 100x + y$.
Da die Tageszahl mit Hundert multipliziert wird, stehen ihre Ziffern an der Tausender- bzw. Hunderterstelle des Ergebnisses. Die Monatszahl steht an der Zehner- bzw. Einerstelle des Ergebnisses.
- Der Term lautet: $((x + 8)\cdot 3 - x):2 - 12$
$= (3x + 24 - x):2 - 12 = (2x + 24):2 - 12$
$= x + 12 - 12 = x$
Das Ergebnis ist also die gedachte Zahl selbst.

Seite 118

Zauberhafte Mathematik ?!

Die fünf magischen Zahlen

- Ausgewählte Start- und Ergebniszahlen:

Startzahl	45	12	20	2	…
Ergebnis	53	20	28	10	…

Auffallend ist, dass die Ergebniszahl immer um 8 größer ist als die Startzahl.
- z sei die gedachte Zahl. Dann lautet der Term:
$[z + (z + 1) + (z + 2) + (z + 3) + (z + 4)]:5 + 6$
$= [z + z + 1 + z + 2 + z + 3 + z + 4]:5 + 6$
$= [5z + 10]:5 + 6$
$= z + 2 + 6$
$= z + 8$
Tobias muss also nur von der ihm genannten Zahl 8 subtrahieren.
- individuelle Lösung

Erbsenzauber

- x: Anzahl der Erbsen unter dem roten Becher
13 – x: Anzahl der Erbsen unter dem blauen Becher
$x\cdot 6 + (13 - x)\cdot 5$
$= 6x + 65 - 5x$
$= x + 65$
Die Anzahl der Erbsen unter dem roten Becher ist somit um 65 kleiner als die genannte Zahl. Die Anzahl der Erbsen unter dem blauen Becher ist die Differenz zur Zahl 13.
- individuelle Lösung

6 Gleichungen

Auftaktseite: Zahlen lernen laufen

Seiten 120 bis 121

Spiralen
Spirale 1:
Durch Rückwärtslaufen durch die Spirale erhält man für die Zielzahl 20 die Startzahl 6.
Startzahl 46
Startzahl 26
Individuelle Lösungen, z. B. Endzahl mit zwei Würfeln würfeln und dann die passende Startzahl suchen.
Spirale 2:
Die Startzahl 4 verändert sich durch den Rundlauf nicht. Alle Startzahlen kleiner als 4 werden auf dem Rundlauf kleiner, alle Startzahlen größer als 4 werden auf dem Rundlauf größer.

Würfelspiel:
Individuelle Lösungen. Beispiel: Die gewürfelte Zielzahl ist die 4. Dann muss die Startzahl die 7 sein, da $7 - 5 = 2$ und $2 \cdot 2 = 4$.
Bei zwei oder mehr Runden ist es nicht immer möglich, ganzzahlige Startzahlen zu finden. Um als Zielzahl die 4 zu erhalten, muss man bei zwei Runden mit der 8,5 starten, bei drei Runden ist es die 9,25.

Das Anna-und-Maria-Spiel
Individuelle Lösungen. Ihr könnt die Aussagen jeweils überprüfen, indem ihr das momentane Alter von Anna und Maria nehmt und nachrechnet.
Die dritte Aussage von Tina ist falsch. Der Satz muss heißen: „…, war sie 3-mal so alt wie Maria."

1 Einfache Gleichungen

Seite 122

Einstiegsaufgabe
➔ individuelle Lösungen, z. B.: Beim nächsten Wurf in die Mitte (50 Punkte) und beim letzten auf 9 Punkte.
➔ Frage: Wie waren die Punktzahlen der einzelnen Würfe? Renata hat im ersten Wurf 15, dann 17 und schließlich 19 Punkte erzielt, denn:

$$x + (x + 2) + (x + 4) = 51$$
$$3x + 6 = 51$$
$$x = 15$$

Seite 123

1 a) $a - 4 = 6$ b) $2 \cdot x - 4 = 6$ c) $3 \cdot y + y = 6$
d) $a + \frac{a}{2} = 6$ e) $n + 1 = 6$ f) $6 = 4 \cdot y$

2 a) 14 b) 72 c) 3
d) 72 e) 13
f) Individuelle Lösungen, z. B.: Das Dreifache einer Zahl vermindert um 5 ist 10. Lösung: 5

3 a) $x = 17$ b) $x = 1$ c) $y = 41$
d) $y = 16$ e) $z = 13$ f) $z = 4$
g) $m = 45$ h) $m = 84$ i) $x = 15$
j) $x = 9$ k) $x = 2$ l) $x = 1$

4 $x \cdot 2 + 4 - 7 = 13$
Die Trikotnummer ist 8.

Der Trick mit der Gleichung ?!

▪

Jungen	Mädchen	Gesamtzahl	Term
y	y + 7	31	y + (y + 7) = 31

Es gibt 12 Jungen und 19 Mädchen.

▪

Mädchen	Jungen	Gesamtzahl	Term
x	x + 9	29	x + (x + 9) = 29

In der Klasse sind 10 Mädchen und 19 Jungen.

▪

kurzes Stück	langes Stück	insgesamt	Term
x	x + 14	58	x + (x + 14) = 58

Das kurze Stück ist 22 cm, das lange 36 cm lang.

▪

Sonja	Katrin	Tore	Term
x	2x	27	x + 2x = 27

Sonja hat 9, Katrin 18 Tore geschossen.

▪ a = 5 cm
b = 7 cm
c = 9 cm

Seite 124

5 a)

x	$15 \cdot x = 90$
0	$0 \neq 90$
1	$15 \neq 90$
2	$30 \neq 90$
3	$45 \neq 90$
4	$60 \neq 90$
5	$75 \neq 90$
6	$90 = 90$

$x = 6$

b)

x	$3 \cdot x - 2 = 7$
1	$1 \neq 7$
2	$4 \neq 7$
3	$7 = 7$

$x = 3$

c)

x	$2 \cdot x + 2 = 18$
0	$2 \neq 18$
2	$6 \neq 18$
4	$10 \neq 18$
6	$14 \neq 18$
8	$18 = 18$

$x = 8$

d)

y	$88 + 8 \cdot y = 30 \cdot y$
0	$88 \neq 0$
1	$96 \neq 30$
2	$104 \neq 60$
3	$112 \neq 90$
4	$120 = 120$

$y = 4$

6 a) Moritz: x; Max: x + 6
$x + x + 6 = 312$, also ist Moritz 153 cm und Max 159 cm groß.
b) Bleistift: x; Füller: x + 10
$x + x + 10 = 11$, also kostet der Bleistift 50 Cent und der Füller 10,50 Euro.

Tabellenkalkulation II

▪

	Wert des linken Terms	Wert des rechten Terms
a)	$7 \cdot x - 225$ Für $x = 45$ hat der Term den Wert 90.	$2 \cdot x$ Für $x = 45$ hat der Term den Wert 90.
b)	$110 + 9 \cdot x$ Für $x = 104$ hat der Term den Wert 1046.	$526 + 5 \cdot x$ Für $x = 104$ hat der Term den Wert 1046.
c)	$348 - 4 \cdot x$ Für $x = 38$ hat der Term den Wert 196.	$3 \cdot x + 82$ Für $x = 38$ hat der Term den Wert 196.

7 a) $x = 4$ b) $x = 6$ c) $x = 8$ d) $x = 14$
e) $x = 2$

8 a) $x = 7$ b) $x = 9$ c) $x = 8$ d) $x = 9$
e) $x = 6$ f) $x = 10$ g) $x = 2$ h) $x = 7$
i) $x = 9$ j) $x = 6$

9 Grundsätzlich führt man die entgegengesetzten Rechnungen von der letzten zur ersten hin aus. Umformungen bieten jedoch eine schnellere Lösung.
a) $(2 \cdot x + 3) \cdot 5 - 6 = x \cdot 10 + 9$
Man subtrahiert vom genannten Ergebnis 9 und dividiert durch 10 und erhält so das Ergebnis.
b) $(3 \cdot x) : 2 \cdot 3 : 9 = x : 2$
Man dividiert das genannte Ergebnis durch 2.

10 a) $9 \cdot 2 + 2 \cdot x = 56$ $x = 19$
b) $4 \cdot x = 56$ $x = 14$
c) $11 + 2 \cdot x = 56$ $x = 22{,}5$
d) $2 \cdot 6 + x + 4 \cdot x = 56$ $x = 8{,}8$

11 a) Ziegelstein: x $x = 1 + \frac{x}{2}$ $x = 2$;
der Ziegelstein wiegt 2 kg.
b) gesamter Fisch: x; Kopf: $\frac{x}{3}$; Schwanz: $\frac{x}{4}$
Mittelteil: $x - \frac{x}{3} - \frac{x}{4} = 1$ Der Fisch wiegt $\frac{12}{5}$ kg, also 2,4 kg.

2 Lösen durch Umformen

Seite 125

Einstiegsaufgabe
Die Waagschalen rechts und links wiegen jeweils gleich viel. Die darauf liegenden Gewichte sind also gleich schwer.
➔ 1. Waage (gelb): 3 Kugeln = 1 Würfel
2. Waage (grün): 4 Kugeln = 1 Würfel
3. Waage (rosa): 5 Kugeln = 1 Würfel
4. Waage (lila): 1 Kugel = 1 Würfel
➔ 1. Waage (gelb): Wenn man auf beiden Waagschalen 5 Kugeln wegnimmt, sieht man: 3 Kugeln = 1 Würfel.
2. Waage (grün): Wenn man die Anzahl der Kugeln auf der rechten Waagschale durch 3 Würfel teilt, erhält man: 4 Kugeln = 1 Würfel.
3. Waage (rosa): Wenn man auf beiden Seiten 1 Kugel wegnimmt und die rechts verbleibende Anzahl an Kugeln durch zwei Würfel teilt, sieht man: 5 Kugeln = 1 Würfel.
4. Waage (lila): Wenn man auf beiden Seiten 4 Kugeln und 1 Würfel wegnimmt, sieht man: 1 Kugel = 1 Würfel.
➔ 1. Waage (gelb): $1w + 5k = 8k$
2. Waage (grün): $3w = 12k$
3. Waage (rosa): $2w + 1k = 11k$
4. Waage (lila): $3w + 4k = 1w + 6k$

Seite 126

1 a) 1 Würfel wiegt so viel wie 3 Kugeln.
b) 1 Würfel wiegt so viel wie 2 Kugeln.
c) 1 Würfel wiegt so viel wie 3 Kugeln.
d) 1 Würfel wiegt so viel wie 2 Kugeln.

2 Q = Quadrat; r = rote Plättchen
a) 2Q = 4r; 1Q = 2r
b) 2Q + 1r = 1Q + 4r; 1Q = 3r
c) 2Q + 2r = 1Q + 7r; 1Q = 5r
d) 2Q + 2Q = 1Q + 3r + 2Q; 1Q = 3r

3 B = Becher; M = Murmeln
a) 1B = 3M
b) 1B = 1M
c) 1B = 5M
d) (i) 2B + 2M = 1B + 4M; 1B = 2M
(ii) 3B = 2B + 1M; 1B = 1M
(iii) 2B + 3M = 3B + 2M; 1M = 1B

4 a) Äquivalenzumformung −6; $x = 2$
b) Äquivalenzumformung −2; $x = -7$
c) Äquivalenzumformung −5; $x = -5$
d) Äquivalenzumformung +4; $x = 1$
e) Äquivalenzumformung :9; $x = 6$
f) Äquivalenzumformung :12; $x = -6$
g) Äquivalenzumformung −13; $x = 69$
h) Äquivalenzumformung −32; $x = -9$
i) Äquivalenzumformung :5; $x = 22$
j) Äquivalenzumformung :15; $x = 0$
k) keine Äquivalenzumformung nötig; $x = -15$
l) Äquivalenzumformung :15; $x = \frac{1}{225}$

5 a) Äquivalenzumformung ·3; $x = 30$
b) Äquivalenzumformung ·10; $x = 50$
c) Äquivalenzumformung $:\frac{1}{10}$; $x = 20$
d) Äquivalenzumformung ·4; $x = 128$
e) Äquivalenzumformung $\cdot\frac{1}{2}$; $x = \frac{1}{2}$
f) Äquivalenzumformung ·7; $x = -49$
g) Äquivalenzumformung ·5; $x = 250$
h) Äquivalenzumformung $\cdot\left(-\frac{1}{4}\right)$; $x = -1$
i) Äquivalenzumformung $\cdot 2\frac{1}{2}$; $x = 75$
j) Äquivalenzumformung ·(−8); $x = 4$

6 a) Äquivalenzumformung + 2; 8
b) Äquivalenzumformung +7; 15
c) Äquivalenzumformung +11; $11 + 4x$
d) Äquivalenzumformung −7; 6
e) Äquivalenzumformung ·3; $18x$
f) Äquivalenzumformung ·8; −20
g) Äquivalenzumformung ·4; $2x$
h) Äquivalenzumformung ·8; $2x$

7 a) $x = 2$ und $x = 4$
b) $x = -5$ und $x = -18$
c) $x = \frac{1}{2}$ und $x = -6$
d) $x = 2$ und $x = 2$
e) $x = 6$ und $x = 18$
f) $x = 10$ und $x = 48$

Seite 127

8 a) $z = 20$ b) $y = 32$ c) $y = 17$
d) $y = 71$ e) $z = 7$ f) $w = 5$
g) $a = 9$ h) $a = 1$ i) $z = -1$
j) $z = -1$

9 a) $x = 8$ b) $x = -\frac{3}{2}$ c) $x = -2$
d) $x = 8$ e) $x = 6$ f) $x = -\frac{7}{5}$
g) $x = 8$

10 Die Gleichungen
$2x + 3 = x + 2$
$3x + 2 = -1$
$3x = -3$
$x + 6 = 5$ ergeben alle $x = -1$.
Die Gleichungen
$2x = 2$
$3x - 5 = -2$
$4x + 2 = 6$ liefern alle $x = 1$.

11 individuelle Lösungen; Beispiel für
a) $x = 5$ |−2x
$-x = 5 - 2x$ |+7
$+7 - x = 12 - 2x$

12 a) Richtig: $x = -22$
Es wurde 28 addiert statt subtrahiert.
b) Richtig: $x = 1$
Es wurde 1 subtrahiert statt addiert.
c) Richtig: $x = 1$
Es wurde 10 subtrahiert statt durch 10 dividiert.
d) Richtig: $x = 2$
Es wurde 2:4 gerechnet statt 4:2.
e) Richtig: $2x = 12$
Es wurde 2 subtrahiert statt addiert.
f) Richtig: $x = 3$
Es wurde 5 subtrahiert statt durch 5 dividiert.
g) Richtig: $2x = 8$
Es wurde $(4 + 2)x$ gerechnet, es gilt aber Punkt vor Strich $(2x = 2\cdot x)$.
h) Richtig: $x = 64$
Es wurde durch 4 dividiert statt mit 4 multipliziert.

13
- $9x + 1 = 10$ und $12x - 18 = 8x - 17 + 3x$; $x = 1$
- $6x - 8 = 4$ und $15x + 4 = 5x + 24$; $x = 2$
- $3{,}5x + x = 18$ und $3x + 6 = 18$; $x = 4$
- $5x - 12 = 13$ und $6x - 14 = 4x - 4$; $x = 5$
- $-37 + 12x = 35$ und $4x + 8 = 32$; $x = 6$

Um die Gleichungen zuzuordnen, kann man eine bereits gefundene Lösung auch in noch nicht ungeprüfte Gleichungen einsetzen. Ist die Gleichung erfüllt, hat man die „Partnergleichung" gefunden.

Schritt für Schritt

- $9x + 8 = 4x + 33 \quad |-4x$

„Ich subtrahiere auf beiden Seiten 4x, um die Variable nur auf einer Gleichungsseite zu finden."

$5x + 8 = 33 \quad |-8$

„Ich subtrahiere auf beiden Seiten 8, um die Zahlen auf der anderen Gleichungsseite vorzufinden."

$5x = 25 \quad |:5$

„Ich dividiere beide Seiten durch den Koeffizienten von x, um so x zu bestimmen."

$x = 5$

- $8x - 12 - 3x = 32 + 2x - 20$ | zusammenfassen

$5x - 12 = 12 + 2x \quad |-2x$

$3x - 12 = 12 \quad |+12$

$3x = 24 \quad |:3$

$x = 8$

Seite 128

Nicht jede Lösung zählt!

- $8x - 11 = 6x; \; x = 5{,}5$

Dies kann nicht die Anzahl der Münzen, sondern höchstens der Betrag sein.

- $3x - 20 = 5x$

Das Dreifache einer positiven Zahl kann nicht kleiner als das Fünffache sein!

- $x \cdot 6 - 15 = 9; \; x = 4;$ 4 ist nicht ungerade!
- $(x + 17) \cdot 2 = 22; \; x = -6$

−6 ist keine natürliche Zahl!

- $2x + 3 = 12; \; x = \frac{9}{2}$

$\frac{9}{2}$ kann keine Anzahl sein!

- 125 cm + 79 cm = 204 cm > 203 cm

Die beiden angegebenen Seiten sind zusammen schon länger als der Umfang des Dreiecks, das kann nicht sein!

14

	a)	b)	c)	d)	e)	f)
x = 6	43	−2	5	−14	60	12
x = 1	3	8	30	6	10	−3
x = 2,5	15	5	12	0	25	1,5
x = −5	−45	20	−6	30	−50	−21
x = 0	−5	10	nicht lösbar	10	0	−6

15 a) $x = 4$ b) $y = 0$ c) $z = \frac{10}{12}$
d) $x = -\frac{7}{5}$ e) $x = \frac{1}{3}$ f) $z = \frac{1}{3}$
g) $z = 0{,}6$

16 a) $x = 27$ b) $x = 72$ c) $x = 18$
d) $x = 85$ e) $x = 4$ f) $x = 66$
g) $x = \frac{2}{3}$ h) $x = 152$ i) $x = \frac{36}{5}$
j) $x = \frac{4}{3}$

17 verschiedene Lösungsmöglichkeiten, z. B.
a) Wenn ich zum Dreifachen einer Zahl 22 addiere, erhalte ich 46.
b) Wenn ich zum Vierfachen einer Zahl 6 addiere, erhalte ich 10.
c) Wenn ich zum Dreifachen einer Zahl 40 addiere, erhalte ich das Achtfache der Zahl.
d) Wenn ich vom Fünffachen einer Zahl 1 subtrahiere, erhalte ich das gleiche Ergebnis als wenn ich vom Siebenfachen der Zahl 5 subtrahiere.
e) Wenn ich zum Fünffachen einer Zahl 4 addiere, erhalte ich das gleiche Ergebnis als wenn ich zum Vierfachen der Zahl 6 addiere.
f) Wenn ich das 16,5fache einer Zahl durch 3 dividiere, erhalte ich das gleiche Ergebnis als wenn ich zum 1,5fachen der Zahl 10 addiere.

18 a) $x = -6{,}5$ b) $x \approx 6{,}3$ c) $x \approx 11{,}8$
d) $x = -6$ e) $x = 6$

3 Gleichungen mit Klammern

Seite 129

Einstiegsaufgabe

➔ $x = 6; \; y = -1$

➔ Man rechnet vom Inneren der Schnecke Schritt für Schritt nach außen, indem man die Gegenoperation durchführt. Nach jedem Rechenschritt bildet man das Zwischenergebnis.

➔ $x = (42:2 - 3):2 - 3; \; y = ((3 - 9) \cdot 2 + 8):4$

➔ individuelle Lösungen, z. B.

$4 \xrightarrow{+3} \square \xrightarrow{\cdot 2} \square \xrightarrow{-7} \square \xrightarrow{:7} \square$

als Gleichung: $x = (2 \cdot (4 + 3) - 7):7$

Seite 130

1 a) $x = -6$ b) $x = 6$ c) $x = 4$
d) $x = 3$ e) $x = 1$ f) $x = 7$
g) $x = 1$ h) $x = 5$ i) $x = 2$
Lösungswort: ADAM RIES

2 a) $x = 2$ b) $x = -3$ c) $x = 3$
d) $y = 3$ e) $y = 2$ f) $y = \frac{4}{3}$

3 a) $x = 6$ b) $x = -2$ c) $y = 3$
d) $x = 1$ e) $x = 6$ f) $a = 1{,}5$

4 a) $u = 12$
b) Fehler im ersten Druck des Schülerbuches: Statt 4m muss es 4u heißen. $u = 2$
c) $u = -5$ d) $w = 3$ e) $w = -1$

5 a) $m = 1$ b) $m = 27$ c) $m = -1$
d) $n = 4$ e) $n = -7$

Aus Fehlern lernen

Die richtigen Lösungen:
1. $x = 4$ 2. $x = 24$ 3. $x = 0$
4. $x = 5{,}5$ 5. $x = 18$

Mögliche Tipps für Sven:
- Nur gleiche Variablen kann man zusammenfassen!
- Vorsicht beim Ausmultiplizieren von Klammern, vor allem bei Minusklammern!
- Beim Multiplizieren einer Summe mit einer Zahl muss man jeden Summanden malnehmen!
- Brüche in einer Gleichung kann man durch Durchmultiplizieren mit einem gemeinsamen Nenner beseitigen. Nicht einfach in Dezimalzahlen umwandeln, das wird oft ungenau!

Seite 131

Gleichungen mit Brüchen

- Lars (linke Rechnung) rechnet mit gleichnamigen Brüchen, Lea multipliziert gleich am Anfang mit einem gemeinsamen Nenner durch und rechnet dann mit ganzen Zahlen weiter. Beide Rechenwege führen zum richtigen Ergebnis.
- Bei Leas Rechenweg macht man meist weniger Rechenfehler, da man nicht so viel mit Brüchen rechnen muss. Die meisten empfinden diesen Weg deshalb als leichter.

6 a) $y = 2$ b) $y = 4$ c) $y = 1$
d) $y = \frac{14}{15}$ e) $y = 2\frac{7}{10}$ f) $y = \frac{4}{15}$
g) $x = 10$ h) $x = 8$

7 a) $x = \frac{28}{29}$ b) $x = 4$ c) $x = 1$
d) $x = 1$

8 a) $x = -2$ b) $x = 24$ c) $x = 3$
d) $y = -1$ e) $x = \frac{28}{29}$ f) $x = 4$
ab Auflage 1[4]: $x = 11$ ab Auflage 1[4]: $x = 8$

9 a) $x = -1$ b) $x = 0$ c) $x = 18{,}5$

10 a) $x = 10$ b) $x = 25$ c) $x = 27$
d) $x = 4$ e) $x = 2$ f) $x = 5$

11 a) lösbar für alle x b) $x = 0$ oder $x = 2$
c) $x = 0$ d) lösbar für alle x
e) lösbar für alle x f) lösbar für alle x

12 a) $x = 0$. Nur für $x = 0$ reduziert sich die Gleichung auf $-7 = -7$ und ist somit lösbar.
b) Lösbar für alle x, da die linke und die rechte Seite der Gleichung identisch sind.
c) Lösbar für alle x, da die linke und die rechte Seite der Gleichung identisch sind.
d) $x = 0$. $4x = 0$ ist nur für $x = 0$ lösbar.

13 a)
- $2x + 1 = 5$; $x = 2$
- $2x + 3 = 5$; $x = 1$
- $2x + 4 = 5$; $x = \frac{1}{2}$
- $2x + 3{,}4 = 5$; $x = 0{,}8$

b) z.B. $2x + 6 = 5$; $x = -\frac{1}{2}$ (Jede Zahl größer als 5 liefert ein negatives Ergebnis für x.)
c) $2x + (-2x) = 5$; keine Lösung

4 Lesen und Lösen

Seite 132

Einstiegsaufgabe

→ Nach Tinas Rechnung ist $x = 20$, Anna ist also 20 Jahre alt.
→ Theas Gleichung: $3y = 15$; $y = 5$
Das heutige Alter von Anna ist $4y$, also 20.
→ Torsten nutzt die Information aus, dass das frühere Alter +15 Jahre das Gleiche ergeben muss wie das frühere Alter mal 4.
→ zu Tobias' Idee: Annas heutiges Alter muss durch 4 teilbar sein.

Seite 133

1 a) $3(x - 14) = x$; $x = 21$
b) $8(x - 35) = x$; $x = 40$
c) $9(x - 40) = x$; $x = 45$

2 Marc ist heute 19, seine Mutter 46.

3

	Alter heute	Alter in 4 Jahren
Vater	$3x$	$8(x - 7)$
Vicky	x	$x + 4$

Vaters Alter in 4 Jahren lässt sich aber auch als $3x + 4$ ausdrücken. Also:
Gleichung: $3x + 4 = 8(x - 7)$; $x = 12$
Vicky ist heute 12 Jahre alt.

4

	Alter heute
Tante	$3x$ und $4(x - 5)$
Ira	x

Gleichung: $3x = 4(x - 5)$; $x = 20$
Ira ist heute 20 Jahre alt.

5 a) $x + 5 = 4(x - 7)$; $x = 11$
b) $x + 3 = 3(x - 3)$; $x = 6$
c) $x + 3 = (x + 20) : 2$; $x = 14$
d) $x + 32 = 6(x + 4)$; $x = \frac{8}{5}$; Sonja ist heute also erst $1\frac{3}{5}$ Jahre alt, also etwa ein Jahr, sieben Monate und 6 Tage.

6 $m = a + b + c$
$a = m - 26$; $b = \frac{1}{3}m$; $c = 13$
Gleichung: $m = (m - 26) + \frac{1}{3}m + 13$; $m = 39$
Die Mutter ist 39 Jahre alt.

7 Ann ist 24 und zweimal so alt wie Mary war, als Ann so alt war wie Mary jetzt.

So erfinde ich eine Altersaufgabe

1. Gleichung: $3x - 4 = 5(x - 4)$; $x = 8$
2. Gleichung: $2x - 2 = 3(x - 6)$; $x = 16$
- individuelle Lösungen

Seite 134

8 $u = a + b + c$
$u = (u - 23\,cm) + 4\,(u - 23\,cm) + 11\,cm$
$u = 26\,cm$
$a = 3\,cm$; $b = 12\,cm$; $c = 11\,cm$

9 Die Innenwinkelsumme des Dreiecks beträgt 180°.
$180° = \alpha + \beta + \gamma$
$180° = \alpha + (\alpha + 30°) + (\alpha + 15°)$; $\alpha = 45°$
$\beta = 60°$
$\gamma = 75°$

10 a) $u = \frac{1}{3}u + \frac{5}{12}u + 6\,cm$
→ $u = 24\,cm$; $a = 8\,cm$; $b = 10\,cm$; $c = 6\,cm$
b) $u = \frac{1}{3}u + \frac{1}{5}u + 9\,cm$
→ $u = 19\frac{2}{7}\,cm$; $a = 6\frac{3}{7}\,cm$; $b = 3\frac{6}{7}\,cm$; $c = 9\,cm$
c) Wir nehmen an, dass a die längste Seite des Dreiecks sei. Dann wissen wir:
$a = 1a$; $b = \frac{1}{2}a$; $c = \frac{2}{3}a$
$u = a + b + c$
$13\,cm = a + \frac{1}{2}a + \frac{2}{3}a$; $a = 6\,cm$; $b = 3\,cm$; $c = 4\,cm$

11 a) Es gilt: $\beta = \alpha + 40°$ und $\alpha + \beta + 40° = \gamma$.
Folglich ist $\gamma = \alpha + (\alpha + 40°) + 40° = 2\alpha + 80°$.
Die Winkelsumme im Dreieck ergibt sich zu:
$180° = \alpha + \beta + \gamma = \alpha + (\alpha + 40°) + (2\alpha + 80°)$
$= 4\alpha + 120°$. Damit ist $\alpha = 15°$.
b) Der Winkel an der Spitze heißt γ. Es gilt: $\gamma = \frac{1}{2} \cdot \alpha$ und (Winkelsumme im Dreieck; Basiswinkel sind gleich groß): $180° = 2 \cdot \alpha + \gamma$. Zusammen folgt:
$180° = 2 \cdot \alpha + \frac{1}{2} \cdot \alpha = 2\frac{1}{2}\alpha$. Damit ist $\alpha = 72°$.

12 $u = \frac{11}{30}u + \frac{3}{20}u + \frac{9}{40}u + 31\,cm$; $u = 120\,cm$.
Die fehlenden Seitenlängen betragen 27 cm, 44 cm und 18 cm.

13 $11x = 8(x + 2) + 56$; $x = 24$

14 a) $5(x + 16) = 7(x + 10)$; $x = 5$
b) $7(x + 9) = 9(x - 7)$; $x = 63$

15 a) $2x = x + 2$; $x = 2$
b) $3x = x + 3$; $x = \frac{3}{2}$
c) $4x = x + 4$; $x = \frac{4}{3}$
$5x = x + 5$; $x = \frac{5}{4}$
$6x = x + 6$; $x = \frac{6}{5}$
$7x = x + 7$; $x = \frac{7}{6}$ usw.
allgemein: Das a-Fache einer Zahl ist ebenso groß wie die um a vermehrte Zahl; $x = \frac{a}{(a-1)}$

16 $3x + 2(x + 2) = 4(x + 3)$; $x = 8$

17 a) $4x = 2x + 20$; $x = 10$

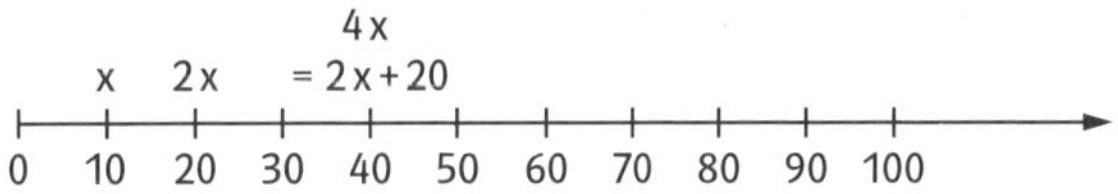

b) $4x = 2(x + 20)$; $x = 20$

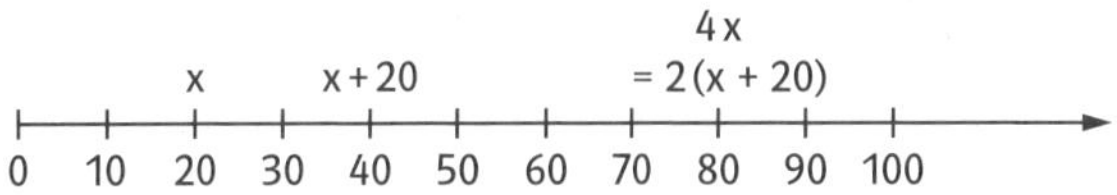

c) $4x = 2(x + 10) + 10$; $x = 15$

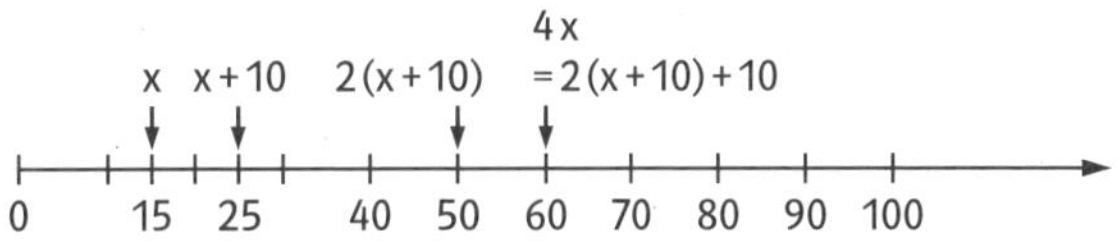

d) Individuelle Aufgaben: Denke dir eine Gleichung aus, z.B. $5x = 3(x + 10) - 2$. Berechne zunächst x, stelle die Gleichung dann am Zahlenstrahl dar.

Üben • Anwenden • Nachdenken

Seite 136

1 a) $x = 1$ b) $x = 100$ c) $x = 300$ d) $x = 37$

2 a) ja, beide ergeben $x = 3$
b) ja, beide ergeben $x = 4$
c) ja, beide ergeben $x = 8$

3 a) $x = 18$ b) $x = 12$ c) $x = 35$
d) $x = -5$ e) $x = 4$ f) $x = 72$

4 a) $4x = 8;\ x = 2;\ x + 3 = 5$
b) $2x = 30;\ x = 15;\ x - 8 = 7$
c) $7x = -28;\ x = -4;\ x + 5 = 1$
d) $x + 3 = 12;\ x = 9;\ 2x + 3 = 21$
e) $x - 8 = -3;\ x = 5;\ 3x + 1 = 16$
f) $x + 19 = 12;\ x = -7;\ 3x - 9 = -30$

5 individuelle Lösungen, z. B. bei

a) $x = 3$	$\mid +2$	oder	$x = 3$	$\mid :2$
$x + 2 = 5$	$\mid \cdot \frac{2}{3}$		$\frac{1}{2}x = \frac{3}{2}$	$\mid -4$
$\frac{2}{3}(x + 2) = 3\frac{1}{3}$			$\frac{1}{2}x - 4 = \frac{3}{2} - 4$	

6 individuelle Lösungen, z. B. bei
a) $2x = 6;\ 3x = 9;\ 2(x + 4) = 14$
b) $\frac{1}{2}x = \frac{1}{2};\ -4x = -4;\ -5(2 + x) = -15$
Du kannst deine Gleichungen selbst überprüfen, indem du sie wieder nach x auflöst. x muss dann die „verpackte Zahl" ergeben.

7 a) $6 \cdot 15 + 3 \cdot x = 144$ $x = 18\,cm$
b) $8 \cdot 10 + 4 \cdot x = 144$ $x = 16\,cm$
c) $4 \cdot 11 + 8 \cdot 5 + 5 \cdot x = 144$ $x = 12\,cm$

Randspalte
Es gibt mehrere mögliche Gleichungen, das Ergebnis für x muss allerdings immer das Gleiche sein.
Zum Beispiel
1. Stab: $x + 16 = 22;\ x = 6$
2. Stab: $2x + 11 = 25;\ x = 7$
3. Stab: $3x + 12 = 36;\ x = 8$
4. Stab: $4x + 7 = 43;\ x = 9$

8 a) $y = \frac{3}{5}$ b) $y = \frac{1}{8}$ c) $y = 2$
d) $y = \frac{1}{3}$ e) $y = -6\frac{2}{3}$ f) $y = 4$

9 a) $x = \frac{1}{3}$ b) $x = \frac{3}{2}$ c) $x = \frac{5}{12}$

10 a) $y = \frac{1}{2}$ b) $y = 4$ c) $x = 8$
d) $x = 3$ e) $x = -14$

11 a) $4x + 1 = x + 10$ b) $2x + 9 = -3 + 4x$
c) $4x + 7 = 2x - 3$ d) $(-6) \cdot x + 5 = 2x + 1$

12 a) keine Lösung
b) unendlich viele Lösungen
c) keine Lösung
d) unendlich viele Lösungen

13 a) $x = 8$ b) $x = 0$ c) $x = 10$
d) $a = 3$ e) $z = 2$ f) $z = -8$
g) $z = 12$

Seite 137

14 a) $x = 7$ b) $x = 16$
c) $x = 81$ d) $x = -11$
e) $x = -\frac{8}{3}$ f) $5x - 2x = 30;\ x = 10$
g) $10x = 7x + 11;\ x = \frac{11}{3}$ h) $x = 2x + 6;\ x = -6$

15 a) $3x + 2 = x;\ x = -1$
b) $3((x - 5) - 6) - 4 = 4x;\ x = -37$
c) $(3(3(3x + 2) + 2) + 2) = x;\ x = -1$

16 a) $x = 8$ b) $x = 0$ c) $x = 10$
d) $a = 3$ e) $x = 2$ f) $z = -8$
g) $z = 12$

Geschickte Zeichnungen ?!

▪ Wie viele Mädchen und Jungen gibt es in dieser Klasse?
Informative Figur:

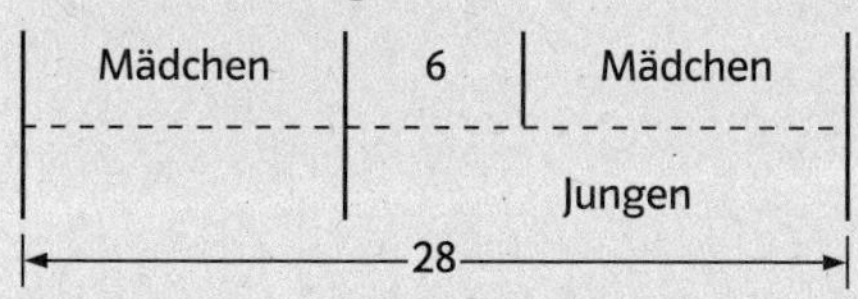

oder

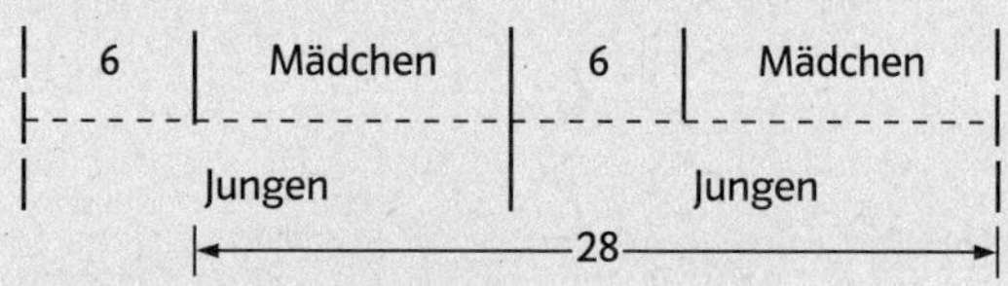

Anzahl der Mädchen: 2 · Anzahl der Mädchen + 6 = 28, also sind es (28 − 6) : 2
oder
Anzahl der Jungen: 2 · Anzahl der Jungen − 7 = 28, also sind es (28 + 7) : 2
Es sind also 11 Mädchen und 17 Jungen (11 + 6).

▪ Wie alt ist Lana heute?
Informative Figur:

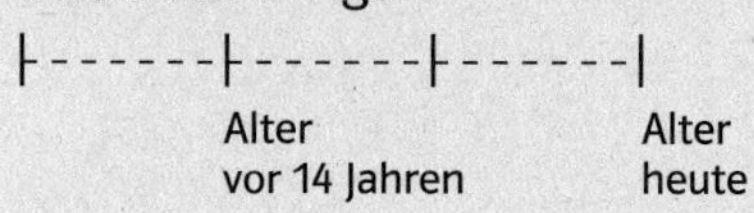

$3 \cdot 14$ Jahre = 21 Jahre
Lana ist heute 21 Jahre alt.

▪ Wie viel Taschengeld erhält jeder?
Informative Figur:

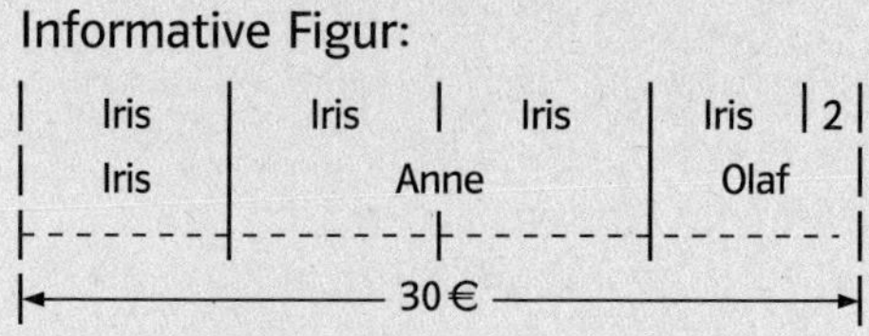

Taschengeld Iris: (30 − 2) : 4 = 7 €
Taschengeld Anne: 2 · 7 = 14 €
Taschengeld Olaf: 7 + 2 = 9 €

- Wie groß ist das Erbe?

Informative Figur:

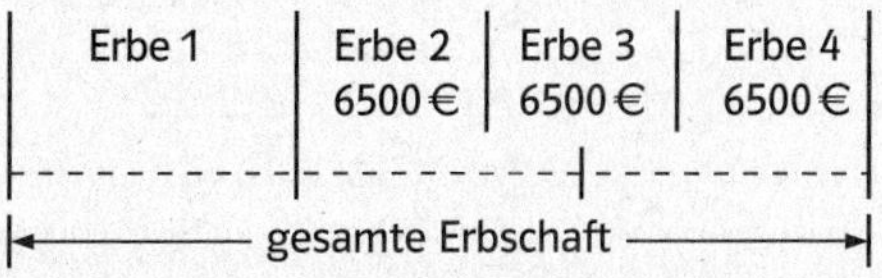

3 · 6500 € = 19 500 € entsprechen $\frac{2}{3}$-Anteil, dann entspricht $\frac{1}{3}$-Anteil 19 500 : 2 = 9750 €.
Wenn der erste Erbe 9750 € bekommt und die anderen drei insgesamt 19 500 €, dann beträgt das Gesamterbe 29 250 €.

- Welche Band hat gewonnen?

Informative Figur:

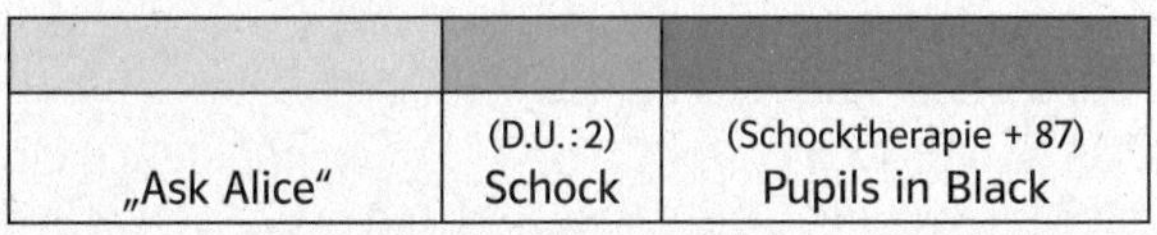

Der Streifen wird in fünf gleiche Abschnitte geteilt, da zwei Fünftel der Stimmen an „Ask Alice" gehen. Das dritte Fünftel entfällt auf „Schocktherapie". Der Rest geht an „Pupils in Black".
Ein Fünftel entsprechen 87 Stimmen.

„Ask Alice": 2 · 87 = 174
„Schocktherapie": 87
„Pupils in Black": 87 + 87 = 174

„Ask Alice" und „Pupils in Black" teilen sich den ersten Platz.

Seite 138

Schlaue Skizzen, trickreiche Tabellen

- Wenn der Kaufmann mit 16 Denaren in Pisa ankommen soll, hätte er mit 16 Denaren aus Pisa abreisen müssen.
Die Gleichung heißt:
8 x − 112 = 16; x = 16
- Wenn das Geld nach zwei Rundreisen weg ist, muss er nach der ersten Reise noch 14 Denare übrig haben. Von hier aus kann man mithilfe eines Bildes wieder zurückrechnen. Er muss mit $15\frac{3}{4}$ Denaren losgereist sein. Bei drei Rundreisen hatte er $15\frac{31}{32}$ Denare dabei. Fraglich ist jedoch, ob es 32-stel Dinare gab.
- individuelle Lösungen
- individuelle Lösungen

7 Prozente

Auftaktseite: Wenn wir 100 wären…

Seiten 140 bis 141

In der Schloss-Realschule
Alle Zahlen würden sich vervierfachen. Es gäbe 44 Jungen und 56 Mädchen. Und es ergäbe sich folgende Altersverteilung:

- 12 Jahre: 24
  13 Jahre: 48
  14 Jahre: 28
  Fahrrad: 44
  Zu Fuß: 24
  Öffentliche Verkehrsmittel: 32
- individuelle Lösung

Unterscheidungsmerkmale können zum Beispiel sein: Haarfarbe, Größe, Lieblingsfarben.

Anteile in 10 × 10-Quadraten

- mögliche Lösungen

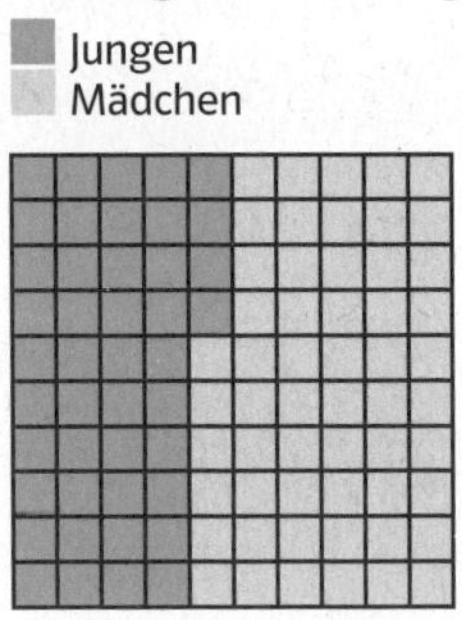

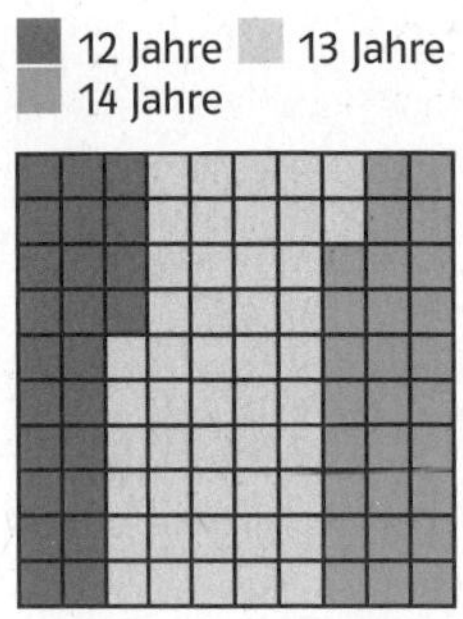

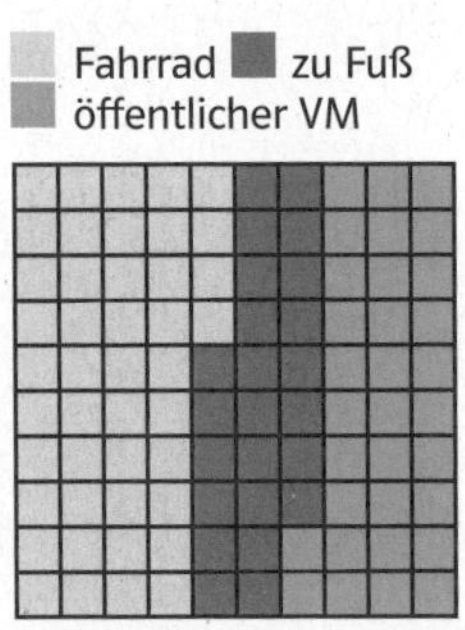

- andere Darstellungen sind zum Beispiel

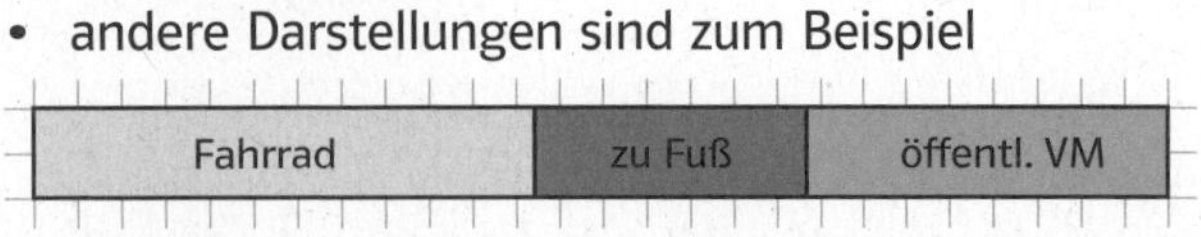

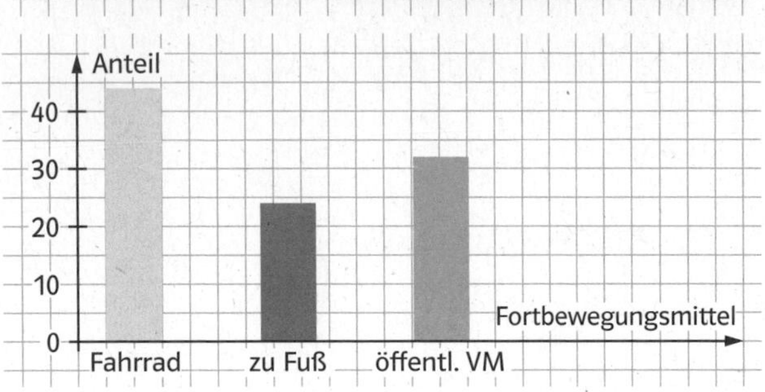

Bei einem 10 × 10-Quadrat oder dem Streifendiagramm kann man sehr schnell Anteile abschätzen. Das Säulendiagramm liefert übersichtlich exakten Werte.

Umfrage
Man müsste einige Kästchen im 10 × 10-Quadrat doppelt belegen. Eine Tabelle oder ein Säulendiagramm wären andere Darstellungsmöglichkeiten.

10 × 10-Quadrate

- 25 %; das sind 25 von 100 Kästchen.
- 50 %; das sind 50 von 100 Kästchen.
- 20 %, 10 %; das sind 20 bzw. 10 von 100 Kästchen.
- 3 und 8 sind keine Teiler von 100: Man erhält also keine „glatten" Anteile, sondern bei 3 : $33\frac{1}{3}$ %, bei 8 : 12,5 %.

Mithilfe eines Kreises kann man gut die Hälfte (50 %), ein Viertel (25 %), ein Achtel (12,5 %), … darstellen.

1 Absoluter und relativer Vergleich

Seite 142

Einstiegsaufgabe
→ Ramota
→ Ramota: $\frac{8}{30} = \frac{4}{15} = \frac{16}{60}$
Fritz: $\frac{6}{24} = \frac{1}{4} = \frac{15}{60}$
Holpert: $\frac{7}{28} = \frac{1}{4} = \frac{15}{60}$
Damit hat Ramota den größten Anteil gehalten.

1 a) $\frac{4}{5} = \frac{8}{10} > \frac{7}{10}$; $\frac{9}{15} = \frac{27}{45} > \frac{24}{45}$; $\frac{7}{8} = \frac{14}{16} < \frac{15}{16}$
b) $\frac{7}{12} = \frac{35}{60} < \frac{11}{15} = \frac{44}{60}$; $\frac{18}{25} = \frac{144}{200} > \frac{23}{40} = \frac{115}{200}$;
$\frac{19}{18} = \frac{190}{180} > \frac{21}{20} = \frac{189}{180}$

2 a) $\frac{3}{4} = \frac{15}{20} > \frac{7}{10} = \frac{14}{20}$; $\frac{2}{3} = \frac{10}{15} < \frac{4}{5} = \frac{12}{15}$;
$\frac{3}{5} = \frac{24}{40} < \frac{5}{8} = \frac{25}{40}$
b) $\frac{1}{3} = \frac{3}{9} < \frac{4}{9}$; $\frac{9}{10} = \frac{27}{30} > \frac{13}{15} = \frac{26}{30}$; $\frac{7}{12} = \frac{21}{36} < \frac{11}{18} = \frac{22}{36}$

Seite 143

3 a) $\frac{1}{6} < \frac{1}{3} < \frac{1}{2} < \frac{2}{3} < \frac{5}{6}$
b) $\frac{15}{20} = \frac{45}{60}$; $\frac{7}{10} = \frac{21}{30}$; $\frac{11}{15} = \frac{22}{30}$
$\frac{17}{30} < \frac{7}{10} < \frac{11}{15} < \frac{15}{20}$
c) $\frac{19}{80} = \frac{114}{480}$; $\frac{61}{240} = \frac{122}{480}$; $\frac{39}{160} = \frac{117}{480}$; $\frac{27}{120} = \frac{108}{480}$
$\frac{27}{120} < \frac{19}{80} < \frac{39}{160} < \frac{61}{240}$

d) $\frac{17}{12} = \frac{102}{72}$; $\frac{23}{18} = \frac{92}{72}$; $\frac{50}{36} = \frac{100}{72}$; $\frac{31}{24} = \frac{93}{72}$
$\frac{23}{18} < \frac{31}{24} < \frac{50}{36} < \frac{17}{12}$

4 a) $\frac{4}{7} = 0{,}57$; $\frac{5}{8} = 0{,}625$; $\frac{7}{10} = 0{,}7$; $\frac{11}{15} = 0{,}7\overline{3}$
$\frac{4}{7} < \frac{5}{8} < \frac{7}{10} < \frac{11}{15}$
b) $\frac{11}{50} = 0{,}22$; $\frac{17}{70} = 0{,}24$; $\frac{19}{80} = 0{,}2375$; $\frac{21}{90} = 0{,}2\overline{3}$
$\frac{11}{50} < \frac{21}{90} < \frac{19}{80} < \frac{17}{70}$

5 $\frac{3}{10} < 0{,}33 < \frac{1}{3} < \frac{2}{5} < \frac{3}{7} < 0{,}5 < 0{,}55$
Man wandelt alle Brüche in Dezimalbrüche um oder umgekehrt.

6 Jens: $\frac{7}{15} = \frac{28}{60}$; Manuel: $\frac{9}{20} = \frac{27}{60}$
Jens ist besser.

7 7a: $\frac{23}{25} = \frac{138}{150}$; 7b: $\frac{27}{30} = \frac{135}{150}$
Die 7a hat Recht.

8 a) Anzahl der Schüler pro Jahrgang und insgesamt, Verteilung der Jungen und Mädchen im Jahrgang und insgesamt.
b) mögliche Lösung

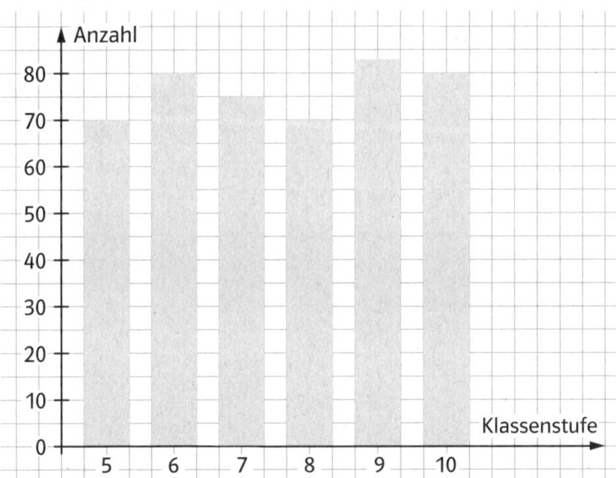

9 a) Frau Schwan, weil sie mehr gewonnen hat.
b) $\frac{12\,000}{200} = 60$; $\frac{1000}{10} = 100$
Herr Gans hat relativ gesehen mehr gewonnen.
Es interessiert nur die Gewinnsumme.
c) $\frac{x\,€}{200\,€} = 100$; $x = 20\,000\,€$

10 Mittel A: $\frac{38}{74} = 0{,}51$; Mittel B: $\frac{118}{236} = 0{,}5$
Mittel A wirkt besser.

Randspalte
Jenny $\frac{1}{1}$; Mandy $\frac{6}{10}$. Eigentlich ist Jenny besser, aber bei ihrer geringen Anzahl von Würfen ist keine verlässliche Aussage möglich.

Aus der Zeitung

- Die gesparte Summe ist in beiden Fällen gleich, man spart beim Taschenrechner aber – relativ gesehen – mehr.
- Es sind mehr Männer $\left(\frac{1}{8} = 12{,}5\,\%\right)$ als Frauen $\left(\frac{1}{10} = 10\,\%\right)$ unzufrieden. Das Diskussionsforum sollte also für die Männer angeboten werden!

2 Prozentschreibweise

Seite 144

Einstiegsaufgabe
→ Steve West $\frac{54}{100}$
Ulla Meier $\frac{64}{100}$
Gabi Blum $\frac{51}{100}$
Ulla Meier hatte im eigenen Sender den höchsten Stimmenanteil.

1 mögliche Lösungen:
a) 10 % der Autofahrer fuhren zu schnell an der Radarfalle vorbei.
b) 70 % der Haushalte haben einen Mikrowellenherd.
c) Fabian ist sich vollkommen sicher.
d) Mehr als $33\frac{1}{3}\,\%$ kommen von auswärts.
e) Etwa jeder 5. Teilnehmer errang eine Ehrenurkunde.

2 a) $\frac{3}{10} = \frac{30}{100} = 30\,\%$; $\frac{7}{10} = \frac{70}{100} = 70\,\%$;
$\frac{9}{10} = \frac{90}{100} = 90\,\%$; $\frac{7}{20} = \frac{35}{100} = 35\,\%$; $\frac{17}{20} = \frac{85}{100} = 85\,\%$;
$\frac{13}{25} = \frac{52}{100} = 52\,\%$; $\frac{24}{25} = \frac{96}{100} = 96\,\%$; $\frac{19}{50} = \frac{38}{100} = 38\,\%$
b) $\frac{1}{2} = \frac{50}{100} = 50\,\%$; $\frac{1}{4} = \frac{25}{100} = 25\,\%$; $\frac{3}{4} = \frac{75}{100} = 75\,\%$;
$\frac{1}{5} = \frac{20}{100} = 20\,\%$; $\frac{3}{5} = \frac{60}{100} = 60\,\%$; $\frac{4}{5} = \frac{80}{100} = 80\,\%$
c) $\frac{34}{200} = \frac{17}{100} = 17\,\%$; $\frac{198}{200} = \frac{99}{100} = 99\,\%$;
$\frac{33}{300} = \frac{11}{100} = 11\,\%$; $\frac{213}{300} = \frac{71}{100} = 71\,\%$; $\frac{24}{400} = \frac{6}{100} = 6\,\%$;
$\frac{288}{400} = \frac{72}{100} = 72\,\%$; $\frac{75}{500} = \frac{15}{100} = 15\,\%$
d) $\frac{14}{40} = \frac{35}{100} = 35\,\%$; $\frac{15}{50} = \frac{30}{100} = 30\,\%$; $\frac{12}{30} = \frac{40}{100} = 40\,\%$;
$\frac{12}{15} = \frac{80}{100} = 80\,\%$; $\frac{9}{60} = \frac{15}{100} = 15\,\%$; $\frac{36}{80} = \frac{45}{100} = 45\,\%$;
$\frac{144}{240} = \frac{60}{100} = 60\,\%$; $\frac{91}{130} = \frac{70}{100} = 70\,\%$

Seite 145

3 a) $30\,\% = \frac{30}{100} = \frac{3}{10}$; $60\,\% = \frac{60}{100} = \frac{3}{5}$;
$55\,\% = \frac{55}{100} = \frac{11}{20}$; $45\,\% = \frac{45}{100} = \frac{9}{20}$; $5\,\% = \frac{5}{100} = \frac{1}{20}$
b) $14\,\% = \frac{14}{100} = \frac{7}{50}$; $28\,\% = \frac{28}{100} = \frac{7}{25}$; $48\,\% = \frac{48}{100} = \frac{12}{25}$;
$64\,\% = \frac{64}{100} = \frac{16}{25}$; $96\,\% = \frac{96}{100} = \frac{24}{25}$

c) $25\% = \frac{25}{100} = \frac{1}{4}$; $12{,}5\% = \frac{12{,}5}{100} = \frac{125}{1000} = \frac{1}{8}$;
$62{,}5\% = \frac{62{,}5}{100} = \frac{625}{1000} = \frac{5}{8}$; $2\% = \frac{2}{100} = \frac{1}{50}$; $4\% = \frac{4}{100} = \frac{1}{25}$

4 a) 12% = 0,12; 27% = 0,27; 39% = 0,39;
88% = 0,88; 99% = 0,99
b) 3% = 0,03; 5% = 0,05; 9% = 0,09; 20% = 0,2;
90% = 0,9; 10% = 0,1; 150% = 1,5
c) 4,5% = 0,045; 6,8% = 0,068; 34,5% = 0,345;
0,7% = 0,007; 0,12% = 0,0012

5 a) $\frac{21}{100} = 21\%$
b) $\frac{21}{30} = 70\%$
c) $\frac{21}{50} = 42\%$
d) $\frac{21}{70} = 30\%$

6 a) $0{,}2 > 2\%$; $\frac{3}{5} = 60\%$; $0{,}7 < 75\%$; $0{,}91 > 90\%$
b) $5{,}5\% < 0{,}55$; $70\% < \frac{3}{4}$; $0{,}8 > 0{,}08$; $11\% > \frac{1}{11}$

7 a) Petra hat nicht Recht. $\frac{1}{3} = 33\frac{1}{3}\% > 30\%$
b) $15\% > \frac{1}{7}$
c) Nein.

8 a)

I	25%
II	12,5%
III	25%
IV	6,25%
V	18,75%
VI	3,125%
VII	9,375%

b) mögliche Lösung:
I + III oder III + IV + V
c) mögliche Lösung:

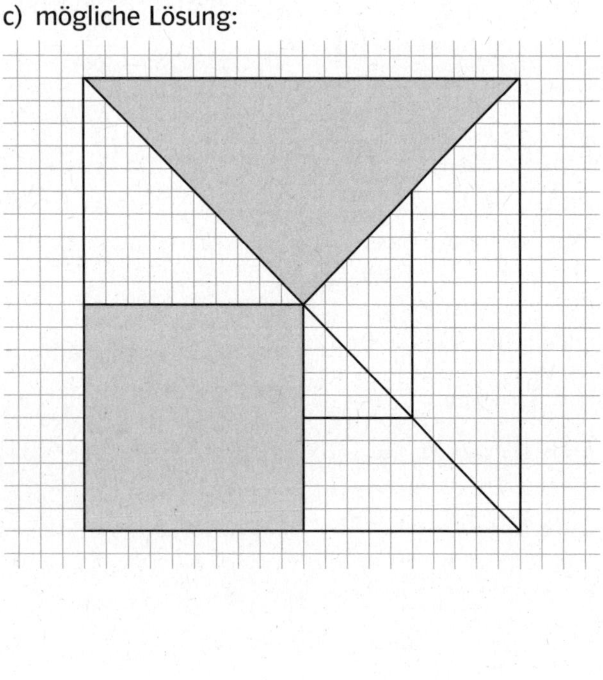

9

39%	10%	17%	41%	8,5%	72%
$\frac{39}{100}$	$\frac{10}{100}$	$\frac{17}{100}$	$\frac{41}{100}$	$\frac{8{,}5}{100}$	$\frac{18}{25}$
0,39	0,1	0,17	0,41	0,085	0,72

4%	9,9%	5%	33%
$\frac{4}{100}$	$\frac{9{,}9}{100}$	$\frac{1}{20}$	$\frac{33}{100}$
0,04	0,099	0,05	0,33

Runden

▪ • Etwa 13 von 26, also etwa 50%;
genau: 48,1%
• Etwa 15 von 45, also etwa ein Drittel;
genau: 34,9%
• Etwa jeder Zehnte, also etwa 10%;
genau: 11,1%
• Etwa ein Siebtel von 350 Teilnehmern, also etwa 50 Teilnehmer;
genau: 14,3%; das sind 49 Teilnehmer.

Seite 146

Prozentanteile grafisch darstellen

▪ Andere Diagramme wären zum Beispiel das Balken- oder das Säulendiagramm. Diese liefern schnell einen exakten Überblick. Das Streifendiagramm oder das Kreisdiagramm machen es möglich, schnell zu entscheiden, ob es sich um „die Hälfte", „ein Drittel", „ein Viertel" handelt.
▪ individuelle Lösungen
▪ individuelle Lösungen

10 $\frac{2}{3}$ blau; $\frac{1}{3}$ gelb; 67% blau; 33% gelb

11 a) Tennis
b) 8 Handball, 10 Tennis, 7 Fußball
c) 32% Handball, 40% Tennis, 28% Fußball

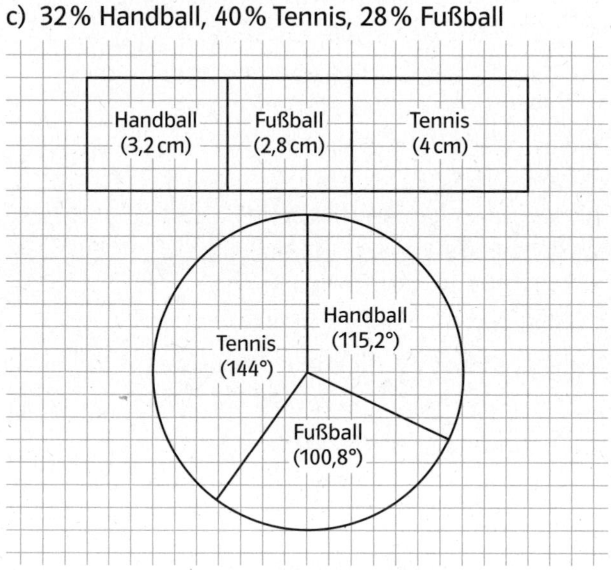

d) individuelle Lösungen
e) individuelle Lösungen
f) individuelle Lösungen

3 Prozentsatz

Seite 147

Einstiegsaufgabe

➔ An der Schiller-Realschule liegt der Anteil der Handybesitzer mit 76 % etwas unter der Angabe in der Zeitung.

Seite 148

1 a) 17 %; 19 %; 33 %
b) 26 %; 32 %; 85 %
c) 70 %; 31,5 %; 12 %
d) 11,5 %; 17,6 %; 33,3 %

2 a) 50 %; 25 %; 20 %
b) 35 %; 71 %; 45 %
c) 44 %; 5 %; 35 %
d) 75 %; 25 %; 12,5 %

3 a) 25,71 %; 29,17 %; 2,36 %
b) 10,59 %; 47,22 %; 88,89 %

4 a) $\frac{63}{450} = 14\,\%$ Ehrenurkunde
$\frac{216}{450} = 48\,\%$ Siegerurkunde
b) $\frac{(450 - 279)}{450} = 38\,\%$
c)

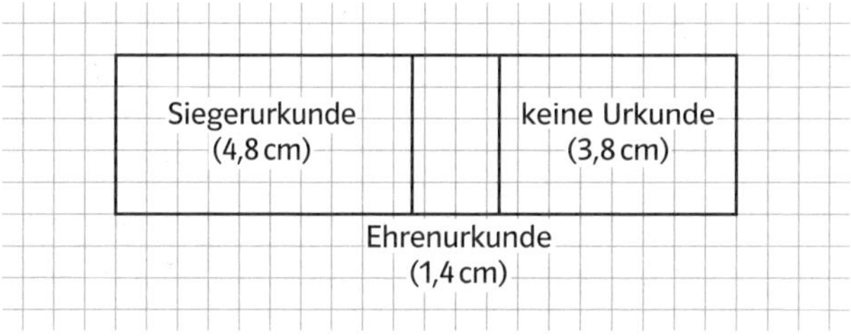

5 a)

Das traue ich mir zu	67,14 %
Ich denke, das liegt mir nicht	11,14 %
Er ist für mich ein vertrautes Werkzeug	49,14 %
Das entspricht meinem Interesse	44,57 %
Ich habe eine andere Meinung	15,43 %

b) Mehrfachnennungen sind möglich
c) Prozentkreis und Prozentstreifen sind nicht sinnvoll, da die Summe 100 % ergeben müsste.

Randspalte

W	G	p %
176 m	320 m	55 %
294 kg	980 kg	30 %
11,7 l	78 l	15 %
75,9 g	230 g	33 %
30,6 km	85 km	36 %

W	G	p %
95,20 €	140 €	68 %
4,93 l	5,8 l	85 %
2,85 m	7,5 m	38 %
6,3 h	105 h	6 %

Diagramme am PC

▪ G = 30 Schüler
12 Jungen sind 40 %, 18 Mädchen sind 60 %.
Die Diagramme sind im Buch dargestellt.
▪ Der Anteil der Jungen steigt auf 40,625 %, der Anteil der Mädchen sinkt auf 59,375 %.
▪ Der Anteil der Jungen fällt auf 39,29 %; der Anteil der Mädchen steigt auf 60,71 %.
▪

Mädchen	Jungen
17 M. = 56,7 %	13 J. = 43,3 %
16 M. = 53,3 %	14 J. = 46,7 %
15 M. = 50 %	15 J. = 50 %

Jeder Schüler/jede Schülerin entspricht $3\frac{1}{3}$ % der Gesamtklasse. Der Streifen der Jungen wächst jeweils um $3\frac{1}{3}$ %, der der Mädchen wird um $3\frac{1}{3}$ % (= 0,33 cm) kürzer.
Im Kreisdiagramm wächst der Kreisausschnitt der Jungen um $3\frac{1}{3}$ %, also 12°, der der Mädchen wird jeweils um 12° kleiner.

4 Prozentwert

Seite 149

Einstiegsaufgabe

➔ 10 a: $\frac{30}{81} = 0{,}37$; 10 b: $\frac{27}{81} = 0{,}33$; 10 c: $\frac{24}{81} = 0{,}3$
Der Klasse 10 a stehen also 37 % der 24 Plätze zu, also etwa 9 Plätze; der Klasse 10 b stehen 33 % der 24 Plätze zu, also etwa 8 Plätze, und der Klasse 10 c stehen 30 % der 24 Plätze zu, also etwa 7 Plätze.

Seite 150

1 a) 24; 8,5; 77; 100
b) 54; 102; 40; 12
c) 0,15 €; 0,27 ha; 18 s; 9,6 h
d) 0,5 h; 1,44 m; 1,4 m^2; 2,25 kg

2 a) 54 €; 172,80 €; 64,60 €; 540 €
b) 0,114 kg; 0,315 t; 0,2 m; 0,09 l
c) 0,30 €; 22,5 m; 33 l
d) 18,75 l; 12,68 €; 36,45 m

3 a) 261,56 €
b) 132,249 km
c) 15,3 kg

4 Hartmut: 50 · 10 % = 5; 10 · 50 % = 5
Claus: 20 · 2 % = 0,4; 2 · 20 % = 0,4
Achim: 100 · 40 % = 40; 40 · 100 % = 40
Schreibt man die Rechnungen etwas ausführlicher auf, findet man schnell eine Erklärung.
Hartmut rechnet zum Beispiel: $\frac{10 \cdot 50}{100}$
Das bedeutet $\frac{10}{100} \cdot 50$ also 10 % von 50,
oder $10 \cdot \frac{50}{100}$, also 50 % von 10.

5 a) Erwachsener: 48 kg Wasser; 16 kg Eiweiß; 11,2 kg Fett; 4,8 kg andere Stoffe
Kind: 27 kg Wasser; 9 kg Eiweiß; 6,3 kg Fett; 2,7 kg andere Stoffe
b) individuelle Lösungen

Gesund essen

- Andy: 300 g · 32 % + 80 g · 26 % = 116,8 g
Marina: 250 g · 8 % + 80 g · 1,8 % = 21,44 g
- Andreas: 116 kg
Marina: 21 kg
- individuelle Lösungen
- individuelle Lösungen

Randspalte

p %	G	W
12 %	50 kg	6 kg
17 %	83 m	14,11 m
39 %	72 €	28,08 €
8,5 %	174 l	14,79 l
87,5 %	38 km	33,25 km
10,5 %	978 g	102,69 g
$3\frac{1}{2}$ %	538 €	18,83 €
$34\frac{1}{4}$ %	230 m	78,775 m
$7\frac{3}{4}$ %	85 kg	6,5875 kg

5 Grundwert

Seite 151

Einstiegsaufgabe
➔ 80 Teilnehmer entsprechen 60 %. $\frac{80}{6}$ Teilnehmer entsprechen dann 10 % und $\frac{800}{6}$ Teilnehmer 100 %. Gerundet sind das 133 Teilnehmer.

Seite 152

1 a) 150 €; 230 m; 140 km; 7,6 g
b) 750 m; 450 kg; 275 t; 400 min
c) 440 €; 2 035 714 g; 4386 g; 600 m²
d) 210 km; 430 l; 76 €; 800 g

2 a)

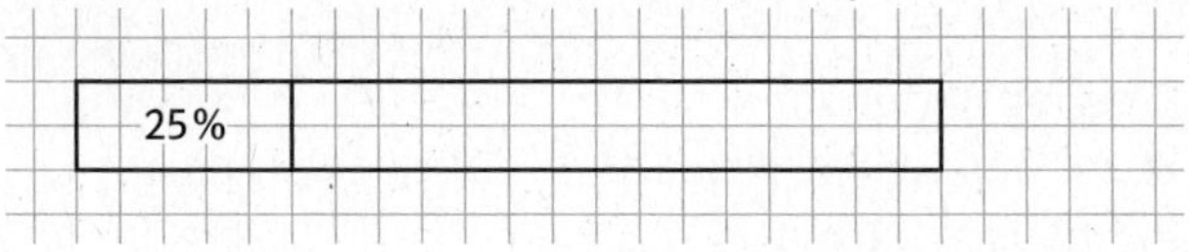

b)

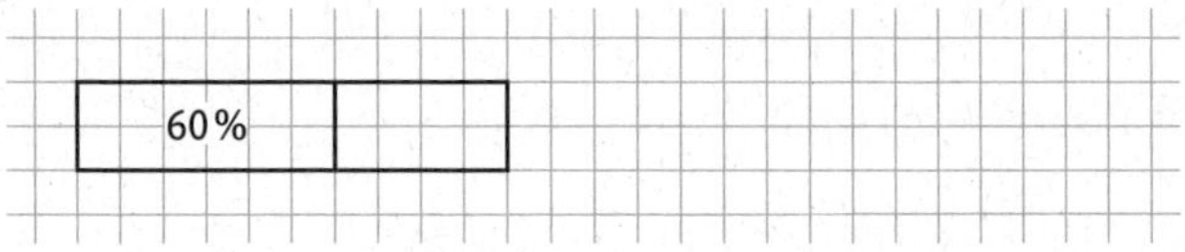

c)

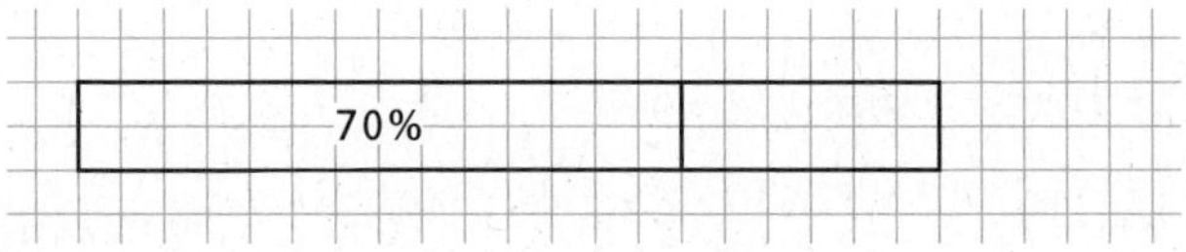

d)

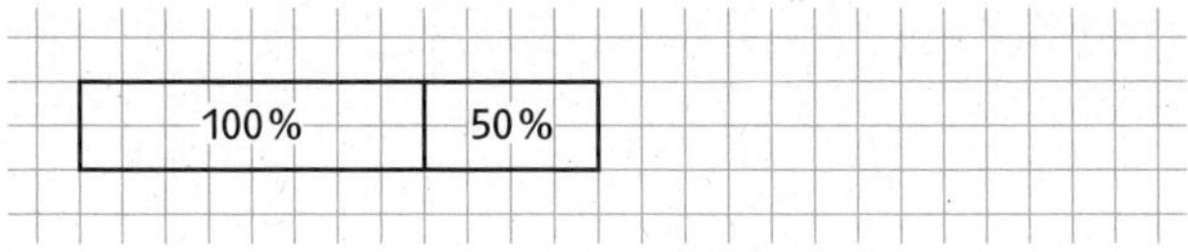

3 a) 95 000 Fußgänger
b) 9000 km²
c) 45 000 Stimmen
d) 68 000 ha

4 a) Vorher zahlten sie 140 €.
b) Leons Schulweg ist 3200 m bzw. 3,2 km lang.
c) Normalerweise bräuchte man 0,75 l.

5 a) G = 2000 €; G = 1000 €; G = 500 €
b) G = 5000 €; G = 2500 €; G = 1666,67 €
c) G = 750 €; G = 1500 €
d) G = 500 €; G = 750 €
Bleibt der Prozentwert W gleich und verdoppelt/verdreifacht man den Prozentsatz p %, halbiert/drittelt sich der Grundwert G. Bleibt der Prozentsatz p % gleich und verdoppelt/verdreifacht man den Prozentwert W, verdoppelt und verdreifacht sich der Grundwert.

6 a) 120 % = 120 €; 100 % = 100 €
b) 80 % = 120 €; 100 % = 150 €
c) 125 % = 500 kg; 100 % = 400 €
d) 75 % = 500 kg; 100 % = 666,667 kg
e) individuelle Lösungen

7 a) Vorher kosteten die Schuhe 125 €.
b) Die Kette kostete vorher 187,50 €.
c) Vor der Preiserhöhung kostete die Hose in der Klamottenkiste 95 €. Im Hosenladen kostete sie zu diesem Zeitpunkt 99 €. Er hat sich also richtig entschieden.

8 a) mögliche Lösungen: Lampe, Boden, Kerze
b) mögliche Lösungen: Tal, Uhr, sich
c) individuelle Lösungen
d) individuelle Lösungen

Randspalte

p %	W	G
12 %	72 €	600 €
15 %	13,5 m	90 m
18 %	115,2 g	640 g
44 %	352 ha	800 ha
56 %	252 a	450 a
7,5 %	6,75 m	90 m
15,5 %	93 t	600 t
0,3 %	1,65 hl	550 hl
41,8 %	334,4 g	800 g

Üben • Anwenden • Nachdenken

Seite 154

1 a) $\frac{1}{2} = 0{,}5 = 50\,\%$
$\frac{4}{5} = 0{,}8 = 80\,\%$
$\frac{7}{10} = 0{,}7 = 70\,\%$
$\frac{13}{20} = 0{,}65 = 65\,\%$
$\frac{19}{100} = 0{,}19 = 19\,\%$
$\frac{38}{400} = 0{,}095 = 9{,}5\,\%$
$\frac{6}{15} = 0{,}4 = 40\,\%$
$\frac{9}{25} = 0{,}36 = 36\,\%$
$\frac{17}{30} = 0{,}57 = 57\,\%$

2 a) $40\,\% = 0{,}4 = \frac{40}{100} = \frac{2}{5}$
$55\,\% = 0{,}55 = \frac{55}{100} = \frac{11}{20}$
$33\,\% = 0{,}33 = \frac{33}{100}$
$12\,\% = 0{,}12 = \frac{12}{100} = \frac{3}{25}$
$8\,\% = 0{,}08 = \frac{8}{100} = \frac{2}{25}$
$9\,\% = 0{,}09 = \frac{9}{100}$
$20\,\% = 0{,}2 = \frac{20}{100} = \frac{1}{5}$

b) $12{,}5\,\% = 0{,}125 = \frac{125}{1000} = \frac{1}{8}$
$4{,}2\,\% = 0{,}042 = \frac{42}{1000} = \frac{21}{500}$
$2{,}5\,\% = 0{,}025 = \frac{25}{1000} = \frac{1}{40}$
$0{,}5\,\% = 0{,}005 = \frac{5}{1000} = \frac{1}{200}$
$120\,\% = 1{,}2 = \frac{120}{100} = \frac{6}{5}$
$200\,\% = 2$

3 individuelle Lösungen

4 a)

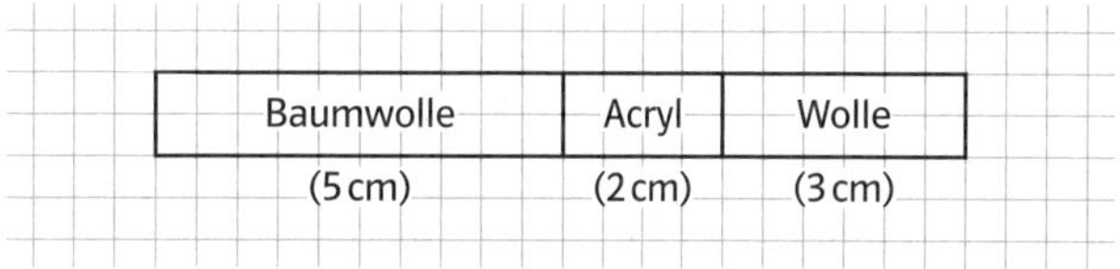

b)

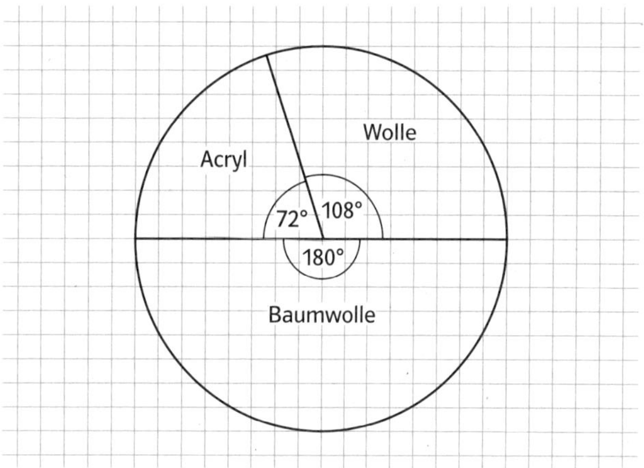

c) 800 g · 50 % = 400 g Baumwolle
800 g · 30 % = 240 g Acrylfaser
800 g · 20 % = 160 g Wolle
d) 180 g : 20 % = 900 g

5 a) Klasse 6, Jungen: $\frac{55}{80} = 68{,}75\,\%$
Klasse 6, Mädchen: $\frac{24}{60} = 40\,\%$
Klasse 7, Jungen: $\frac{36}{40} = 90\,\%$
Klasse 7, Mädchen: $\frac{86}{100} = 86\,\%$
b) Jungen: $\frac{91}{120} = 75{,}8\,\%$
Mädchen: $\frac{110}{160} = 68{,}75\,\%$
c) individuelle Lösung

d) mögliche Lösung:

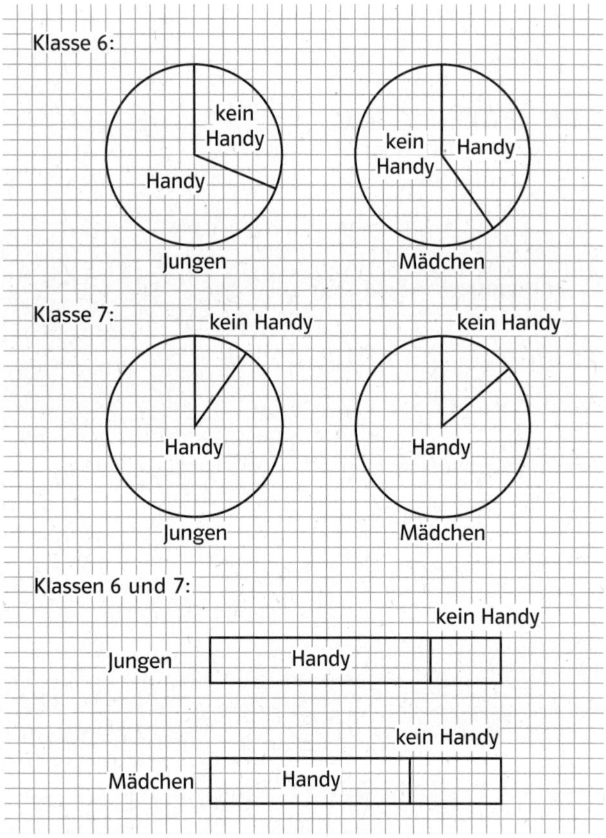

6 Ein Tag hat $24 \cdot 60\,\text{min} = 1440\,\text{min}$.

	Schultage		Wochenende	
Medien	m	w	m	w
Fernsehen	2,8 %	3,125 %	10,4 %	9 %
Radio/CD	11,8 %	13,5 %	16 %	16,3 %
Computerspiele	2,1 %	0,7 %	3,5 %	1 %
Internet	0,35 %	0,21 %	0,69 %	0,35 %
Zeitung/Zeitschrift	0,7 %	1 %	0,7 %	0,83 %
Buch	0,35 %	0,7 %	0,7 %	1 %

Mögliche Lösung für die Beschäftigung der Jungen und Mädchen mit Medien an Schultagen.

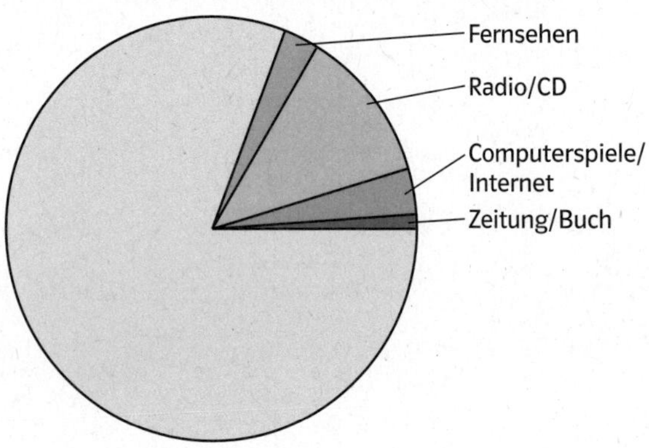

Umgang mit einfachen Formeln

G	p %	W
12,50 €	7 %	0,88 €
456 m	25 %	114 m
80 kg	65 %	52 kg

Seite 155

Ist Inline-Skaten ein gefährlicher Sport?

- Die beiden Kreisdiagramme geben einen Überblick über die Art der auftretenden Verletzungen und die Unfallorte. Bei den Verletzungen ist auffällig, dass es mit Ausnahmen (Kopf, Schulter, Sonstiges) eine relativ gleiche Verteilung von ca. 13 % bis 16 % gibt. Im Diagramm Unfallorte wird deutlich, dass die wenigsten Unfälle in der Halfpipe und auf der Skatebahn passieren. Das heißt aber nicht unbedingt, dass diese Orte sicherer sind, sondern dass an den anderen Orten (Platz, Straße, Geh- und Radweg) einfach mehr Inline-Skater unterwegs sind.
Das Kreisdiagramm Verletzungen ist nicht sehr übersichtlich, da die Anzahl der Merkmale mit neun recht groß ist. Alternativ könnte man dies in einem Balkendiagramm darstellen:

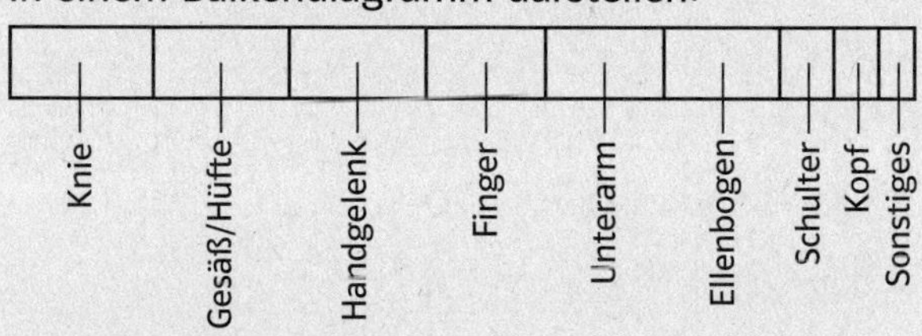

- Ein direkter Zusammenhang lässt sich nicht feststellen, da z. B. 86 % keinen Helm tragen, eine Kopfverletzung allerdings nur in 5 % der Fälle auftritt. Weiterhin tragen 66 % keinen Ellenbogenschutz; diese Art der Verletzung hat eine Häufigkeit von 15 %.
- Individuelle Lösungen.

- Das Diagramm macht eine Aussage darüber, bei welcher Sportart die meisten Unfälle passieren. Dies ist Fußball mit ca. 43,1 %, gefolgt von den Mannschaftsballsportarten Hand-, Volley- und Basketball mit ca. 16,3 %. Im Gegensatz zu Jogging oder Tennis hat man hier direkten Kontakt zu anderen Mitspielern, was das Unfallrisiko erhöht.

Seite 156

Überall Steigungen

- 800 m · 16 % = 128; 1600 m · 8 % = 128
- 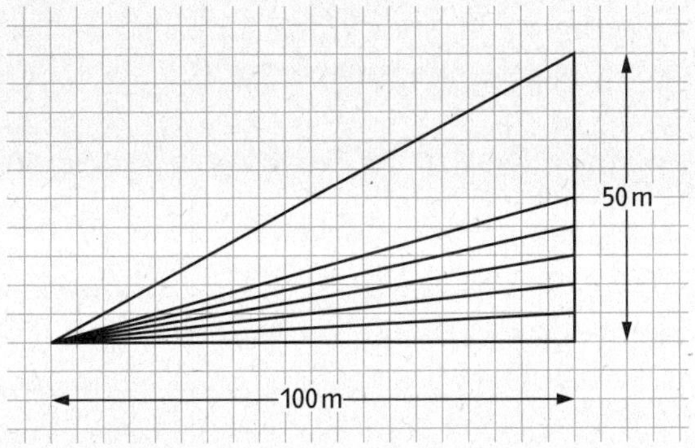

Man erhält Winkel von 2,8°; 5,7°; 8,5°; 11,3°; 14,0° und 26,6°.

Steigungen an Treppen

- $\frac{16}{30} = 53{,}3\,\%$

$\frac{18{,}5}{28} = 66{,}07\,\%$

$\frac{21}{25} = 84\,\%$

- In Schulen ist die Steigung am geringsten. Das ist sinnvoll, weil in den Treppenhäusern der Schulen sehr viel los ist und gerade Kinder kleine Schritte machen. Je steiler eine Treppe ist, desto gefährlicher ist sie.

Kellertreppen sind deshalb so steil, weil man meist auf wenig Platz die Höhe überwinden muss. Die gleichen Argumente gelten für die Trittbreite (wenig Platz für Kellertreppen, viele Personen, hohe Geschwindigkeit auf Schultreppen).

Rampen für Rollstuhlfahrer

Die Treppen müssten extrem flache und breite Stufen haben; zum Beispiel könnten sie 3 cm hoch und 50 cm breit sein.

Beim Wandern

- Genau genommen muss Stefan die Steigung auf die horizontale Entfernung, nicht auf die zurückgelegte Wegstrecke, beziehen. In diesem Fall ist der Unterschied aber geringfügig.

Aus der Zeitung

Auf 100 m Entfernung (Luftlinie und nicht Wegstrecke) nimmt die Höhe um 100 m ab. Einer Steigung von 100 % entspricht ein Steigungswinkel von 45°.

Es gibt auch Steigungen über 100 %!

- Individuelle Lösungen
- Eine Steigung ist größer als 100 %, wenn der Höhenunterschied größer ist als die horizontale Entfernung.

8 Wahrscheinlichkeitsrechnung

Auftaktseite: Würfeltest

Seiten 158 bis 159

Weitere Beispiele: Halma, Spiel des Wissens ...

Säulendiagramm für die absoluten Häufigkeiten:

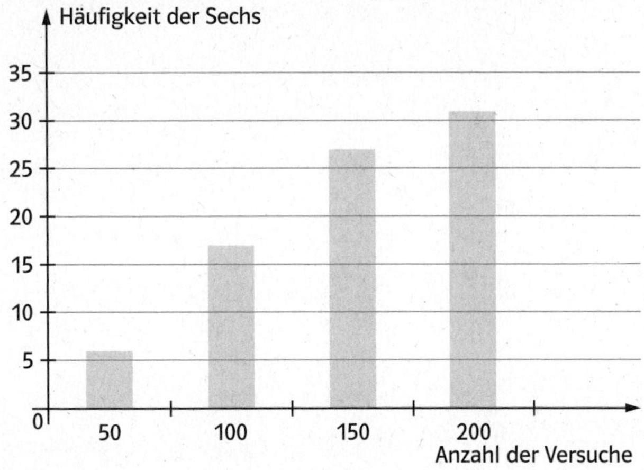

Verdoppelt man die Anzahl der Würfe, so verdoppelt sich in etwa auch die Anzahl der geworfenen Sechsen.

Säulendiagramm für die relativen Häufigkeiten:

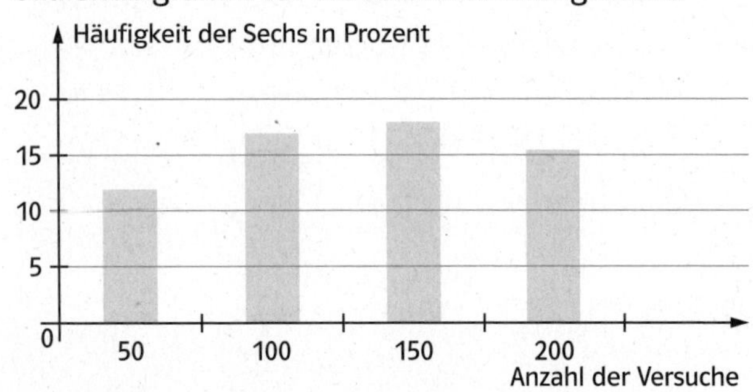

Die Prozentangaben wachsen nicht mehr mit der Anzahl der Versuche, sondern pendeln sich auf einer bestimmten Höhe ein.

Die Sechs müsste in etwa 17% der Fälle auftreten.

Bei dem Dodekaeder-Würfel (links) ist in rund 8% der Fälle mit einer Sechs zu rechnen, beim Ikosaeder-Würfel (rechts) in 5%.

Beim Monopolyspiel wird nicht jede Augensumme gleich häufig auftreten, wie es bei der Augenzahl zu erwarten ist.

Am häufigsten wird die Augensumme 7 vorkommen, da sie durch die meisten Kombinationen von Augenzahlen erhalten werden kann (1 + 6; 2 + 5; 3 + 4; 4 + 3; 5 + 2; 6 + 1). Am seltensten werden die Augensummen 2 und 12 vorkommen, da sie jeweils nur durch eine einzige Kombination (1 + 1, bzw. 6 + 6) zustande kommen.

Man geht analog zu der Auswertung des Würfelns mit einem Würfel vor.

Die Länge der Säulen steigt von der Augensumme 2 bis 7 immer stärker an und nimmt dann auf die gleiche Weise ab. Das bedeutet, dass sehr niedrige und sehr hohe Augensummen selten gewürfelt werden. Dies ist klar, da diese nur durch wenige Kombinationen zustande kommen können.

1 Zufallsversuche

Seite 160

Einstiegsaufgabe
➔ individuelle Lösung
➔ Marco meint, dass man den Ausgang des Spiels nicht vorhersagen kann und auch nur schwer beeinflussen kann (eventuell durch die Drehgeschwindigkeit des Bleistifts und Ausgangsposition).
➔ Lotto: Kugeln werden aus einer Urne gezogen; Tombola: Lose werden gezogen; Glücksrad: das Rad wird gedreht.

1 a) Zahlen 1 bis 6; zufällig.
b) Die Flamme erlischt; nicht zufällig.
c) Wasser läuft; nicht zufällig (es sei denn, es liegt ein Leitungsdefekt vor)
d) Es wird eine der 32 Karten gezogen, z. B. das Kreuz-Ass; zufällig (man kann nicht vorhersagen, welche Karte man zieht).
e) Kopf/Kopf, Kopf/Zahl, Zahl/Kopf, Zahl/Zahl

2 a) Man zieht das lange oder man zieht das kurze Streichholz.
b) Man erhält eine Zahl zwischen 1 und 8 bzw. ein rotes, gelbes oder blaues Feld.
c) Man erhält ein Zahlenpaar, dessen Werte jeweils aus den Zahlen 1 bis 6 bestehen.

3 Die Streichhölzer, da es vier Stück davon gibt. Wer das kurze zieht, muss zuerst suchen.
Man kann auch die anderen Zufallsgeräte benutzen. Es muss dann derjenige suchen, der (je nach Vereinbarung) die niedrigste oder höchste Zahl würfelt, dreht oder zieht. Man muss dann möglicherweise neu würfeln oder drehen, falls zwei Personen die gleiche höchste oder niedrigste Zahl haben.

Seite 161

4 a) Münze (Kopf/Zahl) oder zwei Streichhölzer (lang/kurz).
b) Sieben nummerierte Karten (von 1 bis 7) oder wahlweise sieben Karten aus einem Skatspiel, wobei man dann die Startreihenfolge nach der Wertfolge der Karten festlegen kann.
c) Würfel oder sechs nummerierte Karten (von 1 bis 6), wobei jede Zahl der Bahn entspricht.

5 a) Glücksspiel: Würfel
b) kein Glücksspiel
c) kein Glücksspiel
d) kein Glücksspiel, der Zufall spielt zwar beim Ausgeben der Karten eine Rolle, aber über den Ausgang des Spiels entscheidet kein Zufallsgerät.
e) Glücksspiel: Kugel
f) kein Glücksspiel, sondern ein Geschicklichkeitsspiel
g) kein Glücksspiel, der Zufall spielt nur beim Austeilen der Dominosteine eine Rolle.
h) Glücksspiel: Karte.

Glücksräder

- Spielverlauf individuell.
Bei der 1. Spielvariante ist es ein faires Spiel, d.h., jeder hat die gleiche Chance. Bei der 2. Spielvariante ist der Spieler, der bei Rot gewinnt, im Vorteil, da es vier rote, aber nur drei blaue Felder gibt.
- Die Farben Gelb und Rosa haben die größten Gewinnchancen, da ihre Auflagefläche größer ist und es daher wahrscheinlicher ist, dass das Glücksrad auf ihnen liegen bleibt.
- Überprüfen kann man die Gewinnaussichten, indem man das Spiel sehr oft durchführt und jeweils notiert, welche Farbe gewinnt.
- Man kann unter eine bestimmte Zahl oder Farbe ein kleines Gewicht anbringen. Damit erhöht man die Chance, dass diese Zahl oder Farbe gewinnt.

2 Wahrscheinlichkeiten

Seite 162

Einstiegsaufgabe
➔ Beide haben Recht, da bei beiden Würfeln alle Zahlen gleich wahrscheinlich sind.
➔ Die Chance auf einen Gewinn ist für Larissa größer. Harkans Würfel hat viel mehr Seiten, es gibt also viel mehr Möglichkeiten für andere Zahlen als die Sechs.

Seite 163

1 a) $\frac{1}{98}$ b) $\frac{1}{32}$ c) $\frac{1}{49}$ d) $\frac{1}{7}$

2 a) Im Lotto, denn $\frac{1}{99} < \frac{1}{49}$
b) Beim Glücksrad, denn $\frac{1}{5} > \frac{1}{6}$
c) Beim Skatspiel, denn $\frac{1}{32} > \frac{1}{37}$
d) In einem Schaltjahr, denn $\frac{1}{7} < \frac{1}{4}$
e) individuelle Lösungen

3 a) $\frac{1}{44}$ (5 der 49 Kugeln sind schon gezogen)
b) $\frac{1}{43}$ (6 der 49 Kugeln sind schon gezogen)

4 Die Wahrscheinlichkeit für die richtige letzte Ziffer ist $\frac{1}{10}$ (Anzahl der Ziffern von 0 bis 9 gleich 10).
Die Wahrscheinlichkeit für die beiden letzten richtigen Ziffern ist $\frac{1}{10} \cdot \frac{1}{10} = \frac{1}{100}$, für die drei letzten Ziffern ist $\frac{1}{10} \cdot \frac{1}{10} \cdot \frac{1}{10} = \frac{1}{1000}$.

5 a) $\frac{1}{4}$
b) Arno kann keinen, einen, zwei, drei oder vier Gewinne haben. Die Wahrscheinlichkeit sagt nichts über das tatsächliche Ergebnis des Zufallsversuchs aus.
c) Je nach Anzahl der in der Lostrommel enthaltenen Gewinnlose könnten unter Petras Losen zwischen einem und acht Gewinnlose sein. Sie kann aber auch kein einziges Gewinnlos ziehen. Begründung siehe b).

6 a) $\frac{1}{5}$ (da drei der acht Kugeln weg sind)
b) $\frac{1}{8}$ (da bei jedem Zug wieder alle acht Kugeln im Strumpf sind)

7 a) Vermutlich ist rot am häufigsten vertreten, da es am häufigsten gezogen wurde. $\left(\frac{263}{580} \approx 45\,\%\right)$.
b) Gelb $\left(\frac{61}{580} \approx 11\,\%\right)$ und blau $\left(\frac{57}{580} \approx 10\,\%\right)$ scheinen annähernd gleich oft vertreten zu sein.
c) Es ware möglich, dass es noch eine andersfarbige Kugel gibt. Es müssten dann aber sehr viele Kugeln sein, da sonst bei 580 Zügen diese andersfarbige Kugel mit großer Wahrscheinlichkeit mindestens einmal gezogen wird.

8 a) Von den drei verbleibenden Flächen könnten zwei blau und eine rot sein (blau und rot sind gleich wahrscheinlich).
b) Von den drei verbleibenden Flächen könnten zwei rot und eine blau sein (Wahrscheinlichkeit für Blau $\approx \frac{1}{3}$, für Rot $\approx \frac{2}{3}$).
c) Die übrigen drei Flächen könnten rot sein (Wahrscheinlichkeit für Blau $\approx \frac{1}{6}$, für Rot $\approx \frac{5}{6}$).

9 Münzwurf (Kopf/Zahl); Würfeln (2 Flächen rot, 2 Flächen blau, 2 Flächen gelb); Kartenspiel (aus vier Damen die Herz-Dame ziehen); Ziehung einer roten Kugel aus Karton mit 8 verschiedenfarbigen Kugeln; Wurf eines Dodekaeders (Werfen der 1 bei durchnummerierten Flächen); Roulette spielen (Die Kugel fällt auf eine festgelegte Zahl.); Lotto (als erste Kugel wird die 5 gezogen).

Randspalte:
$\frac{1}{366 + 365 + 365 + 365} \approx 0{,}07\%$

3 Ereignisse

Seite 164

Einstiegsaufgabe
➔ Angelika hat die größere Chance, da sie mit den Würfen 3, 4, 5 oder 6 ihren Stein ins Haus bringen kann, Dirk dagegen kann nur mit den Würfen 4, 5 oder 6 einen Stein in Sicherheit bringen.

1 a) $\frac{10}{20} = \frac{1}{2}$ b) $\frac{4}{20} = \frac{1}{5}$ c) $\frac{11}{20}$
d) $\frac{0}{20} = 0$ (Nummerierung des Ikosaeders von 1 bis 20)

2 Es gibt insgesamt 86 Kugeln, damit ist die Wahrscheinlichkeit für Laura, eine rote Kugel zu ziehen, gleich $\frac{18}{86}$.

Seite 165

3 a) $\frac{12}{25} = 48\%$ b) $\frac{5}{25} = \frac{1}{5} = 20\%$ c) $\frac{8}{25} = 32\%$
d) Die Summe der Wahrscheinlichkeiten ist gleich 1 = 100 %, denn es ist das sichere Ereignis, entweder eine rote, eine weiße oder eine blaue Kugel zu ziehen.

4 a) $\frac{4}{6} = \frac{2}{3}$ (ICH und WIR)
b) $\frac{2}{3}$ (gleiche Wahrscheinlichkeit wie in a))
c) $\frac{2}{6} = \frac{1}{3}$

5 a) $\frac{3}{8}$
b) $\frac{4}{8} = \frac{1}{2}$
c) $\frac{7}{8}$
d) $\frac{1}{8}$
e) $\frac{1}{8}$

6

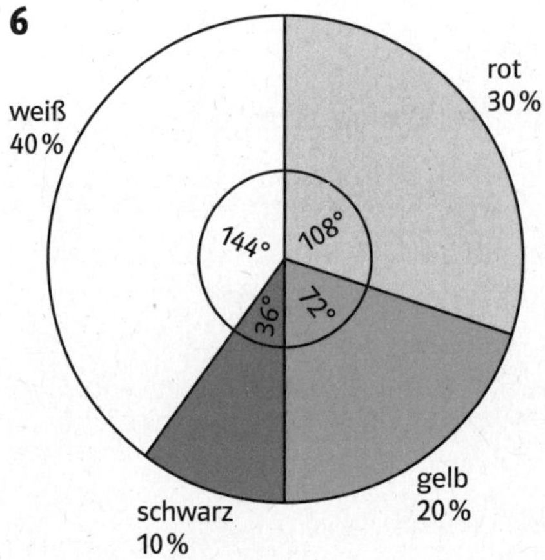

Annahme: Die übrigen 40 % sind z. B. weiß.

7 a) Es werden mindestens fünf Fäden benötigt: 1 Gewinnfaden (CD), 4 Attrappen-Fäden, so dass die Chance $\frac{1}{5} = 20\%$ beträgt.
b) Bei 75 Fäden müssen 15 mit CDs und die übrigen 60 mit Attrappen bestückt sein.

8 Von den drei anderen Seiten sind zwei rot und eine blau.

9 a) Es befinden sich mindestens 12 Lose mit 5 Gewinnen in der Lostrommel.
b)

Gewinne:	Lose:
10	24
25	60
50	120
100	240
500	1200

10

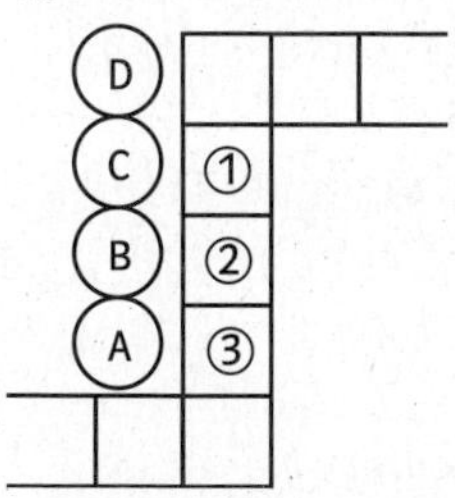

Bei folgenden Situationen gelangt man mit der Wahrscheinlichkeit $\frac{1}{3}$ ins Haus.

Stellung	besetzte Felder im Haus	unbesetzte Felder im Haus	benötigte Augenzahl
1	–	A, B	5, 6
2	A	B, C	5, 6
2	B	A, C	4, 6
2	–	A, B	4, 5
3	A, B	C, D	5, 6
3	A, C	B, D	4, 6
3	A, D	B, C	4, 5
3	B, C	A, D	3, 6
3	B, D	A, C	3, 5
3	C, D	A, B	3, 4

Nicht genannte Felder haben keinen Einfluss auf das Ergebnis. Sie können frei oder besetzt sein.

Wahrscheinlichkeit im Alltag

- Die Wahrscheinlichkeit beträgt 50 %.
- Das sichere Ergebnis hat eine Wahrscheinlichkeit von 100 %. Eine Sicherheit über 100 % gibt es nicht!
- Er ist in einer aussichtslosen Situation.
- Die Wahrscheinlichkeit ist gleich 100 % = 1, d. h. sicheres Ereignis.
- Die Chancen stehen gleich, d. h. Wahrscheinlichkeit gleich 50 %.
- Die Wahrscheinlichkeit für einen Sechser im Lotto ist mit $\frac{1}{13\,983\,816}$ sehr klein, man meint damit also ein besonders glückliches Ereignis.
- Es besteht eine minimale Unsicherheit.
- Die Wahrscheinlichkeit beträgt 0 %.
- Die Wahrscheinlichkeit beträgt 100 %, weil die Bank von England angeblich so gut gesichert ist.
- 100 % Kostendeckung: Bei Unfall oder Krankheit werden alle Kosten übernommen.

Seite 166

BINGO

- individuelle Lösungen
- individuelle Lösungen
- Die größte Chance hat Bernd (5 Felder), die kleinste Chance hat Ahmed (1 Feld). Jan hat keine Chance, bei der nächsten gezogenen Zahl zu gewinnen.
- Jan: 0 %; Katharina: $\frac{3}{12} = \frac{1}{4} = 25\,\%$; Julia: $\frac{3}{12} = \frac{1}{4} = 25\,\%$; Bernd: $\frac{5}{12} \approx 42\,\%$; Ahmed: $\frac{1}{12} \approx 8{,}3\,\%$.
- Jan: $\frac{2}{11} \approx 18{,}2\,\%$; Katharina: $\frac{5}{11} \approx 45{,}5\,\%$; Julia: $\frac{4}{11} \approx 36{,}4\,\%$; Bernd: $\frac{5}{11} \approx 45{,}5\,\%$; Ahmed: $\frac{3}{11} \approx 27{,}3\,\%$.
- Bei der Zahl 11 gewinnt niemand. Die Wahrscheinlichkeit dafür ist gleich $\frac{1}{11} \approx 9{,}1\,\%$.

4 Schätzen von Wahrscheinlichkeiten

Seite 167

Einstiegsaufgabe

→ Die Wahrscheinlichkeit, eine Sechs zu werfen, lässt sich beim Würfel $\left(\frac{1}{6}\right)$ und beim Dodekaeder $\left(\frac{1}{12}\right)$ leicht bestimmen. Bei der Streichholzschachtel und beim Lego-Stein ist dies schwieriger.

→ Wenn man davon ausgeht, dass die Flächen für die 1 und 6 etwa doppelt so groß sind wie die Seiten für die 2 und 5 und diese wiederum ca. 3-mal in die Fläche für die 3 und 4 passt, ergeben sich folgende geschätzte Wahrscheinlichkeiten: je $\frac{1}{18}$ für die 2 und 5, je $\frac{2}{18} = \frac{1}{9}$ für die 1 und 6 und je $\frac{6}{18} = \frac{1}{3}$ für die 3 und 4.

Beim Lego-Stein verhalten sich die Flächen für die 2 und 5 zu den Flächen für die 1 und 6 zu den Flächen für die 3 und 4 in etwa wie 1 : 2 : 4. Damit ergeben sich folgende geschätzte Wahrscheinlichkeiten: je $\frac{1}{14}$ für die 2 und 5, je $\frac{2}{14} = \frac{1}{7}$ für die 1 und 6 und je $\frac{4}{14} = \frac{2}{7}$ für die 3 und 4. Erschwerend kommt jedoch hinzu, dass der Lego-Stein nicht vollständig symmetrisch ist, da auf der Vierer-Fläche die Noppen sind, auf der Dreier-Fläche sind die Löcher. Es ist daher zu erwarten, dass die Drei etwas häufiger erscheint als die Vier.

Seite 168

1 a) ca. $\frac{1}{10} = 10\,\%$.

b) individuelle Lösung. Je mehr Telefonnummern herausgesucht werden, desto besser stimmt die relative Häufigkeit mit den 10 % überein.

2 Zum symmetrischen Würfel 1 gehört die Schätzung B, da jede Seite mit der gleichen Wahrscheinlichkeit auftritt. Zum Würfel 3 gehört Schätzung C, da dieser Würfel vier gleich große Seiten hat (Augenzahlen 2, 3, 4, 5), deren Wahrscheinlichkeiten gleich sind. Die beiden anderen Seiten (Augenzahlen 1, 6) haben eine etwa halb so große Fläche. Zum Würfel 2 gehört demnach Schätzung A; jeweils zwei Seiten sind gleich groß und haben die gleiche Wahrscheinlichkeit.

3 a) absolute Häufigkeit
b) relative Häufigkeit
c) relative Häufigkeit
d) absolute Häufigkeit
e) Wahrscheinlichkeit
f) relative Häufigkeit

4 Man führt einen Zufallsversuch mit diesem Würfel durch. Wichtig ist eine große Anzahl von Würfen (z. B. 1000). Die relative Häufigkeit für die einzelnen Augenzahlen muss ca. $\frac{1}{6}$ betragen.

5 Theoretisch ist dieses Ergebnis möglich, jedoch bei einem nicht manipulierten Würfel sehr unwahrscheinlich.

6 relative Häufigkeiten für verwandelte Elfmeter: Jochen: $\frac{17}{29} \approx 58{,}6\,\%$; Philipp: $\frac{20}{36} \approx 55{,}6\,\%$; Soufian: $\frac{12}{17} \approx 70{,}6\,\%$; Rico: $\frac{23}{40} = 57{,}5\,\%$; Daniel: $\frac{19}{30} \approx 63{,}3\,\%$.
Der Trainer sollte sich zwischen Daniel und Soufian entscheiden. Gegen Soufian spricht, dass er erst insgesamt 17 Elfmeter-Schüsse gemacht hat. Daher kann es sein, dass er bislang einfach nur viel Glück hatte.

7 a) $\frac{11}{2000} = 0{,}55\,\%$ der Geräte waren defekt.
b) Bei einer Testreihe von 2000 Geräten entspricht dies einer absoluten Häufigkeit von 10 defekten Geräten.
c) Bei einer Ausschussquote von 0,5 % kann man bei 5000 getesteten Geräten 25 defekte Geräte erwarten.

8 a) Sein Risiko beträgt 2 %.
b) Ihr Risiko beträgt ebenfalls 2 %.
c) Das Reisebüro muss damit rechnen, dass in 40 Fällen die Reisenden erkranken.

Üben • Anwenden • Nachdenken

Seite 170

1 a) $\frac{3}{12} = \frac{1}{4} = 25\,\%$ b) $\frac{6}{12} = \frac{1}{2} = 50\,\%$
c) $\frac{6}{12} = 50\,\%$ d) 0 %

2 a) 12 von 24 Flächen oder 6 von 12 Flächen (bei doppelt so großen Flächen)
b) 6 von 24 Flächen oder 2 von 8 Flächen (bei dreimal so großen Flächen)
c) 8 von 24 Flächen oder 4 von 12 Flächen (bei doppelt so großen Flächen)
d) 9 von 24 Flächen oder 6 von 16 Flächen (bei $1\frac{1}{2}$-mal so großen Flächen)
e) 10 von 24 Flächen oder 5 von 12 Flächen (bei doppelt so großen Flächen)

3 a) $\frac{5}{100} = 5\,\%$ b) $\frac{6}{100} = 6\,\%$
c) $\frac{21}{100} = 21\,\%$ d) $\frac{79}{100} = 79\,\%$
e) Der Nenner verkleinert sich jeweils um 5 auf 95; d. h. a) $\frac{5}{95} \approx 5{,}3\,\%$; b) $\frac{6}{95} \approx 6{,}3$; c) $\frac{21}{95} \approx 22{,}1\,\%$; d) $\frac{79}{95} \approx 83{,}2\,\%$.

4 Mögliche Ereignisse sind: eine rote Kugel ziehen (Kugel 1; 2; 10; 11) eine Kugel ziehen, deren Nummer durch 3 teilbar ist (3; 6; 9; 12) oder eine weiße Kugel ziehen, deren Nummer eine Primzahl ist (3; 5; 7; 11).

5 a) Man sollte die Lose beim dritten Losverkäufer kaufen, da dort die Wahrscheinlichkeit für einen Gewinn am größten ist $\left(\frac{2}{60} = \frac{1}{30} \approx 3{,}3\,\%\right)$.
b) Er sollte nun zum ersten Losverkäufer gehen, da dieser eine Gewinnwahrscheinlichkeit von $\frac{3}{120} = 2{,}5\,\%$ bietet. Der zweite Losverkäufer bietet nur $\frac{4}{180} \approx 2{,}2\,\%$, beim dritten ist die Gewinnwahrscheinlichkeit nur noch $\frac{1}{55} \approx 1{,}8\,\%$. Immer wird vorausgesetzt, dass kein anderer Besucher schon Gewinnlose gezogen hat!

6 Es wird das sichere Ereignis beschrieben (Wetteränderung oder gleiches Wetter). Somit ist die Aussage zwar richtig, aber völlig nutzlos!

7 Die Wahrscheinlichkeit ist gleich 1. Zwischen dem 24.12. und dem 31.12. liegt genau eine Woche.

8 Diese Wahrscheinlichkeit ist gleich 0, da der April nur 30 Tage hat!

Ungünstige Ergebnisse ?!

- Vera berechnet die Wahrscheinlichkeit, das gelbe Feld zu erhalten und subtrahiert diese von 1. Rechnung: $1 - \frac{1}{8} = \frac{7}{8}$.
- Wahrscheinlichkeit für „Produkt ist kleiner als 32" = 1 – Wahrscheinlichkeit für „Produkt ist größer oder gleich 32" $= 1 - \frac{1}{36} = \frac{35}{36}$.

Wahrscheinlichkeit für „Produkt ist gerade" = 1 – (Wahrscheinlichkeit für 1, 3, 5, 9, 15 oder 25) $= 1 - \left(3 \cdot \frac{1}{18} + 3 \cdot \frac{1}{36}\right) = 1 - \frac{1}{4} = \frac{3}{4}$.
Wahrscheinlichkeit für „Produkt ist durch 10 teilbar" $= \frac{1}{18} + \frac{1}{18} + \frac{1}{18} = \frac{1}{6}$.
Wahrscheinlichkeit für „Produkt ist größer als 5" = 1 – Wahrscheinlichkeit für „Produkt ist kleiner oder gleich 5" $= 1 - \left(\frac{1}{36} + 3 \cdot \frac{1}{18} + \frac{1}{12}\right) = \frac{5}{18}$.

Seite 171

9 a) $\frac{7}{30} \approx 23{,}3\,\%$
b) $\frac{7}{25} = 28\,\%$
c) in a) $\frac{5}{30} \approx 16{,}7\,\%$; in b) $\frac{5}{25} = 20\,\%$.

10 $\frac{42}{190} \approx 22{,}1\,\%$ beträgt die Wahrscheinlichkeit für eine Verspätung.

11 a) Der Lego-Stein kann auf einer der vier kleineren Seiten liegen bleiben, auf der Noppenseite (gleich Oberseite) oder auf der Unterseite.
b) Schätzung: ca. 40 % (eher etwas mehr, da die Unterseite glatt ist)
Durchführung Experiment: individuelle Lösung.

12 Je größer die Testreihe, d. h. je mehr Versuche durchgeführt werden, desto stärker nähern sich die relativen Häufigkeiten den erwarteten Wahrscheinlichkeiten (je 12,5 %). Die Felder des Glücksrades sind deshalb vermutlich gleich groß.

Regenwahrscheinlichkeit

- Individuelle Lösungen.
- „30 % Regenwahrscheinlichkeit" bedeutet:

An 30 von 100 Tagen, an denen die Wetterverhältnisse so sind wie heute, würde es Regen geben. 0 % bedeutet entsprechend, dass es auf keinen Fall regnet, 100 %, dass es mit Sicherheit regnen wird.

Bei einem 14-tägigen Urlaub mit 20 % Regenwahrscheinlichkeit hat man – im Durchschnitt – knapp drei Tage Regen. Abweichungen sind aber in jedem Urlaub möglich!

- 100 %: Gebiete, in denen es eine Regenzeit gibt, etwa die tropischen Regenwälder.

0 %: Gebiete, in denen es nur wenige Tage im Jahr regnet, etwa Wüstengebiete in Asien oder Afrika.

Seite 172

Zufallsversuche mit dem Computer

Vorsicht: Fehler im Schülerbuch beim ersten Druck: Im zweiten Screenshot befindet sich in der Befehlszeile der falsche Befehl. Es muss statt =GANZZAHL(ZUFALLSZAHL()*6+1) heißen: =ZÄHLEWENN(A3:O10;2)

- =ZUFALLSZAHL()*6 liefert Zufallszahlen größer gleich 0 und kleiner als 6;

=GANZZAHL(ZUFALLSZAHL()) liefert nur die Null;
=GANZZAHL(ZUFALLSZAHL()*6) liefert ganze Zufallszahlen zwischen 0 und 5 (d.h. die Werte 0, 1, 2, 3, 4, 5);
=GANZZAHL(ZUFALLSZAHL()*6+1) liefert ganze Zufallszahlen zwischen 1 und 6 (d.h. die Werte 1, 2, 3, 4, 5, 6).

- Das Ergebnis entspricht in etwa der Erwartung, dass alle Zahlen mit der gleichen Wahrscheinlichkeit vorkommen. Lässt man den Computer mehr als die simulierten 120-mal würfeln, gleicht sich die relative Häufigkeit immer mehr der Wahrscheinlichkeit von $\frac{1}{6}$ an.
- Der zugehörige Befehl lautet: =GANZZAHL(ZUFALLSZAHL()*6+1).
- Der zugehörige Befehl lautet: =GANZZAHL(ZUFALLSZAHL()*9+1); dies entspricht einer Nummerierung der Felder von 1 bis 9.
- Der zugehörige Befehl lautet: =GANZZAHL(ZUFALLSZAHL()*37).
- Der zugehörige Befehl lautet: =GANZZAHL(ZUFALLSZAHL()*4+3).

Treffpunkte

Treffpunkt Tropischer Regenwald – Paradiese am Äquator

Seiten 174 und 175

Millionenfach geartet

- 2000 mm Regenwasser pro m^2 entspricht 2000 l pro m^2 im Jahr. Das sind etwa 5,5 l pro Tag. In Manaus sind es, wie man dem Informationskasten entnehmen kann, sogar 2043 l im Jahr, also 5,6 l pro Tag. In Köln fallen 797 l im Jahr, was nur 2,2 l täglicher Regenmenge entspricht.

Die tägliche Regenmenge auf jeden Quadratmeter Boden im Regenwald entspricht etwa einem halben Eimer, im Jahr sind dies 20 Badewannen voll. In Deutschland sind es im Jahr pro Quadratmeter etwa 8 Badewannen voll und am Tag gerade mal ein Fünftel Eimer oder etwa 3 Wasserflaschen (à 0,75 l) voll.

- Etwa 8,67 Mio. km^2 der Erdoberfläche sind mit Regenwald bedeckt. Diese Fläche ist rund 24,3-mal so groß wie die Fläche Deutschlands (357 000 km^2).
- Die 30 Mio. Tierarten im tropischen Regenwald entsprechen Schätzungen von Forschern zufolge etwa 75 % der gesamten Fauna (= Tierwelt). Das heißt, dass es auf der Erde ca. 40 Mio. Tierarten gibt, die größtenteils noch gar nicht entdeckt worden sind. Allerdings gibt es sehr unterschiedliche Vermutungen und die Schätzungen gehen sogar bis über 100 Mio. Tierarten.
- Die Anzahl der Vogelarten in Brasilien ist mit 1635 sehr hoch und etwa 3-mal so hoch wie die Vogelartenzahl in Deutschland. Bei den übrigen drei Klassen (Säugetiere, Reptilien, Amphibien) ist die Anzahl in Brasilien etwa bei 400 bis über 500 gleich groß, aber um ein Vielfaches höher als in Deutschland, wo nur 76 Säugetierarten und noch wesentlich weniger Reptilien- und Amphibienarten vorkommen.

Vom Boden in luftige Höhe

- Wie man auf dem Foto erkennen kann, verteilen sich die 750 kg auf eine recht große Fläche. Durch die Form des Floßes (regelmäßiges Sechseck) wird das Gewicht der Forschungsstation außerdem gleichmäßig auf die umstehenden Bäume verteilt.
- Es handelt sich um 6 gleichseitige Dreiecke. Jedes der sechs Dreiecke besitzt eine Fläche von etwa 80 m^2; somit bedeckt das Baumfloß eine Fläche von ca. 480 m^2.

Kleine Schwerstarbeiter

- Wenn eine 0,003 g (=3 Milligramm) leichte Ameise ein 0,2 g schweres Blattstück trägt (Werte siehe Abbildung), so transportiert sie das 67-Fache ihres eigenen Körpergewichts. Ein Schüler mit einem Körpergewicht von 40 kg müsste dann ein 2680 kg schweres Gewicht schleppen, das entspricht einem schweren Geländewagen. Dieses Gewicht trägt eine Ameise viele Male am Tag!
- Wie man der Abbildung auf Seite 175 entnehmen kann, sind die Bäume im tropischen Regenwald im Schnitt 30 bis 40 m hoch. Um eine Höhe von 30 m zu erreichen, erklettert die Ameise bei einer Körperlänge von nur 0,9 cm (= 9 mm) das 3333-Fache ihrer eigenen Körperlänge. Ein Schüler müsste, bei einer Körpergröße von 1,50 m, entsprechend 5 km weit laufen (und 5 km auch wieder zurück). Auch dieser Vorgang wiederholt sich bei der Ameise mehrmals am Tag!
- Jeden Tag verarbeitet eine Ameisenkolonie rund 16,4 kg Blätter. Pro Ameise sind das etwa 0,008 g (= 8 mg), was fast dem 3-Fachen des eigenen Körpergewichts entspricht. Ein Schüler müsste so ca. 110 kg Material verarbeiten.

Grüne Riesen

- Die Bäume der tropischen Regenwälder ragen zwischen 30 m und 60 m hoch empor (so genannte Baumriesen). In der obersten Höhenstufe sind der Lichteinfall und die Temperatur mit 35 °C recht hoch, da hier die Sonnenstrahlen ungehindert einfallen. Dafür gibt es dort eine geringe Luftfeuchtigkeit und wenig Tiere. Die Tierwelt ist in den Höhenstufen zwischen 30 und 40 m am stärksten vertreten, da hier die Baumschicht ein geschlossenes Blätterdach hat (d. h. Schutz vor der Sonne). Aber auch am Boden in der nahrungsreichen Strauch- und Krautschicht leben viele Tiere. Die Luftfeuchtigkeit nimmt zum Boden hin immer weiter zu. Es gibt sogar Luftwurzeln, die diese Feuchtigkeit aus der Luft ziehen. Man spricht auch vom „immerfeuchten" Regenwald. Es gelangt nur sehr wenig Sonnenlicht in Bodennähe. Am Boden ist es zudem mit 25 °C rund 10 °C kühler als in den oberen Höhenstufen.
- Steigt ein Baumsteigerfrosch von 20 m in 40 m Höhe auf, so wird es wesentlich heller, wärmer (> 30 °C), trockener und artenreicher. Fällt er auf den Boden, wird es dunkel, kühler (< 25 °C), feuchter und auch wieder artenreicher. Für den Frosch ist es jedoch auf dem Boden gefährlicher, da hier seine Feinde leben!
- Individuelle Lösungen.

Einzigartig und unwiederbringlich

▪ Während einer 45-minütigen Unterrichtsstunde werden weltweit ca. 3420 Fußballfelder an tropischen Regenwald zerstört; dies entspricht 1710 ha oder 17,1 km².

▪ Bei einer Zerstörung von 1,5 Mio. ha und einer Gesamtfläche von 530 Mio. ha wird pro Jahr 0,28 % des brasilianischen Tropenwaldes unwiederbringlich zerstört. Geht man von einer doppelt so schnellen Zerstörungsgeschwindigkeit aus, wie es die Satellitenaufnahmen gezeigt haben, so sind es sogar 0,56 %.

▪ Bei gleich bleibender hoher Zerstörungsgeschwindigkeit ist der Regenwald in Brasilien in etwa 170 bis 180 Jahren völlig zerstört, falls man von einer jährlichen Zerstörung von 3 Mio. ha Regenwald ausgeht bzw. in 350 bis 360 Jahren, wenn man die Zerstörung von 1,5 Mio. ha zugrunde legt.
mögliches Schaubild:

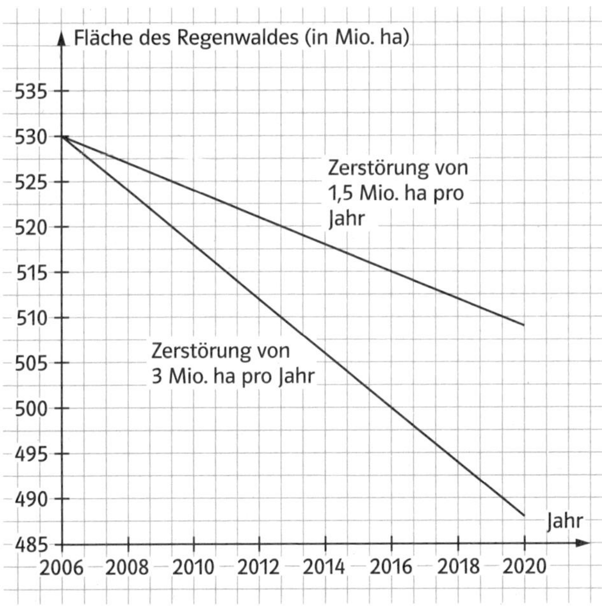

▪ Bei einer Vernichtung von 1 500 000 ha = 15 000 km² im Jahr wäre halb NRW in einem Jahr zerstört. Werden sogar 30 000 km² pro Jahr zerstört, so entspricht dies nahezu der Gesamtfläche von NRW. Somit ist nach knapp 24 bzw. 12 Jahren eine Fläche der Größe Deutschlands vernichtet.
Geht man von der Angabe aus, dass pro Minute weltweit 76 Fußballfelder, also 76 ha Regenwald vernichtet wird, so ergibt dies pro Jahr einen Wert von 20 000 000 ha (= 200 000 km²)! Dies ist fast die 6-Fache Fläche von NRW und weit mehr als die Hälfte der Fläche Deutschlands.

▪ Die heutige Fläche von 530 Mio. Hektar Regenwald entspricht $\frac{4}{5}$ der ursprünglichen Fläche. Der Amazonasregenwald war ursprünglich über 662,5 Mio. ha, also 6,625 Mio. km² groß.

... und jetzt Demo!

Individuelle Lösungen und Aktivitäten.

Treffpunkt Erfindungen – Ideen verändern die Welt

Seiten 176 und 177

Das erste funktionierende Benzinauto

▪ Bei einer Durchschnittsgeschwindigkeit von 14,5 km/h bräuchte Karl Benz für die 1234 km lange Fahrtstrecke etwa 85 Stunden. Da er pro Tag nur maximal 10 Stunden fahren kann, beträgt die Fahrtdauer etwa 8,5 Tage.
Gottlieb Daimler bräuchte für die gleiche Strecke etwa 103 Stunden. Unter der Voraussetzung, dass er ebenfalls maximal 10 Stunden täglich fährt, wäre er etwa 11 Tage unterwegs.
Die Fahrtzeit vom eigenen Wohnort nach Berlin hängt von der Wahl des Verkehrsmittels (Auto, Bahn, Flugzeug, Motorrad, ...) und der jeweiligen Entfernung ab. Die entsprechenden Daten sind individuell zu ermitteln. Nutzt man das Internet, lassen sich auf den Seiten der Deutschen Bundesbahn, der Fluggesellschaften oder mit einem Routenplaner die Fahr- bzw. Flugzeiten ungefähr ermitteln.

▪ Wie den Zahlenangaben des Bildes zu entnehmen ist, gilt: 0,63 kW = 0,85 PS.
Das heißt: $1\,\text{PS} = \frac{0{,}63}{0{,}85}\,\text{kW}$; somit entspricht 1 PS ≈ 0,74 kW.
Umgekehrt gilt: $1\,\text{kW} = \frac{0{,}85}{0{,}63}\,\text{kW}$, also 1 kW ≈ 1,35 PS.
Faustregeln:
Dreiviertel des Wertes (oder auch das 0,75-Fache) der PS-Zahl ergibt die Kilowatt-Zahl.
Die Kilowatt-Angabe und ein Drittel dieser Angabe dazu (oder auch $\frac{4}{3}$-mal die kW-Zahl) ergibt die Angabe in PS.

▪ Düsenjet: in 10 Minuten etwa 160 km, somit ca. 960 km/h
Intercity: in 30 Minuten etwa 120 km, somit ca. 240 km/h
Auto im Stadtverkehr: ca. 40 km/h
Motorwagen von Benz: ca. 16 km/h
Mensch: ca. 5 km/h

Die Büroklammer

▪ Angenommen, eine Person steckt im Schnitt 8 Büroklammern pro Minute zusammen. Unter dieser Voraussetzung schaffte eine Schulklasse mit 30 Schülerinnen und Schülern 240 Büroklammern pro Minute und bräuchte für 10 000 Büroklammern etwa 42 Minuten.
Geben Schülerinnen und Schüler vorzeitig auf, so verlängert sich natürlich die Zeit zum Zusammenstecken von 10 000 Klammern.
Beispiel: Angenommen, nach 15 Minuten geben 8 Personen auf. In den ersten 15 Minuten haben 30 Personen 3600 Büroklammern zusammengesteckt. Es verbleiben 6400 Klammern, die nun nur

noch von 22 Personen zusammengesteckt werden können. Dazu brauchen sie 36 Minuten und 22 Sekunden, also etwa 37 Minuten. Zusammen mit den ersten 15 Minuten ergibt das eine Gesamtdauer von etwa 52 Minuten. Die Zeit zum Zusammenstecken verlängert sich um ca. 10 Minuten.
Während des 30-minütigen Aufenthalts von fünf Klassenmitgliedern bei der Schulleitung schafft der Rest der Klasse (25 Personen) 6000 Klammern, die übrigen 4000 Klammern werden von 30 Personen in 16 Minuten und 42 Sekunden (16,7 Minuten) zusammengesteckt. Damit ergibt sich eine Gesamtzeit von 30 Minuten + 16 Minuten 42 Sekunden, das macht 46 Minuten und 42 Sekunden, also knapp 5 Minuten mehr als ohne Gang zur Schulleitung.
Alternative Rechnung: Fünf Klassenmitglieder schaffen in 30 Minuten 1200 Klammern. Die liegen gebliebenen 1200 Klammern werden von 30 Schülerinnen und Schülern in etwa 5 Minuten zusammengesteckt. Um diese Zeit verlängert sich die Gesamtzeit.

- Das Rechteck aus Büroklammern ist $2 \cdot 3\,\text{cm} + 2 \cdot 1\,\text{cm} = 8\,\text{cm}$ lang und $1 \cdot 3\,\text{cm} = 3\,\text{cm}$ breit.
Für 10 000 Büroklammern muss das abgebildete Rechteck 1250-mal gelegt werden. Das geht auf folgende Arten: $1 \cdot 1250$, $2 \cdot 625$, $5 \cdot 250$, $10 \cdot 125$, $25 \cdot 50$ und umgekehrt $1250 \cdot 1$, $625 \cdot 2$ usw.
- Ein Quadrat aus genau 10 000 Büroklammern zu legen ist unmöglich. Das kleinste Quadrat aus Büroklammern besteht aus drei an der Längsseite zusammengelegten Klammern; die Kantenlänge dieses Quadrats ist 3 cm. Das nächst größere Quadrat besteht aus 4 der kleinen Quadrate; es hat eine Kantenlänge von 6 cm und besteht aus $4 \cdot 3 = 12$ Büroklammern. Da 10 000 kein Vielfaches von 3 ist, kann es kein Quadrat aus 10 000 Klammern geben. Es bleibt mindestens eine Büroklammer übrig.
- Individuelle Lösungen.

Coca-Cola

- Der Kolabaum gehört zur Gattung der Malvengewächse, wird 10–20 m hoch, trägt ganzjährig Früchte und Blüten. In der Kolafrucht befinden sich bis zu 10 Kolanüsse. Kolabäume wachsen in den ganzen Tropen (Nigeria, Brasilien). Kolanüsse enthalten mehr Koffein als Kaffee. Ursprünglich wurden sie zur Herstellung von Coca-Cola benutzt. In den Herkunftsgebieten der Kolafrucht, werden die Kolanüsse oft bis zu einer Stunde im Mund gekaut, um die anregende Wirkung zu erzielen.
Das Originalrezept des Colakonzentrats war lange Zeit ein großes Geheimnis. Heute ist bekannt, dass der Colamix aus Wasser, Zucker, Kohlensäure, Zuckercouleur, Phosphorsäure, Zitronensäure, Kolasamenextrakt, Destillaten von Limetten- und Zitroneschalen sowie Kakao und Kaffee und außerdem Frucht- und Kräutertinkturen (darunter auch ein Extrakt der Muskatnuss) besteht.
- Individuelle Lösungen; verwendet zur Darstellung zum Beispiel ein Balkendiagramm und tragt ein, wie viele Schülerinnen und Schüler keine Cola, einen halben, einen, zwei, drei … Liter Cola trinken. Ihr könnt zusätzlich bestimmen, wie viel Cola durchschnittlich getrunken wird oder wie viel Prozent der Schülerinnen und Schüler gar keine Cola trinken.
- In 46 Liter Cola sind 5060 g = 5 kg 60 g Zucker. Das entspricht bei einem Würfelzuckergewicht von 4 g pro Stück einer Anzahl von 1265 Stücken Würfelzucker. Aneinander gelegt ergibt das eine Zuckerstange von etwa 13 m Länge!

Die erste mechanische Uhr

- Die Antriebswelle (unten) dreht sich in einer Stunde 1-mal. Der Minutenzeiger, der von dieser Antriebswelle direkt angetrieben wird, dreht sich daher ebenfalls 1-mal in einer Stunde. Das Minutenrad ist mit der Antriebswelle fest verbunden, das Stundenrad ist auf die Antriebswelle gesteckt, wird von ihr aber nicht direkt angetrieben. Der Antrieb des Stundenrades erfolgt über das Zahnradgetriebe, das die Gesamtübersetzung von $\frac{1}{12}$ besitzt. Dreht der Minutenzeiger sich komplett, greifen seine 10 Zähne (kleines Zahnrad unten links) in 10 Zähne des Zahnrades unten rechts. Da dieses Zahnrad 30 Zähne hat, dreht es sich um $\frac{1}{3}$. Das kleinere Zahnrad (rechts oben), mit dem es fest verbunden ist, dreht sich auch um ein Drittel, also zwei Zähne, weiter. Dieses kleine Zahnrad dreht das Stundenrad (links oben) ebenfalls um zwei Zähne weiter. Da das Stundenrad 24 Zähne hat wird es also um $\frac{1}{12}$ gedreht.
- Die Gesamtübersetzung des Zahnradgetriebes ist: $Ü(\text{Min., Std.}) = \left(-\frac{10}{30}\right) \cdot \left(-\frac{6}{24}\right) = \left(-\frac{1}{3}\right) \cdot \left(-\frac{1}{4}\right) = \left(\frac{1}{12}\right)$.
Damit macht das Stundenrad und damit der Stundenzeiger bei einer Umdrehung des Minutenzeigers $\frac{1}{12}$-Drehung, also dreht sich bei 12 Umdrehungen des Minutenrades das Stundenrad 1-mal.
- Für den Sekundenzeiger muss ein zusätzliches Getriebe mit der Übersetzung $Ü(\text{Min., Sek.}) = 60$ konstruiert werden.

Der Füller

- Zählt, wie viele Tintenpatronen ihr in eurer Klasse in der Woche verbraucht. Berechnet dann, wie viele Tintenpatronen von allen Schülerinnen und Schülern an eurer Schule in einer Woche verbraucht werden. Überlegt euch, wie viele Wochen Unterricht ihr im Jahr habt und berechnet die Anzahl der Tintenpatronen für diesen Zeitraum.
- Erkundigt euch, wieviel Tintenpatronen bzw. ein Tintenglas kosten. Vergleicht die Kosten für jede Schülerin bzw. jeden Schüler und für alle Schülerin-

nen und Schüler in einem Jahr, wenn alle nur Tintenpatronen oder alle nur Tintengläser verwenden. Schätzt ab, welches Volumen 60 Tintenpatronen oder ein Tintenglas haben. Vereinfachend könnt ihr das Volumen der Packungen von 6 Tintenpatronen oder einem Tintenglas berechnen. Berechnet, wie viel Abfall jeder einzelne produziert, wenn er nur Tintenpatronen oder nur Tintengläser benutzt. Berechnet das Abfallvolumen auch für alle Schülerinnen und Schüler. Beachtet, dass ihr Tintengläser auch recyceln könnt.

... und jetzt eine Reise in die Vergangenheit!
Individuelle Lösungen und Aktivitäten.

Treffpunkt Gesundheit und Ernährung – Fit for life

Seiten 178 und 179

Was der Körper braucht

▪ Ihr könnt euch an der im Buch angefangenen Mindmap orientieren. Sicher fallen euch zur ausgewogenen und unausgewogenen Ernährung noch mehr Beispiele ein. Anregungen findet ihr auch im Internet oder in Broschüren der verschiedenen Krankenversicherungen.

▪ Die Bestimmung des Nährstoffbedarfs hängt vom eigenen Körpergewicht x ab.

Nährstoff	Gramm	Kilojoule
Fett	0,8 · x	→ · 37,8
Eiweiß	0,9 · x	→ · 16,7
Kohlenhydrate	5 · x	→ · 16,7

Diese errechneten Werte geben nur einen Aufschluss darüber, wie viel von den einzelnen Nährstoffen die Jugendlichen gegenwärtig zu sich nehmen. Sie geben keinen Aufschluss darüber, ob sie zu viel oder zu wenig von den Nährstoffen aufnehmen. Interessant in diesem Zusammenhang ist der tatsächliche Nährstoffbedarf eines Jugendlichen in diesem Alter: Der tägliche Energiebedarf eines männlichen Jugendlichen zwischen 13 und 15 Jahren beträgt 10 000 kJ, der eines weiblichen 8800 kJ. Problematisch ist bei dieser Angabe, die man in den meisten Ernährungstabellen findet, dass die Körpergröße unberücksichtigt bleibt. Um diesen Fehler zu vermeiden und einen genaueren Gewichtszustand zu erfassen, wird der so genannte „Körpermassenindex" (englisch: Body-Mass-Index, BMI) verwendet.

$$\text{BMI} = \frac{\text{Körpergewicht (kg)}}{\text{Körperhöhe (m)} \cdot \text{Körperhöhe (m)}}$$

BMI

< 20	Untergewicht
20–24,9	Normalgewicht
25–29,9	Übergewicht
30–39,9	Fettsucht
> 40	extreme Fettsucht

▪ Der Vergleich zwischen dem Gewicht der Schüler mit dem eines Erwachsenen wird relativ unterschiedlich ausfallen. Es wird davon abhängen, wie groß jeder einzelne Schüler bzw. Erwachsene ist. Allgemein wird man feststellen, dass ein Erwachsener aufgrund seiner Körpergröße durchschnittlich einen größeren Nährstoffverbrauch hat als ein Jugendlicher. Nach heutigen Empfehlungen soll eine erwachsene Frau etwa 2000 kcal = 8400 kJ, ein erwachsener Mann 2500 kcal = 10 500 kJ zu sich nehmen. Verrichtet man schwere Arbeit, kann dieser Bedarf um 500 kcal = 2100 kJ höher liegen.

Randspalte

Vitamine und Mineralstoffe sorgen z. B. für die Stabilität der Knochen, erhalten die Sehkraft und stärken das Immunsystem sowie die Nerven. Generell werden Vitamine und Mineralstoffe benötigt, damit die vielen chemischen Prozesse im Körper ablaufen können.
Ballaststoffe regen die Darmarbeit an.
Wasser ist nötig, um das Blut „dünn" zu halten, es dient dem Transport und ist Lösungsmittel für verschiedene Stoffe im Körper, es reguliert die Körpertemperatur und „reinigt" die Nieren.

Versteckter Zucker

▪ Individuelle Lösungen, Richtwert:
Ein Würfel Zucker wiegt etwa 4 g. Bei einem Körpergewicht von 40 kg kann man also 60 Gramm Zucker zu sich nehmen, das entspricht aber nur der Hälfte des durchschnittlichen täglichen Konsums.

▪ Der Zuckerkonsum wird oft unterschätzt, da man nur an Süßigkeiten denkt. Zucker steckt aber zum Beispiel auch in Ketchup, Fruchtjoghurt, Salatsoßen, Obstsäften.

▪ Ihr könnt zum Beispiel den Zuckergehalt von Cola oder anderen Limonaden, Elektrolytgetränken, Obstsäften, Fruchtschorlen vergleichen.

Unsere Energielieferanten

▪ Beispiel Haselnusscreme:

E2 fx =16,7*B2+37,8*C2+16,7*D2

	B	C	D	E	F
1	Eiweiss in g	Fett in g	KH in g	Energiemenge in kJ	
2	7	30	54	2152,7	
3					

▪ mögliche Lösung:

E2 fx =16,7*B2+37,8*C2+16,7*D2

	A	B	C	D	E	F
1	Nährstoffe pro 100g	Eiweiss in g	Fett in g	KH in g	Energiemenge in kJ	
2	Haselnusscreme	7	30	54	2152,7	
3	gemischter Salat	2,5	0	5	125,25	
4	Pizza	11	10	23	945,8	
5	Joghurt	5	2	8	292,7	
6						

▪ Gesunde Lebensmittel haben meistens weniger Fett und deshalb auch insgesamt eine geringere Energiemenge. Aber auch Fette gehören zur täglichen Ernährung. Ob sie „gesund" sind hängt dann von der Menge der gesättigten und ungesättigten Fettsäuren ab.

▪ Die Reihenfolge auf einer Verpackung ist gesetzlich festgelegt. Sie entspricht dem Anteil der genannten Zutat im Lebensmittel.

Leckere Flüssigkeitsspender

▪ Wassermelone: 3,22 · 100 : 3,5 = 92 % Wasser
Erdbeere: 222,75 · 100 : 250 = 89,1 %
Apfel: 79,8 · 100 : 95 = 84 %
Banane: 336,6 · 100 : 450 = 74,8 %
Mais: 57,75 · 100 : 75 = 77 %
Tomaten: 46,9 · 100 : 50 = 93,8 %
Kohl: 107,5 · 100 : 125 = 86 %
Kartoffeln: 390 · 100 : 500 = 78 %
Wasserspender Nr. 1 sind die Wassermelone und die Tomate.

▪ mögliche Lösung:

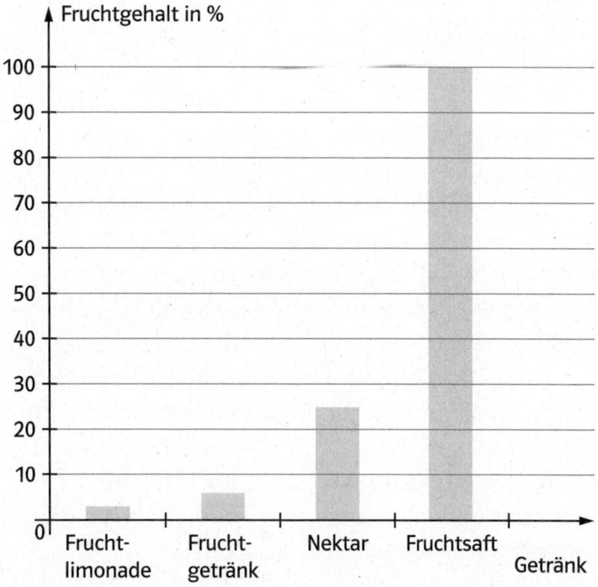

▪ Chantal muss etwa 1 bis 2 Liter Flüssigkeitsbedarf durch Nahrungsmittel decken. Am besten eignen sich Gemüse und Obst neben dem üblichen Mittag- und Abendessen (siehe Werte aus der vorhergehenden Teilaufgabe).

▪ Individuelle Lösung.

Eiserne Energiekiller

▪ Energiebedarf beim
Schwimmen: 95 Min. × 48,72 kJ/Min. = 4628,40 kJ
Radfahren: 360 Min. × 63 kJ/Min. = 22 680 kJ
Laufen: 225 Min. × 49,14 kJ/Min. = 11 056,50 kJ
Energieverbrauch insgesamt: 38 364,90 kJ
≈ 9100 kcal

▪ Kartoffeln (318 kJ/100 g): 38 364,90 : 318 = 120, also wären es 12 000 g bzw. 12 kg Kartoffeln oder Nudeln (1544 kJ/100 g): 38 364,90 : 1544 = 24,85, also wären es 2485 g bzw. fast 2,5 kg Nudeln.
Da es für einen Triathleten nicht möglich ist, diese Energiemengen beim Laufen aufzunehmen, werden die Triathleten mit Mineralien-Kohlenhydrat-Getränken, Cola und Bananen versorgt.

▪ Um die gleiche Energiemenge wie ein Ironman zu verbrennen, könnte man 38 364,9 : 273 = 140,5 Stunden schlafen, oder ca. 46 Stunden gehen, oder 119 Stunden liegen.

▪ Individuelle Lösung.

... und jetzt ran an die Essgewohnheiten

▪ Individuelle Lösung.
Bestimmung der prozentualen Anteile im Ernährungskreis:
1 Getreide, Getreideprodukte und Kartoffeln 25 %
2 Gemüse und Hülsenfrüchte 25 %
3 Obst 12,5 %
4 Getränke 12,5 %
5 Milch und Milchprodukte 12,5 %
6 Fisch, Fleisch und Eier 8,5 %
7 Fette und Öle 4 %

mögliche grafische Darstellung:

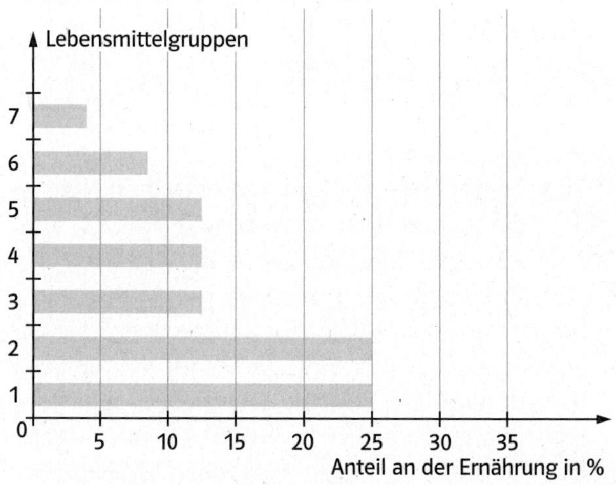

▪ Besonders geeignet ist ein Säulen- oder ein Streifendiagramm, da sich die Anteile schneller und genauer als in einem Kreisdiagramm erfassen lassen.

▪ Individuelle Lösung.